数码艺术设计系列

Premiere 非线性视频应用案例教程

江永春　主编

孙　强　王　彬　副主编

U0130206

電子工業出版社·

Publishing House of Electronics Industry

北京·BEIJING

内 容 简 介

本书全面介绍了 Premiere Pro CS3 的强大功能。全书共 13 章，从引导读者理解数码视频的概念开始，逐步深入阐述 Premiere 的应用技巧。通过精心设计的多个经典实例，介绍了 Premiere 软件的使用精髓，内容包括 Premiere 功能、软件工作环境、编辑基础、视频特效、视频切换、字幕及运动效果、影视作品的艺术处理及视频输出等。

本书内容丰富，突出知识的系统性与连贯性，从软件基础知识入手，由浅入深，紧密结合实例，用实例带动知识点的开拓，注重理论联系实际。每章附有综合练习、课后习题及答案。

本书可作为高等院校、高等职业院校、成人高等院校、继续教育学院、民办高校的游戏、动漫、多媒体、艺术设计、图形图像等专业的教材及培训用书，也可作为 3D 爱好者、视频爱好者、DV 发烧友及从事电影特技、影视广告、游戏制作人员的参考书。

图书在版编目（CIP）数据

Premiere 非线性视频应用案例教程 / 江永春主编. —北京：电子工业出版社，2009.1
（数码艺术设计系列）

ISBN 978-7-121-07854-5

Ⅰ. P…　Ⅱ. 江…　Ⅲ. 图形软件，Premiere Pro CS3—教材　Ⅳ. TP391.41

中国版本图书馆 CIP 数据核字（2008）第 182382 号

责任编辑：贾晓峰
印　　刷：北京市顺义兴华印刷厂
装　　订：三河市双峰印刷装订有限公司
出版发行：电子工业出版社
　　　　　北京市海淀区万寿路 173 信箱　邮编　100036
开　　本：787×1 092　1/16　印张：19.75　字数：505 千字
印　　次：2009 年 1 月第 1 次印刷
印　　数：4 000 册　定价：29.00 元

凡所购买电子工业出版社图书有缺损问题，请向购买书店调换。若书店售缺，请与本社发行部联系，联系及邮购电话：（010）88254888。

质量投诉请发邮件至 zlts@phei.com.cn，盗版侵权举报请发邮件至 dbqq@phei.com.cn。

服务热线：（010）88258888。

前　言

Premiere Pro CS3 是 Adobe 公司推出的一款专门针对视频的非线性编辑软件。新版本软件在继承原有软件的基础上又增添了许多更加实用的功能。以人性化的操作界面，具有功能全面而且高效的工具，帮您创作出高品质的影像作品。

在本书中，我们对内容进行了详尽的编排，注重理论与实践的结合。每章精选几个实例，通过实例的操作过程来进一步体会 Premiere 的功能和操作技巧，让读者在操作过程中不知不觉地掌握 Premiere 的基本功能，同时也学会实例中的创意思想。因此，通过本书，可让你少走弯路，从初学者直接成为专业级的数码编辑人员。

本书共分 13 章，内容如下：

第 1 章介绍 Premiere Pro CS3 的基本功能以及新增功能，掌握软件的工作环境，通过热身运动一个实例"美丽的青岛"来介绍 Premiere 制作影片的基本流程，掌握视频处理中最基本、最常用的"淡入淡出"效果的操作。

第 2 章介绍 Premiere Pro CS3 的编辑基础，主要包括工作环境中主要工作窗口的功能、视频编辑的基本操作以及音频效果的处理。

第 3 章介绍 Premiere Pro CS3 中视频特效的基本操作，调节特效、图像控制以及色彩校正等调色特效的类型及应用。

第 4 章介绍 Premiere Pro CS3 中抠像特效的特点，掌握抠像的原理以及色键、亮度键和蒙版抠像的特点及应用。

第 5 章介绍 Premiere Pro CS3 中扭曲类、透视类、风格化、过渡类等其他类特效的特点以及应用。

第 6 章介绍切换的添加与设置，卷页、叠化、拉伸等多种切换类型以及复合类型切换的应用等。

第 7 章介绍运动的速度、路径的设置以及位置、比例、旋转等类型动画效果。

第 8 章介绍 Premiere Pro CS3 中字幕的创建、字幕属性的设置以及滚动和游动字幕的制作以及应用。

第 9 章介绍画面构图技法、镜头组接的基本原理以及应用。

第 10 章介绍视频片段的输出方法、参数设置以及格式选择等。

第 11 章介绍"飘动文字"、"虚实变化字幕"和"MTV"3 个实例的制作方法及步骤，掌握在影片制作中字幕的创作过程。

第 12 章介绍"宣传片"、"飘落的花朵"等多个片段的制作方法以及步骤，掌握应用多种视频特效的制作有创意的片段的方法及思路。

第 13 章介绍"广告片头"和"新闻片头"两片段的制作方法以及步骤，掌握视频片段片头的制作思路以及方法。

本书的主要特色：

（1）合理的学习过程。在每一章的开始，有学习的主要理论知识，便于教师和学生掌握本章的重点，在每一重要知识点的后面附有应用实例部分，这样读者可以将理论应用到实践中，从而加深对知识的理解。同时每一章最后有综合练习，使读者加深对所学知识的理解。

（2）丰富实用的实例。以详细、直观的步骤阐述相关的操作，每一章都配有精彩的实例。现在的计算机教学特别注重动手操作能力，而且在教学过程中都配有上机课。因此本书非常注重实例的选材，选择代表性强的实例。在教材的最后分别以字幕类、创意类、片头类三大常用类型的综合实例总结概括了该软件的实际应用。

（3）在每一章的最后，增加了知识拓展部分，让读者领会并了解该软件在应用中容易出现的一些问题以及制作中的一些视频切换技法。

（4）每一章节配备相应的教案以及视频素材，使任课老师得心应手。

本书由江永春主编，孙强、王彬为副主编。其他参编人员有乔吉连、孙少华、王晓东、刘波、赵静、王萍萍、张啸严等，在此一起表示感谢。

由于编者水平有限，且编写时间仓促，本书难免有疏漏和不足之处，恳请广大读者批评指正。

编　者

2008 年 10 月

目　录

第1章　Premiere Pro CS3 入门

本章学习目标

- 了解 Premiere Pro CS3 的新功能
- 了解 Premiere Pro CS3 的工作环境，掌握工作环境的自定义设置
- 掌握 Premiere Pro CS3 的工作流程

　　Premiere 是 Adobe 公司推出的优秀视频编辑软件，广泛应用于广播电视、电影、广告和个人视频编辑领域。它最早出现于 1993 年，Adobe 推出了 Premiere for Windows；1995 年推出了 Premiere for Windows 3.0，随后相继推出了 Premiere 4.0、Premiere 5.0、Premiere 6.0、Premiere 6.5；2003 年进行了较大升级后推出了 Premiere Pro，2004 年推出了 Premiere Pro 1.5，2006 年 1 月推出了 Premiere Pro 2.0。2007 年 3 月，Adobe 公司正式发布了 Creative Suite 3（简称 CS3）软件套装产品，共分为 6 个版本：Design Premium（设计高级版）、Design Standard（设计标准版）、Web Premium（网络高级版）、Web Standard（网络标准版）、Product Premium（产品高级版）、Master Collection（大师收藏版）。Premiere Pro CS3 是 Creative Suite 3 众多软件中的重要一员，它可以运行于 Windows 平台和 Mac 平台，它秉承了 Premiere 前期版本的所有优秀特性，并在 Premiere Pro 2.0 基础上进行了少量升级，加入了一些新功能，包含于 Product Premium（产品高级版）和 Master Collection（大师收藏版）版本中。

　　本章介绍 Premiere Pro CS3 的入门知识，阐述 Premiere Pro CS3 的功能，Premiere Pro CS3 软件的组成，软件工作环境的基本操作，最后，通过一个简单的实例练习 Premiere 的基本操作，从而为后面章节的学习奠定基础。

1.1　功能简介

　　Premiere Pro CS3 具有极其丰富的功能，能够胜任视频后期编辑的几乎所有工作，本节介绍 Premiere Pro CS3 的主要功能和相对于 Premiere Pro 2.0 的更新功能。具有 Premiere 基础的读者，可以略过 1.1.1 节，重点阅读 1.1.2 节，从而掌握 Premiere Pro CS3 的新功能。

1.1.1　主要功能

　　Premiere Pro CS3 能够处理视频、音频、图形、图像、文本、动画等素材，侧重于视频的非线性编辑。Premiere 凭借强大的功能和操作的简便性，建立了个人计算机平台上视频非线性编辑的业界标准。

　　Premiere Pro CS3 的主要功能是：

- 优秀的视音频采集功能，可以满足个人不借助采集卡进行采集的需求。
- 将多个视音频素材编辑为一个完整的视音频作品。

- 丰富的视音频特效，可以创建令人眩目的视频效果和奇妙的音频效果。
- 可以与 After Effects CS3、Photoshop CS3、Encore CS3 等 Adobe 软件紧密集成，实现数据共享和任务合作，尤其是与 After Effects CS3 合用，效率更高。
- 强大的字幕功能，可以实现基本和动态的字幕效果。软件提供了绘图工具，该工具具有 Adobe 软件的统一风格，可以进行个性化的字幕创作。
- 运动路径功能，可以对视频素材进行精确到帧（或关键帧）的实时精确运动控制。
- 实时预览。当进行了色彩校正，添加了视音频特效、字幕、运动路径等操作时，用户能够实时预览效果。
- 多种格式输出。Premiere Pro CS3 能够将作品输出为十几种数字格式，甚至可以通过相应的硬件直接输出到录像带和光盘中。

1.1.2　新增功能

Premiere Pro CS3 在 Premiere Pro 2.0 基础上增加了一些新功能、新特性。下面介绍这些新增功能。

1．素材搜索

Premiere Pro CS3 在项目面板中增加了项目素材的"查找"功能。当用户编辑的当前项目比较复杂，包含很多种素材时，使用查找功能可以快速定位需要查找的素材。在该面板的查找栏中输入搜索关键字，软件将实时过滤素材，并在下面的列表中实时更新搜索结果。此时，查找栏上方项目文件名后会显示"已过滤"，提示当前显示的素材是被关键字过滤之后的，单击查找栏后面的✕符号，便可以恢复到查找之前的状态，即显示所有素材。查找栏右侧是入口下拉列表，用于选定的查找范围，如图 1-1 所示。

2．多重项目面板

在 Premiere Pro CS3 中可以同时打开多个项目面板。在项目面板中双击某个"容器"（即文件夹），系统默认打开一个浮动的项目面板，用户可以将浮动面板拖曳到界面的任意位置进行停靠。这个功能便于用户管理数目庞大的素材文件，如图 1-2 所示。

图 1-1　"项目"窗口

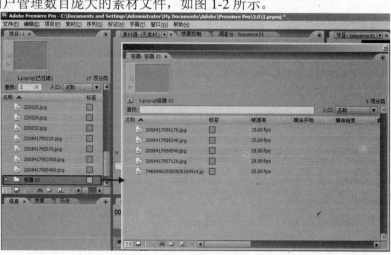

图 1-2　打开多个项目面板

用户可以自定义文件夹的打开方式。选择菜单"编辑"|"参数"|"常规"选项，在打开的参数对话框的"容器"域进行设置，可以设置为"在新窗口打开"、"在当前处打开"、"打开新标签页"，默认为"在新窗口打开"，还可以设定双击＋Ctrl、双击＋Alt 时的打开方式，如图 1-3 所示。

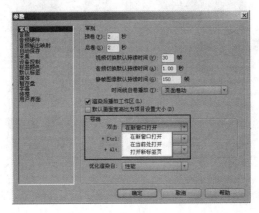

图 1-3　文件夹打开方式设置

3．素材替换

Premiere Pro CS3 提供了"素材替换"功能。如果用户觉得当前时间线上某个素材不合适，可以用另外的素材来替换，替换后的新素材仍然会保持被替换素材的属性和效果设置。

素材替换有两种操作方式：

（1）鼠标拖曳方式。在项目面板中双击进行素材替换的新素材，使其在素材源监视器中显示，可以为素材设置入点（若不设置入点，默认将素材的第一帧作为入点），然后，按住键盘的 Alt 键的同时，将新素材从素材源监视器拖曳到时间线上需要被替换的素材上即可。

（2）快捷菜单方式。用户可以在时间线上需要被替换的素材上单击右键，在出现的快捷菜单中选择"素材替换"，在下一级菜单中有 3 种替换方法："从素材源监视器"、"从素材源监视器，匹配帧"、"从容器"，如图 1-4 所示。

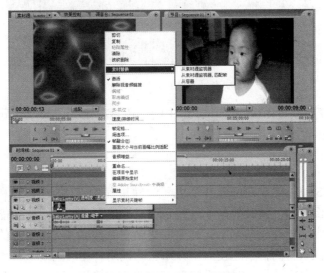

图 1-4　素材替换功能菜单

"从素材源监视器"是用素材源监视器里当前显示的素材来替换原有素材，时间上是按照入点来进行匹配的，如图 1-5 所示。

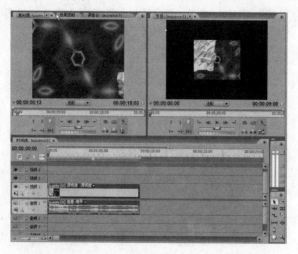

图 1-5   "从素材源监视器"替换效果图

"从素材源监视器，匹配帧"同样是用素材源监视器里当前显示的素材来完成替换。但是时间上是以当前时间指示器所指示的位置来进行帧匹配，忽略入点，如图 1-6 所示。

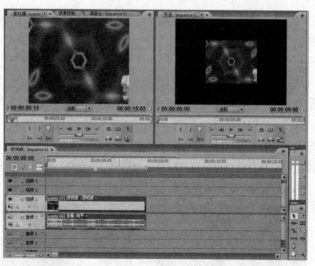

图 1-6   "从素材源监视器，匹配帧"替换效果图

"从容器"是使用项目面板中当前被选中的一段素材来完成替换，同样按照入点来进行匹配，如图 1-7 所示。

4．时间重置

Premiere Pro CS3 从 After Effects 中引入了时间重置功能。用户可以利用该功能轻松实现素材快放、慢放、倒放、静帧等效果，从而实现播放的无级变速。该功能可以通过关键帧的设定实现一段素材中不同片段具有不同的速度变化，而且可以实现平滑的速度变化。

下面以调整整段素材的播放速度为例介绍它的使用。在时间线上，单击素材上方特效菜单，在弹出的快捷菜单中选择"时间重置"|"速度"命令即可，如图 1-8 所示。

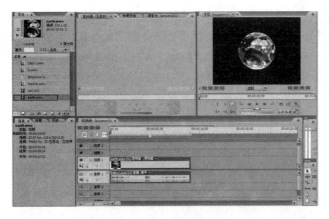

图 1-7　"从容器"替换效果图

此时，在素材上方会出现一条控制线，这就是素材的速度控制曲线。当鼠标移动到该线上时，箭头右侧会出现上下方向箭头，按住左键上下拖动该曲线，可以提高或者降低素材的播放速度，系统以百分比显示，默认为 100%，即正常速度；大于 100% 为快放，小于 100% 为慢放。在速度改变的同时，素材的持续时间也会发生改变，快放使素材变短，慢放使素材拉长。图 1-9 为设置素材快放的操作图。

图 1-8　选择"时间重置"|"速度"命令

图 1-9　设置素材快放

对于同一段素材不同分段上的速度调整，是通过对关键帧的操作来实现的，这里不再赘述，在后面章节中会有具体实例进行介绍。

5．新设备和新格式的支持

Premiere Pro CS3 的项目预设模式及媒体编码器中新增加了对移动设备（如手机、iPod等）使用的视频编码的支持；增加了对 HDV 的支持，包括 720p、1080p、1080i 高清视频的支持。

Panasonic 公司推出的 P2 技术，原来主要面向数码电影制作者，特别是以短片为代表的电影制作者或新闻采集者。随着 P2 存储卡价格的下降和卡容量的增大，P2 进入了专业的广播电视领域。2008 年 8 月 8～24 日在北京举行的第 29 届奥运会电视转播服务全面采用了Panasonic P2 HD 高清半导体存储卡系列广播电视转播设备。随着 P2 技术的迅速发展壮大，Premiere Pro CS3 提供了对该技术的全面支持，即预置了 DVCPRO50 和 DVCPROHD 项目工程，在这些项目下可直接输出为 P2 影片，即.mxf 格式文件。

XDCAM 是 Sony 公司推出的一种基于专业光盘技术开发的广播电视领域的最新技术，它正逐渐走向成熟。Premiere Pro CS3 支持 XDCAM 视频格式，预置了 XDCAM EX、XDCAM HD 项目工程，新增了对 MPEG-2、mxf、H.264、AAC 和 AAC＋等格式的导入和输出的支持，如图 1-10 所示是"新建项目"对话框中所显示的新设备和新格式。

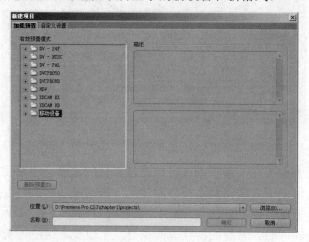

图 1-10　"新建项目"对话框

6．Adobe Encore CS3 集成

Premiere Pro CS3 集成了 Adobe Encore CS3 组件，在集成的环境下，使用统一的界面和类似的操作创建普通 DVD 以及蓝光高清 DVD，还可以自动实现从蓝光高清 DVD 到普通 DVD 的转换，从而轻松实现 DVD 和蓝光 DVD 的编码及刻录。

7．发布项目到 Web

在 Premiere Pro CS3 中很容易将项目输出成 Flash 影片，通过简单操作就可以刻录到光盘或发布到 Web，使用 Premiere Pro CS3 集成的 Encore CS3，通过其内建的功能菜单轻松创建 Flash 内容，而不需要用户学习 Flash 编程。

8．Flash 视频输出

Premiere Pro CS3 能够将视音频的项目输出为 Flash 影片（FLV 格式），可以将影片导入到 Flash Professional CS3 中，视频的时间轴标记将会转换成 Flash 中的线索点。

9．其他更新

Premiere Pro CS3 的细节处的更新包括：
- 编码优化渲染。用户可以选择渲染的方式为"性能"或者"内存"，该功能有利于大内存的计算机提高编码效率。
- 使用键盘快捷键可以移动界面上的面板。
- 无须渲染，即可在嵌套场景片段中回放音频。
- 界面定制更方便。Premiere Pro CS3 借鉴 After Effects 7.0 的界面风格，在每个面板右上角均有三角形的控制图标，单击它会弹出面板控制菜单，新增解除面板停靠、解除框架停靠、关闭面板、关闭框架、最大化框架等命令。

● 产品整合更紧密。Premiere Pro CS3 改进优化了与 Photoshop CS3、After Effects CS3、Flash Professional CS3 的集成性能。包括可以创建 .psd 格式菜单而不需打开 Photoshop，并能储存层信息；集成了 After Effects CS3 的多种特效，并具有更好的数据共享特性。

1.2　Premiere Pro CS3 工作环境

Premiere Pro CS3 的工作界面与 Premiere Pro 2.0 相似，只有很小的区别。本节重点介绍软件的界面、菜单命令、主要面板和相关参数的设置。

1.2.1　工作界面

当启动 Premiere Pro CS3 后，首先出现的是"欢迎使用"对话框，如图 1-11 所示。

在"最近使用项目"区域显示最近编辑过的项目，第一次启动由于没有编辑任何项目，此处显示为空白。对话框下方是 3 个按钮，"新建项目"按钮是最重要的，单击它会打开"新建项目"对话框，如图 1-10 所示，该对话框包含两个标签，第一个标签是加载预置项目，列出了 Premiere Pro CS3 支持的项目模式，第二个标签是自定义设置，用于选择某种预置模式后，该模式的参数是预设的，如果要进行更改就需要在该标签对话框设置，包括视音频质量参数设置，采集，视频渲染、视音频节目参数

图 1-11　"欢迎使用"对话框

设置。例如，选择预置项目"DV−PAL 标准 48kHz"后，它的自定义设置如图 1-12 所示。

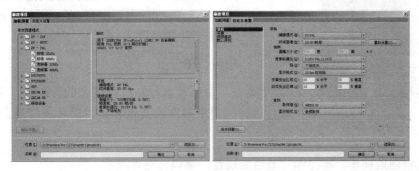

图 1-12　自定义设置

"欢迎使用"对话框的第二个按钮为"打开项目"，单击它将打开"打开项目"对话框，可以从资源管理器中寻找已存在的项目进行加载；单击第三个按钮将打开 Adobe 帮助。

建立新项目后，系统进行初始化后进入软件工作界面，如图 1-13 所示。

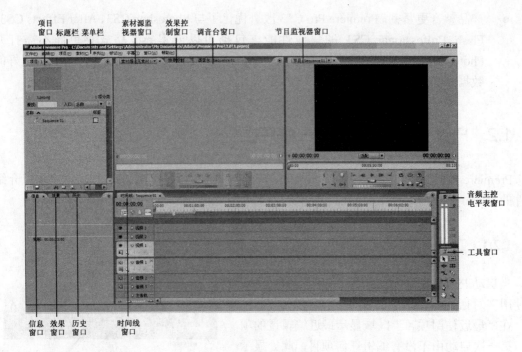

项目 　　　　　　　素材源监　　效果控
窗口 标题栏 菜单栏　视器窗口　制口　调音台窗口　　　　节目监视器窗口

信息　效果　历史　　　时间线　　　　　　　　　音频主控
窗口　窗口　窗口　　　窗口　　　　　　　　　　电平表窗口

工具窗口

图 1-13　软件工作界面

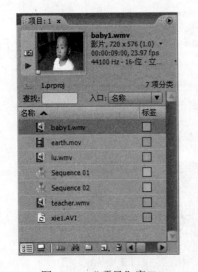

图 1-14　"项目"窗口

1.2.2　主要窗口简介

Premiere Pro CS3 启动后进入的工作界面是它的默认编辑工作区，由 11 个功能窗口组成："项目"窗口、"素材源监视器"窗口、"节目监视器"窗口、"时间线"窗口、"效果"窗口、"效果控制"窗口、"调音台"窗口、"音频主控电平表"窗口、"工具"窗口、"信息"窗口、"历史"窗口。Premiere Pro CS3 的功能窗口还有很多，这里只简单介绍编辑工作区的 11 个功能窗口。

1."项目"窗口

"项目"窗口是素材和节目资源的管理器，可以方便对素材进行归类整理，以及查看素材的各种信息，如图 1-14 所示。

2."素材源监视器"窗口和"节目监视器"窗口

"素材源监视器"窗口用于播放视、音频素材，如图 1-15 左图所示；"节目监视器"窗口用于监视节目预览效果，如图 1-15 右图所示。两个监视器都可以设置入点、出点、标记等信息。

3."时间线"窗口

该窗口是 Premiere 最重要的窗口之一，结合其他工具和窗口，用于对各种素材进行编辑组合、添加效果、标记、出点、入点等，如图 1-16 所示。

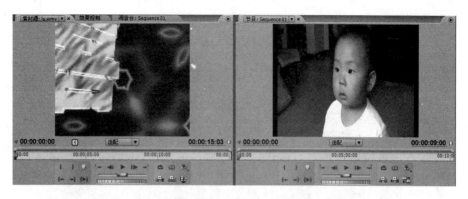

图 1-15 "素材源"窗口和"节目监视器"窗口

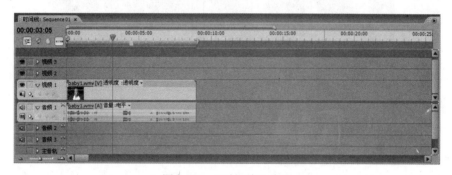

图 1-16 "时间线"窗口

4．"效果"窗口和"效果控制"窗口

效果窗口包含了 Premiere Pro CS3 预置的特效：音频特效、音频切换特效、视频特效、视频切换特效，如图 1-17 左图所示；"效果控制"窗口用于对各种特效的具体参数进行设置，如图 1-17 右图所示。

图 1-17 "效果"窗口和"效果控制"窗口

5．"调音台"窗口和"音频主控电平表"窗口

"调音台"窗口能够对每条音轨进行精确调节，并能够实时实现多音轨对象的混合，如图 1-18 左图所示。"音频主控电平表"窗口是显示窗口，当播放音频时动态显示主控音频的

值，如图 1-18 右图所示。

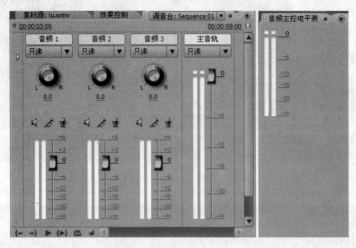

图 1-18　"调音台"窗口和"音频主控电平表"窗口

6. "工具"窗口

"工具"窗口提供了编辑节目常用的工具，如图 1-19 所示。

7. "信息"窗口和"历史"窗口

"信息"窗口显示对象的详细信息，同时还显示光标在任何时间标尺上的位置，如图 1-20 左图所示。"历史"窗口保存并显示用户对项目的所有操作，单击某步操作能够返回到该步操作的状态，如图 1-20 右图所示。

图 1-19　"工具"窗口

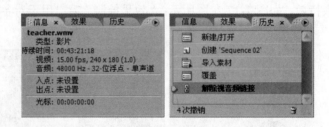

图 1-20　"信息"窗口和"历史"窗口

1.3　自定义工作环境

Premiere Pro CS3 默认定义了软件的工作区和各种参数，这是通用的设置，能够满足用户的一般要求，用户还可以根据自己的需要自定义工作区和各种参数，从而更加个性化。

1.3.1　自定义快捷键

Premiere Pro CS3 定义了一系列常用的快捷键，用户如果善用这些快捷键，能够提高操作效率；而且，这些快捷键可以自定义为用户顺手的键的组合。自定义快捷键的操作如下：

选择菜单命令"编辑"|"键盘自定义"，弹出"键盘自定义"对话框，如图 1-21 所示。

图 1-21   "键盘自定义"对话框

设置下拉列表用于选择快捷键的类型，系统针对用户熟悉的软件的不同，定义了不同的快捷键，默认为"Adobe Premiere Pro 出厂设置默认"，是针对熟悉 Premiere 的用户设置的，传承了旧版本 Premiere 的快捷键设置，老用户就能够使用熟悉的快捷键。另外还有 3 项设置：Avid Xpress DV 3.5 快捷键、Final Cut Pro 4.0 快捷键、自定义。其中，前两项是为熟悉该软件的用户预设的，最后一项允许用户自定义快捷键后，单击"另存为"按钮，保存为新的名称，同时这些名称立即显示在设置下拉列表中。而且，前三项预置的类型也允许用户自定义其中的所有快捷键。

设置下拉列表下方是分类下拉列表，它将命令的所有快捷键进行了分类，分为应用、面板、工具三类，显示在下面的列表中，列表分为两列，第一列是命令，第二列是对于该命令的快捷键。这样，用户可以查看所有的预设快捷键。

单击某个命令的快捷键时，该快捷键区域以白色突出显示，此时，该快捷键处于编辑状态，单击"清除"按钮，能够删除该快捷键；用户可以为该命令设置其他快捷键，设置完成后单击"撤销"按钮，能够返回默认的快捷键；若用户设置的快捷键与预设的快捷键相同，产生冲突，此时单击"跳转到"按钮，能够跳转到预设该快捷键的命令处。

1.3.2   参数设置

由于用户使用的硬件设备和要求不同，一般需要对软件的参数进行自定义设置。参数设置的操作如下：

选择菜单命令"编辑"|"参数"，该命令的二级菜单包含 14 项参数设置，选择其中任何一项命令会打开"参数设置"对话框，对话框左侧列表显示 14 项参数名称，单击每一项，右侧显示具体的参数设置项目。下面依次介绍。

1. 常规

"常规"对话框如图 1-22 所示，用于设置常用的参数。

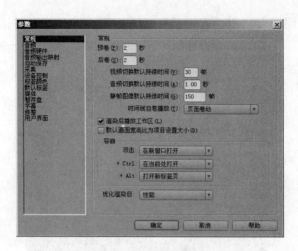

图 1-22　"常规"对话框

（1）预/后卷：设置编辑时视音频素材的预卷和后卷时间。

（2）视音频切换默认持续时间和静帧图像默认持续时间：设置相应的时间。

（3）时间线自卷播放：设置自卷播放的方式，包括不卷动、页面卷动、平滑卷动。

（4）渲染后是否播放工作区开关。

（5）默认画面宽高比为项目设置大小开关。

（6）容器：该处设置文件夹的打开方式，包括在新窗口打开、在当前处打开、打开新标签页。

（7）优化渲染：该选项设置渲染采用的方式，默认为"性能"，即使用较平衡的性能进行渲染；另外可以设置为"内存"，当系统内存较大时，使用该参数能够提高渲染效率。

2. 音频

"音频"对话框如图 1-23 所示，用于设置音频的一般参数。

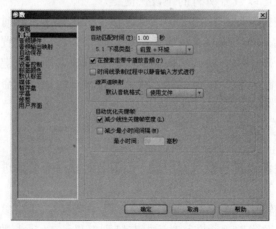

图 1-23　"音频"对话框

（1）设置默认的音频匹配自动匹配时间长度。

（2）设置 5.1 声道音频编辑时的混合类型，包括 4 种类型：只有前置、前置＋环绕、前置＋重低音、前置＋环绕＋重低音。

（3）设置是否在搜索走带过程中播放音频，如果只编辑视音频素材中的视频，可以不播放音频。

（4）设置是否在时间线录制过程中以静音输入方式进行。

（5）设置源声道的音轨格式，包括 5 种格式：使用文件、单声道、立体声、单声道模拟为立体声、5.1。

（6）自动优化关键帧设置，包括是否减少关键帧密度，减小最小时间间隔。

3. 音频硬件

"音频硬件"对话框如图 1-24 所示，用于设置使用的音频输入输出硬件。

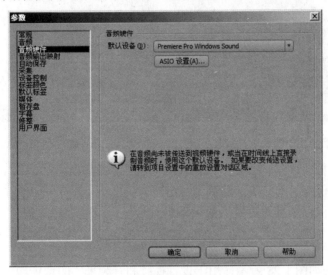

图 1-24   "音频硬件"对话框

（1）默认设备，用于设置使用的硬件设备，默认情况下使用操作系统默认的音频硬件。

（2）ASIO 设置，用于设置默认音频设备的音频流输入输出设置，根据安装的硬件不同显示不同的选项，其中一个实例如图 1-25 所示。

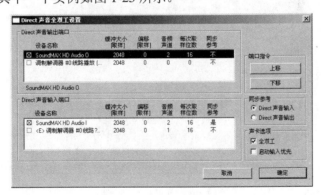

图 1-25   ASIO 设置实例

4. 音频输出映射

"音频输出映射"对话框如图 1-26 所示，该参数设置音频输出目标，默认为操作系统默认使用的音频硬件，另一选项为 DV。硬件的下方列表显示硬件输出的音频格式。

5．自动保存

"自动保存"对话框如图 1-27 所示。

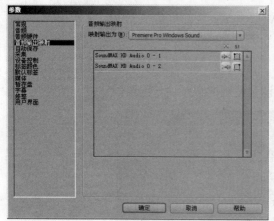
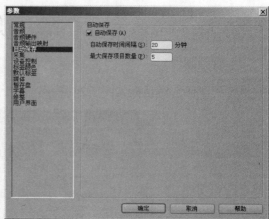

图 1-26 "音频输出映射"对话框　　　　图 1-27 "自动保存"对话框

（1）设置是否自动保存。

（2）设置自动保存时间间隔，默认为 20 分钟。

（3）设置最大保存项目的数量，默认为 5 个。

6．采集

"采集"对话框如图 1-28 所示，用于设置视频和音频采集的选项。

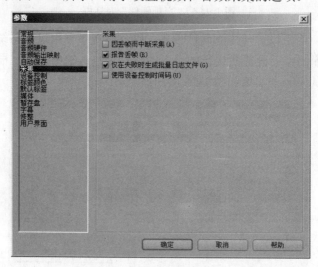

图 1-28 "采集"对话框

（1）设置是否因丢帧而中断采集，默认不选中，即丢帧也继续采集，否则常常会使采集过程经常中断。

（2）设置是否报告丢帧，默认选中，这样用户能够了解丢帧位置，以便准备编辑。

（3）设置是否仅在失败时生成批量日志文件，默认选中，当采集失败时生成日志记录丢帧情况。

（4）设置是否使用设备控制时间码，默认选中，通过设备生成素材的时间码，方便编辑。

7. 设备控制

"设备控制"对话框如图 1-29 所示，设置使用的采集设备。

（1）设备：从下拉列表中选择采集使用的硬件名称，只有安装了采集设备下拉列表才会显示。单击"选项"按钮，能够设置该硬件采集时的详细参数，包括设备品牌、时间码格式等，硬件不同对话框也不同。

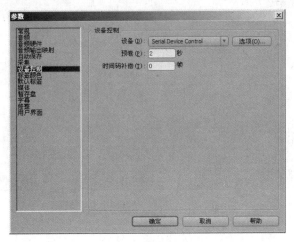

图 1-29　"设备控制"对话框

（2）预卷：设置采集时预卷的帧数。

（3）时间码补偿：设置采集的素材和实际设备存储设备上的时间码之间的偏移量，从而使两者之间相匹配。

8. 标签颜色

"标签颜色"对话框如图 1-30 所示，用于设置各种标签的色彩，这与编辑菜单下的标签命令功能相似。单击每一种标签颜色的色样，将打开"拾色器"对话框，选择一种颜色即可更改标签颜色。

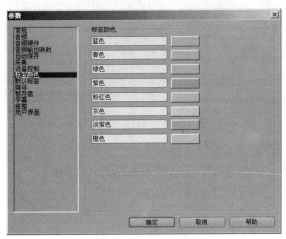

图 1-30　"标签颜色"对话框

9. 默认标签

"默认标签"对话框如图 1-31 所示，系统为各种对象默认设置标签的颜色。如果用户需要更改某个对象的标签色彩，可以单击该对象右侧的下拉列表，从中选择需要的颜色即可。

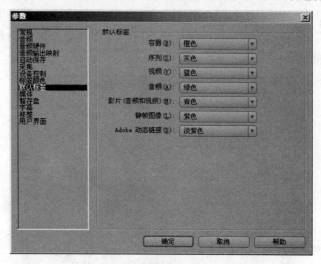

图 1-31 "默认标签"对话框

10. 媒体

"媒体"对话框如图 1-32 所示，用于设置媒体缓存等参数。

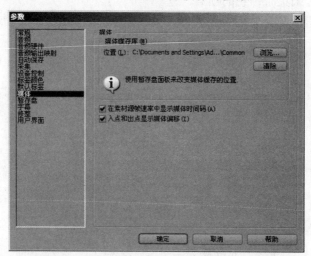

图 1-32 "媒体"对话框

（1）媒体缓存库：设置使用的媒体保存在磁盘上的路径。

（2）设置是否在素材源帧速率中显示媒体本身的时间码。

（3）设置是否在入点和出点显示媒体偏移。

11. 暂存盘

"暂存盘"对话框如图 1-33 所示，此处为采集视频、采集音频、视频预览、音频预览、媒体缓存、DVD 编码设置默认路径。所有的默认路径是"与项目相同"，如果要更改路径，可以在下拉列表中选择我的文档、自定义选项，还可以单击"浏览"按钮，定位到具体路径即可。

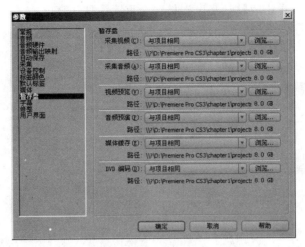

图 1-33　"暂存盘"对话框

12．字幕

"字幕"对话框如图 1-34 所示，用于设置字幕样式示例，当设计字幕时样式样本显示此处设置的示例；同时，还可以在设置设计字幕时，浏览字体的显示。

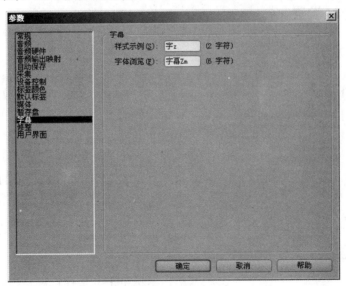

图 1-34　"字幕"对话框

13．修整

"修整"对话框如图 1-35 所示，设置监视器中修整的最大偏移量。视频偏移默认为 5 帧，即从节目的入点或出点开始修剪 5 帧；音频偏移默认为 100，即对音频进行最大修剪 100 单位。

14．用户界面

"用户界面"对话框如图 1-36 所示，用于设置用户界面亮度，使用鼠标左右拖动滑块，可以改变界面的亮度，单击"默认亮度"按钮会重置为默认亮度。

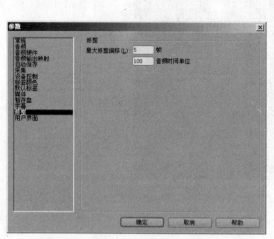

图 1-35　"修整"对话框

图 1-36　"键盘自定义"对话框

1.3.3　工作区设置

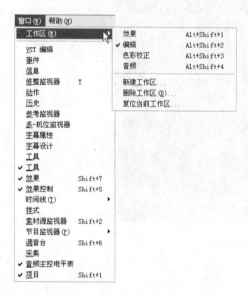

图 1-37　工作区布局

工作区的设置使用"窗口"菜单，系统已经预设了 4 种风格的工作区布局：效果、编辑、色彩校正、音频，如图 1-37 所示。它们分别对应 4 种常用的情形：特效设置、节目编辑、对象色彩调整和音频设置。

选择了某种风格的工作区后，界面显示的窗口是有限的，当需要其他功能的窗口时，打开"窗口"菜单，从下拉列表中选中需要的窗口即可。打开的窗口一般是以浮动面板的形式出现的，这些面板都可以随意泊靠和组合。例如，单击"窗口"菜单，选择"事件"命令，打开事件浮动面板，鼠标单击并按住标题栏拖动可以将该面板拖到软件界面的任何位置；用鼠标按住窗口左上角的"事件"，然后在工作区中将其拖到一定位置，工作区会出现事件面板的组合位置，系统以紫色梯形块标志，如图 1-38 左图所示，释放鼠标后，面板就组合到该处，如图 1-38 右图所示。

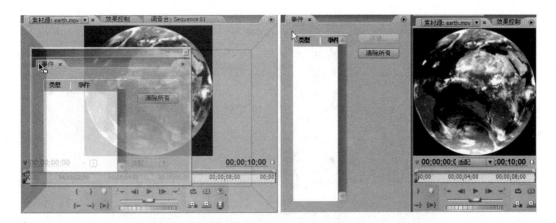

图 1-38　浮动面板的泊靠

在某种风格的工作区基础上，用户通过显示或隐藏其他面板，可组建适合自身应用的工作区布局。为了防止此时的工作区布局被改动，用户可以将它保存为预设工作区风格。从"窗口"菜单的"工作区"二级菜单中选择"新建工作区"命令，在弹出的对话框中输入名称，单击"确定"按钮，该名称就立即出现在预设风格中。当不需要某个预设风格时就可以选择"删除工作区"命令，从弹出的对话框中选择需要删除的风格名称就可以了；若预设风格的工作区中各面板变得凌乱，用户可以选择"复位当前工作区"命令就可以重置预设的工作区为初始状态，如图 1-39 所示。

图 1-39　工作区编辑

1.4　热身运动——美丽的青岛

本节通过一个实例，使用户体验 Premiere Pro CS3 制作的流程，同时熟悉前面介绍的主要窗口和菜单的使用。

本实例的操作步骤如下：

步骤 1　新建项目。启动 Premiere Pro CS3，系统弹出欢迎窗口，单击"新建项目"按钮，弹出"新建项目"对话框，在第一个标签"加载预置"页面，从有效预置模式列表中，选择常用的"DV-PAL 标准 48kHz"，在"位置"处输入保存路径，或者单击"浏览"按钮，选择保存位置；然后在名称栏输入实例的名称，单击"确定"按钮，如图 1-40 所示。

步骤 2　进行项目的自定义设置。单击"自定义设置"标签，切换到项目设置页面，如图 1-41 所示，共有 4 项设置，这里都保持默认选项。

第 1 项是常规选项，这里可以设置编辑模式、帧速率、视频大小、纵横比、场、时间码格式、字幕和动作安全区域、音频的取样频率和显示格式。

第 2 项是采集选项，如图 1-42 所示。用于设置采集类型，默认为 DV 采集，另一选项为HDV 采集。

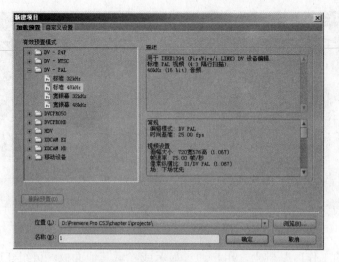

图 1-40 "新建项目"对话框

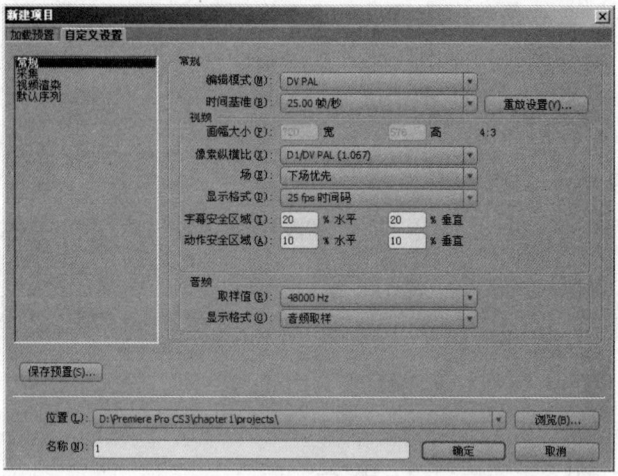

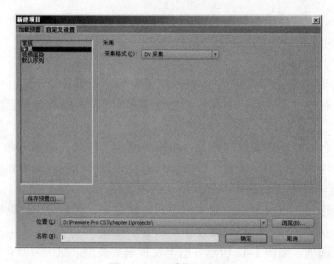

图 1-41 自定义设置

图 1-42 "采集"选项

第 3 项是视频渲染选项，如图 1-43 所示。设置渲染是否使用系统软、硬件支持的最大位数深度，是否优化静帧，预览时使用的文件格式等。

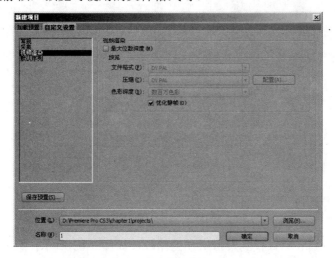

图 1-43　"视频渲染"选项

第 4 项是默认序列选项，如图 1-44 所示。设置项目序列默认的视频和音频的轨道数，以及主音轨的类型。

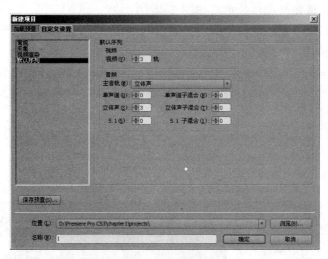

图 1-44　"默认序列"选项

设置完成后，单击"确定"按钮，Premiere 进行初始化后进入节目编辑工作界面，如图 1-13 所示。

步骤 3　捕获或导入素材。Premiere Pro CS3 使用的素材有两种来源：一是使用 Premiere 的采集功能直接从硬件设备采集视、音频素材到电脑硬盘中，采集完成的素材会自动添加到"项目"窗口中；二是导入电脑中已经保存的视、音频素材到"项目"窗口。这里，我们导入电脑存储器中已经存在的素材。

打开菜单"文件"|"导入"命令，或者在"项目"窗口的素材列表区域的空白位置双击鼠标左键，另外还可以在素材列表区域的空白位置单击鼠标右键，在弹出的快捷菜单中，选中"导入"命令，都可以打开"导入"对话框，如图 1-45 所示。

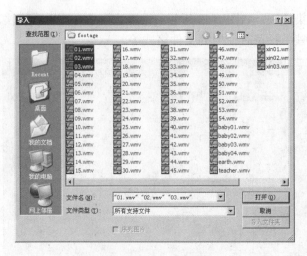

图 1-45 "导入"对话框

从查找范围下拉列表中查找到素材所在的路径，如图 1-45 所示在素材所在的 footage 文件夹中选中有关青岛风情的 3 段视音频混合的素材：01.wmv、02.wmv、03.wmv，单击"打开"按钮，素材就导入到"项目"窗口。在"项目"窗口中可以单击选中素材，在该窗口的上方可以预览素材，若是视频素材将显示素材的第一帧，若是音频素材将显示 🔊 图标，单击预览窗口左侧的播放按钮 ▶ 进行预览，如图 1-46 所示。

步骤 4 修整素材。在"项目"窗口对素材只能预览，而且预览窗口非常小，为了详细预览素材，并对素材进行修整，可以使用素材源监视器。

在"项目"窗口双击 02.wmv 素材，或者在该素材上按住鼠标左键拖到素材源监视器中，系统自动播放第一帧，对于音频素材，"素材源监视器"窗口显示音频的波形。02.wmv 素材是一段比较长的素材，我们只需要其中的一部分，所以，需要设置素材的入点和后点。在"监视器"窗口的时间标尺上拖动时间指示器到入点位置，单击入点按钮 ⏮ 设置入点；同理，拖动时间指示器到出点位置，单击出点按钮 ⏭ 设置出点。这样，在时间标尺上就会显示截取的素材的游标，如图 1-47 所示。

图 1-46 导入素材后的"项目"窗口

图 1-47 "素材源监视器"窗口

步骤 5 加载素材到时间线。将修整后 02.wmv 拖到时间线的"视频 1"轨道上，使它的第一帧与时间线的左端对齐。同理，修整另外两段素材，分别拖到"视频 1"轨道上，使拖入的素材的入点帧与前面拖入的素材的出点帧紧密连接到一起。如果中间留有空隙，输出时该处会出现黑场，如图 1-48 所示。

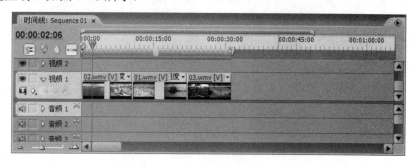

图 1-48　"时间线"窗口编辑剪辑

步骤 6 预览节目。在"时间线"窗口安排好剪辑后，拖动窗口的时间指示器能够粗略预览节目效果，如果希望从头到尾详细预览节目，可以使用"节目监视器"窗口，如图 1-49 所示，单击"播放/停止开关"，能够详细预览节目效果。

步骤 7 输出节目。当效果预览满意后，就可以将节目输出了。选择菜单"文件"｜"导出"｜"影片"命令，弹出"导出影片"对话框，如图 1-50 所示，默认导出为.avi 格式，名称为 Sequence。

图 1-49　"节目监视器"窗口

图 1-50　"导出影片"对话框

单击"设置"按钮，弹出"导出影片设置"对话框，共有 4 项参数，默认为常规设置，最重要的是设置导出的文件类型，输出节目的范围等信息，如图 1-51 所示。

切换到视频设置，包括视频压缩的格式、色彩深度、帧速率、品质、码率等参数，如图 1-52 所示。

切换到关键帧和渲染设置，包括渲染的位数深度、场设置、视频反交错、优化静帧等参数，如图 1-53 所示。

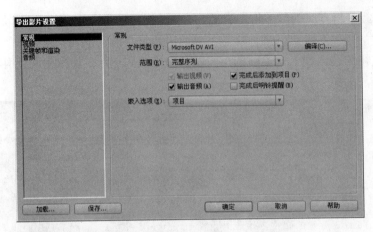

图 1-51　"导出影片设置"对话框

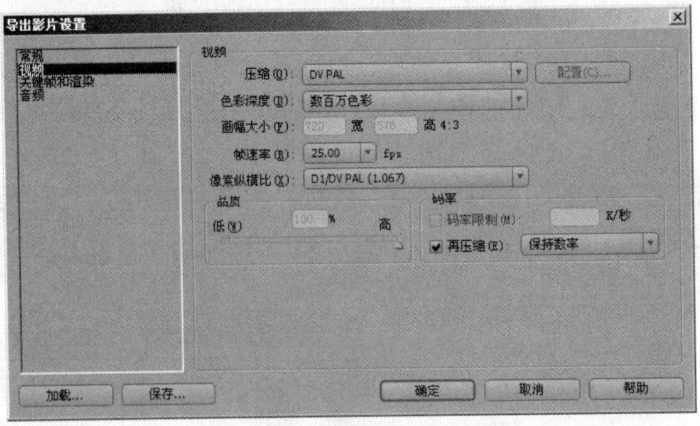

图 1-52　"视频"设置

切换到音频设置，包括音频是否压缩、取样值、取样类型、声道数、交错值参数，如图 1-54 所示。

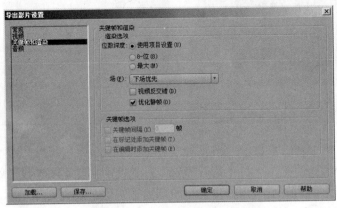

图 1-53　"关键帧和渲染"设置

这里所有参数保持默认，最后单击"确定"按钮返回到"导出影片"对话框，单击"保存"按钮，Premiere 开始对节目进行渲染，弹出"渲染"窗口显示渲染的详细信息，主要是渲染进度显示，当进度进行到 100%时，渲染完成，如图 1-55 所示。

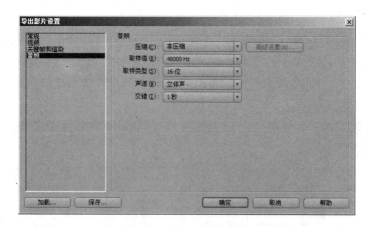

图 1-54 "音频"设置

图 1-55 "渲染"窗口

至此,本实例制作完毕,实例中只进行了简单的视频编辑,没有涉及复杂的视频编辑、编辑音频和特效应用,这些内容将在后面进行详细介绍。

1.5 综合练习——淡入淡出效果应用

本练习的目的是让读者进一步熟悉 Premiere Pro CS3 项目的制作流程,并初步体验 Premiere Pro CS3 的强大特技效果。

本练习制作淡入淡出效果。一般情况下,视频的淡入是指画面由暗逐渐变亮,淡出是指画面由亮逐渐变暗,Premiere Pro CS3 中既有连段素材之间的淡入淡出切换,也有素材本身的淡入淡出特效;同样,音频也具有淡入淡出效果,这里暂时不考虑音频的淡入淡出,着重练习视频的淡入淡出。淡入淡出效果在影视编辑中应用非常广泛,可以实现上一画面的逐渐消失和下一画面的逐渐出现,能够产生缓慢的转换效果,易于表现柔和舒缓的画面情境。而上一节实例中,视频片段之间没有加入任何的转换效果,前面的片段的最后画面一结束,立即出现后面片段的第一画面,场景转换生硬,常用于表现紧凑急迫的画面情境。

本练习的操作步骤如下：

步骤 1 启动 Premiere Pro CS3，新建项目 1-1，项目的设置保持默认。导入素材 earth.wmv，xin01.wmv，经过修整素材，分别拖到"时间线"窗口的视频 1 轨道，使两者紧密相连，单击视频轨道左下方的"显示方式"按钮，选择"显示头和尾"，从而使每段素材的头帧和尾帧都显示出来，如图 1-56 所示。

图 1-56 时间线编辑

步骤 2 打开效果面板，切换到"视频切换效果"|"叠化"效果，拖动该效果到时间线的视频 1 轨道，当拖到两段素材的交接处时，系统会以深色显示匹配位置，放开鼠标即可，时间线上出现了叠化效果的标志，如图 1-57 所示。

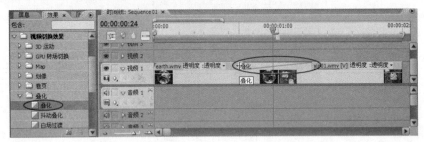

图 1-57 添加特效

读者还可以调整效果标志的出点和入点，从而调整转场效果的持续时间。这样，两段素材之间的淡入淡出切换效果完整了。

步骤 3 下面实现素材本身的淡入淡出效果。在"时间线"窗口中，拖动时间指示器到时间线的第 0 帧处，单击 eath.wmv 素材激活"添加/删除关键帧"按钮，单击该按钮，在该处添加一个关键帧，拖动时间指示器到第 5 帧处，添加一个关键帧；同理，单击 xin01.wmv 素材，在最后 5 帧处和最后的一帧处，分别添加一个关键帧。

然后，将第一个关键帧向下拖动，直到显示为 0，这样可以实现由暗到亮的淡入效果；同样，将最后一个关键帧向下拖动，直到显示为 0，这样可以实现由亮到暗的淡出效果，如图 1-58 所示。

步骤 4 预览并输出节目。预览效果如图 1-59 所示，输出节目操作不再赘述。

图 1-58 素材的淡入淡出

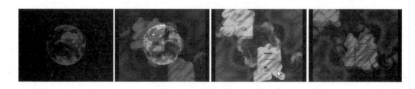

图 1-59 节目预览效果

1.6 拓展知识讲解

在 Premiere 中，数字视频通常包含视频、静态图像和音频，所使用的视频剪辑、静态图像和音频信息都必须转换为数字格式。如果视频与音频信息来自数字视频摄像机，以数字格式存储，则可以直接通过相应的端口传输给计算机。如果需要将模拟视频摄像机中录制的视频剪辑进行编辑，则必须进行数字化等转换操作。本节将介绍一些与数字视频相关的理论知识。

1.6.1 数字视频要素

1. 帧和帧速率

帧和帧速率是视频和音频编辑中最基本也是最重要的两个概念。构成动画的最小单位是frame（帧），即组成动画的每一幅静态画面。一帧即为一幅静态的画面。

帧速率是指每秒中所播放的画面所达到的数量。PAL 制影片的帧速率是 25 帧/秒，NTSC制影片的帧速率是 29.97 帧/秒，电影的帧速率是 24 帧/秒，二维动画的帧速率是 12 帧/秒。

在 Premiere 中，帧速率的概念非常重要，因为它有助于确定在项目中运动的平滑程度。通常情况下，设置的项目帧速率要与视频电影胶片的帧速率相匹配。例如，如果要使用 DV 设备直接将视频捕获到 Premiere 中，则将捕获速率设置为 29.97 帧/秒，这个速率与 Premiere 的 DV 项目的帧速率设置匹配，如果需要以不同的帧速率导入捕获到的电影胶片。可以使用 Premiere 的"解释电影胶片"命令更改剪辑的帧速率，以便与项目的帧速率设置匹配。

2．宽高比

视频标准中第二个重要参数是宽高比，宽高比可分为帧宽高比和像素纵横比。

帧宽高比指一帧图像的宽高比，可以用整数比也可以用小数来表示，如 4:3 或 1.33（电视机采用）。某些视频输出使用相同的宽高比，但使用不同的像素宽高比，例如方形像素比（1.0 像素比）或矩形像素比（0.9 像素比）。

3．SMPTE 时间码

视频素材的长度和它的开始帧、结束帧，是由时间码来衡量的。在视频编辑时，时间码可精确地找到每一帧，并同步图像和声音元素。SMPTE 将以"小时：分钟：秒：帧"的形式确定每一帧的地址。

1.6.2 视频压缩格式

数字化后的视频信号的数据量十分巨大，需要的存储空间大得惊人。目前传输介质的数据传输速度远远低于活动视频所需的存取速度，这会导致大量数据的丢失，影响到接收端的质量，出现跳帧的现象。视频经过压缩后，存储时会更方便。数字视频压缩以后并不影响作品的最终视觉效果，因为它只影响人的视觉不能感受到的那部分视频。

对视频进行压缩是实际应用的要求，保留最重要的、最本质的信息，用新的编码方法既减少重复信息同时又保证质量来重构原来的画面，以达到更高的数据压缩比。这就是视频压缩的实质。视频压缩可以采样多种不同的压缩算法，算法在很大程度上决定了视频格式的优劣，下面介绍常见的视频压缩格式以及数字格式的一些属性。

1．压缩格式

对于要使用视频压缩系统的计算机而言，使用前需安装相应的软件，甚至一些专用的硬件设备。

关于硬件方面的内容，这里不做详细的介绍，而软件方面，QuickTime、Video for Windows 等是常用的压缩软件。

QuickTime 是自动安装在 Mac 操作系统下的数字视频压缩软件，它也可以安装在普通的 PC 上。由于 QuickTime 是一款跨平台的软件，所以它是 CD-ROM 和 Web 数字视频最常用的一种数字系统。当从 Premiere 中导出电影时，可以访问 QuickTime 的压缩设置，从而实现视频的压缩。

Video for Windows 是自动安装在 PC 操作系统下的数字视频压缩软件，它可以压缩 AVI 视频剪辑。

除了 QuickTime 和 Video for Windows 产生的压缩视频外，还有一种比较重要的压缩格式——MPEG。经过几个时代的发展，MPEG 已经成为 Web 传送音频和视频的主流文件格式。

2. 数字格式

表 1-1 中列出了适于 NTSC 和 PAL 的各种 DV 格式，这些格式需要用户在使用 Premiere 之前掌握。

表 1-1 适用于 NTSC 和 PAL 的各种 DV 格式

格　式	帧　尺　寸	宽高比/像素纵横比	每秒帧数
D1/DV NTSC	720×486/720×480	4：3/0.9	29.97
DV NTSC	720×480	16：9/1.2	29.97
D1/DV PAL	720×576	4：3/1.067	25
DV Widescreen （PAL）	720×576	16：9/1.422	25

本 章 小 结

本章主要介绍 Premiere Pro CS3 的常用功能及新增功能，Premiere Pro CS3 的工作环境、各窗口的功能及自定义设置，最后通过一个简单的实例操作，让读者了解制作一个影片的基本流程：

第一步　新建项目。

第二步　导入素材。

第三步　制作影片。

① 在"时间线"窗口装配影片；②设置素材时间；③应用切换；④为素材应用效果；⑤为对象应用运动；⑥为影片增加声音；⑦改变"时间线"窗口的时间单位。

第四步　输出影片：渲染和播放完成的影片。

思考与练习

1. 填空题

（1）Premiere 是 Adobe 公司推出的_____软件，广泛应用于广播电视、电影、广告和个人视频编辑领域。

（2）用户可以利用_____功能轻松实现素材快放、慢放、倒放、静帧等效果，从而实现播放的无级变速。

（3）_____窗口用于对各种特效的具体参数进行设置。

2. 选择题

（1）DV 的含义是（　　　）

　　A．数字媒体　　　　B．数字视频　　　　C．模拟视频　　　D．预演视频

（2）Premier Pro CS3 中存放素材的窗口是（　　　　）

　　A．项目（Project）　　　　　　　　　B．监视器（Monitor）

　　C．时间线（Timeline）　　　　　　　D．音频混合（Audio Mixer）

（3）视频编辑中，最小的单位是（　　　）

     A．小时   B．分钟   C．秒   D．帧

（4）执行下列哪个操作可以将单个素材文件导入 Adobe Premiere 的项目（Project）窗口中？（　　　）

     A．执行"文件"|"导入"命令   B．在"项目"窗口中双击

     C．执行"文件"|"导入最近文件"命令   D．执行"文件"|"打开"命令

（5）在"时间线"窗口中，可以通过哪个功能键配合鼠标对片段进行多选？（　　　）

     A．Alt   B．Ctrl   C．Shift   D．Esc

3. 简答题

简述一下 Premiere 的主要功能有哪些？

第 2 章　Premiere Pro CS3 编辑基础

本章学习目标

● 掌握主要工具的功能
● 掌握素材的基本编辑技术，并能熟练应用
● 掌握音频特效的类型以及各种特效参数的设置

本章介绍 Premiere Pro CS3 的基本编辑功能，包括主要功能窗口的详细介绍、使用各功能窗口进行素材的编辑、音频特效处理等内容。这些基本的编辑功能是使用 Premiere Pro CS3 进行视音频编辑的基础。在熟练掌握本章的基础上，才能快速深入地掌握 Premiere 的丰富功能。在介绍这些基本功能时，配合了简单的实例操作，利于读者快速上手。

2.1　工具窗口详解

在上一章，对编辑工作区的主要窗口进行了简单介绍。软件提供了 22 个功能窗口和面板，其中 4 个重要的窗口使用较频繁，本节将对其进行详细介绍，为具体应用奠定基础。

2.1.1　"项目"窗口

当在 Premiere 中新建一个项目后，系统为这个项目创建一个"项目"窗口。在编辑项目之前，需要首先导入素材，"项目"窗口用来存储项目需要的全部素材，并可以对素材进行归类整理，如图 2-1 所示。

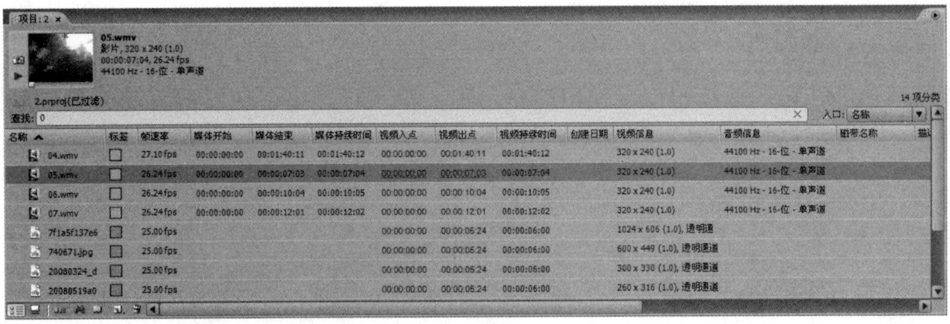

图 2-1　"项目"窗口

窗口延续了旧版本的布局，上部分是素材的预览窗口，下部分是素材的显示窗口。当选中视频素材时，预览窗口左侧显示第一帧，右侧显示视频的相关信息，包括名称、分辨率、长度，如果是视音频混合素材，还会显示音频的采样频率、采样大小和声道数。单击▶按钮，可以简单预览素材。

在预览窗口的下方有一个查找功能区，这是 Premiere Pro CS3 的新增功能。在查找文本框中输入查找关键字，系统实时查找并过滤素材，并在下面的列表中实时更新搜索结果。例如输入 0，系统筛选出名称包含 0 的所有素材，显示在列表的上方，如图 2-1 所示。单击查找栏后面的×按钮，便可以恢复到查找之前的状态，列表显示所有素材。查找栏右侧是入口下拉列表，用于选定查找的范围，默认为名称。

"项目"窗口的下部分是素材显示窗口，默认以列表方式显示，同时显示素材的名称、标签、帧速率、开始和结束、持续时间、入点和出点、视频和音频的信息等参数。

窗口的底部是功能按钮，实现常见的功能操作。

列表视图按钮：用于设定素材显示的方式为列表。

图标视图按钮：用于设定素材显示的方式为图标。

自动匹配到序列按钮：用于将"项目"窗口中选定的素材按照用户选择的顺序自动添加到序列中。

查找按钮：用于进行复杂查找。单击该按钮，弹出"查找"对话框，如图 2-2 所示。该对话框的查找功能比"项目"窗口的查找功能更强大，能够进行复合查找，精确查找素材。

图 2-2　"查找"对话框

容器按钮：用于在"项目"窗口中新建一个文件夹，方便对素材进行管理。

新建分类按钮：单击该按钮打开下拉菜单，如图 2-3 所示。使用该菜单可以创建常见的对象，读者可以发现，该下拉菜单实际上是将"文件"菜单的"新建"命令的部分功能移植到此处而已。

删除按钮：在"项目"窗口中选中素材，单击该按钮能将其删除，或者选中素材，按 Delete 键将素材删除。

窗口功能按钮：该按钮位于窗口的右上角，单击它弹出下拉菜单，如图 2-4 所示。

图 2-3　下拉菜单

图 2-4　窗口功能菜单

菜单包括6组命令：

（1）面板和框架设置命令，可以解除面板的泊靠，关闭面板或最大化框架。

（2）新建容器，重命名对象、删除对象。

（3）查找素材和对选中的素材匹配到时间线。

（4）设置查看素材的方式，包括列表、图标；设置缩略图开关，以及显示缩略图的大小。

（5）刷新和整理素材。

（6）编辑列命令，能够编辑显示素材信息的列，可以控制列的显示与隐藏。

不同的窗口具有不同的窗口功能，故出现的菜单会有所不同。

2.1.2 "时间线"窗口

"时间线"窗口是用户使用素材等对象进行节目编辑的场所，相当于用户的"工作台"，如图2-5所示。

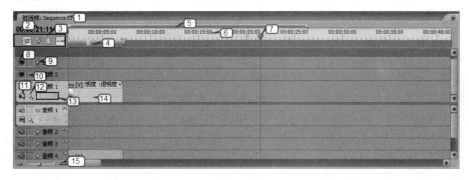

图2-5 "时间线"窗口

"时间线"窗口包括素材编辑功能和各种辅助编辑功能，使用各种按钮或菜单实现。下面介绍界面上常见各个部分名称及其相关的功能。

（1）显示当前时间线编辑的节目名称。当项目中包含多个节目时，可以在"项目"窗口中找到该节目双击即可打开它对应的时间线，不同的时间线使用不同的窗口标签显示，单击各标签可以切换节目分别进行编辑。

（2）时间指示器指示的当前时间码位置信息。时间码默认使用 SMPTE 码。可以将鼠标移动到该时间码上，变为手形后，按住鼠标左右拖动能够调整时间码的位置。

（3）功能按钮，包括：

● 吸附按钮。该按钮为开关按钮，当单击该按钮启动吸附功能时，在"时间线"窗口中拖动素材，素材能够自动吸附到临近素材的边缘。

● 设置 Encore 章节标记按钮。在时间标尺上的当前时间码位置设置 Encore 标记，方便对输出的 DVD 章节进行编辑。

● 设置无编号标记。该按钮在时间指示器位置处设置一个编辑标记，可以在该标记中添加节目的注释和评论内容。

● 激活或禁用预览按钮。该按钮控制是否启用预览功能。

（4）输出区域指示栏，只有该区域的节目才能输出。可以拖动该栏左右移动，也可以使用鼠标拖动该栏左右两端的控制点，重新编辑区域的位置和长度。

（5）预览区域指示栏，拖动该栏两端的控制点能够放大或缩小预览区域。

（6）时间标尺，以标尺的形式从左到右显示了时间码，时间码水平显示，时间线左侧的时间靠前，右侧的时间靠后。

（7）时间指示器，指示当前的编辑位置，如果要编辑新的位置，可以拖动该指示器到新的位置即可。

（8）开/关轨道按钮，默认情况下为打开状态，当关闭轨道后，该轨道既不可以预览，也不可以输出。

（9）折叠/展开轨道按钮，默认情况下只有视频 1 和音频 1 轨道展开，单击该按钮能够折叠，再次单击又可以展开，其他轨道亦同。

（10）锁定按钮，默认不锁定，单击锁定轨道，该轨道就不能被编辑了。

（11）显示风格按钮，当展开轨道时，单击该按钮弹出菜单，用于控制时间线上预览素材的方式，包括显示头和尾、仅显示开头、显示每帧、仅显示名称。

（12）显示关键帧按钮，单击该按钮弹出菜单，用于设置关键帧的显示方式，包括显示关键帧、显示透明控制、隐藏关键帧。

（13）关键帧控制功能区，只有在时间线上选中了素材，才能激活该区域。它包括 3 个按钮：中间为添加/删除关键帧按钮，拖动时间指示器到指定位置，单击该按钮能够添加一个新的关键帧；左侧为跳转到前一关键帧按钮，单击它能够使时间指示器跳转到当前位置的前一个关键帧处；右侧为为跳转到下一关键帧按钮，它的功能与左侧的按钮恰好相反，操作相同。当时间指示器位于某关键帧位置处时，单击添加/删除关键帧按钮能够删除该关键帧。

（14）素材预览区域。当在时间线上添加了素材之后，才会相应显示该区域。区域的显示信息包括：上部为素材的名称，功能菜单以及对应该特效菜单的曲线；下部为素材的预览风格显示。

（15）放大/缩小预览区域按钮，单击左右按钮或拖动中间的标志，能够缩小或放大预览区域。

2.1.3　“工具”窗口

Premiere Pro CS3 的“工具”窗口相对于 Premiere Pro 2.0 基本没有变化，“工具”窗口如图 2-6 所示。

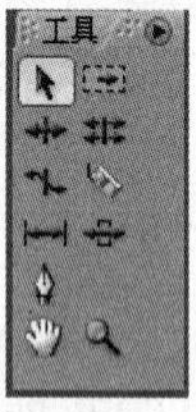

“工具”窗口包括 11 种工具，下面介绍各种工具的名称及功能。

（1）选择工具。单击选择该工具，在“时间线”窗口中单击某素材能够选中该素材；在窗口中按住鼠标拖动可以框选多个素材。在选中素材后，拖动能够改变素材在时间线上的位置；当拖到某段素材上时能够覆盖原来的素材，如果该过程中按住 Ctrl 键，能够将素材从

图 2-6　“工具”窗口

轨道提取并插入到原素材所在的位置，如果该过程中按住 Alt 键，能够实现素材替换操作；选中素材的同时按住 Ctrl 键，将鼠标定位到素材的两端并拖动，能够改变素材的入、出点，素材的长度和位置会自动变化，而其他素材的位置保持不变。

（2）轨道选择工具。单击选择该工具，在某轨道上某位置处单击鼠标，能够将轨道上该处之后的所有素材选中。选择该工具并按住 Shift 键，变为所有轨道选择工具，单击能够选中该位置右侧多个轨道上的所有素材片段。

（3）💠波纹编辑工具。单击选择该工具，在"时间线"窗口中定位到素材的两端，左右拖动素材的出点边缘，能够修剪掉出点附近不需要的部分，素材的长度就会改变，而它的入点位置保持不变，与它相邻的素材的相对位置保持不变，长度不变，节目的总时间长度相应改变。

（4）💠旋转编辑工具。单击选择该工具，在"时间线"窗口中定位到素材的两端，左右拖动素材的入、出点边缘，能够修剪掉不需要的边缘部分，素材的长度也会改变，而它的入点位置保持不变，与它相邻的素材的绝对位置不变。

（5）💠比例缩放工具。单击选择该工具，在"时间线"窗口中定位到素材的两端并拖动，能够调整素材的时间长度，从而改变素材的播放速度及在素材预览区显示速率的百分比，以适应新的时间长度。

（6）💠剃刀工具。单击选择该工具，在"时间线"窗口中定位到素材的具体位置，单击鼠标，能够将素材从此处切割为两段。

（7）💠错落工具。单击选择该工具，在"时间线"窗口中定位到某素材并拖动，能够同时改变素材的出点和入点，但是素材的长度和位置保持不变，素材片段时间和节目总时间不变；当入点到达了素材的第一帧或者出点到达了素材的最后一帧时，将不能再拖动了。

（8）💠滑动工具。按住并拖动鼠标，自动改变前一段素材的出点和后一段素材的入点，而被拖动的素材的长度和项目的长度保持不变。

（9）💠钢笔工具。该工具的功能非常丰富，用于对关键帧的操作。操作之前，需要确定显示关键帧；否则，单击轨道左侧的显示关键帧按钮，选中"显示关键帧"命令，就能显示出关键帧。

单击选择该工具，在"时间线"窗口中指向某段素材上的关键帧则选中了该关键帧；按住 Shift 键单击，能够在当前选择的关键帧中添加或删除某关键帧；在预览区单击并拖动能够框选多个关键帧。选中关键帧后，单击 Delete 键或单击添加/删除关键帧按钮，能够删除选中的关键帧。

单击选中某关键帧，按住鼠标拖动能够调整关键帧的位置；拖动的同时按住 Shift 键，能够强制在水平和垂直方向调整。

按住 Ctrl 键并单击某关键帧，能够改变关键帧的差值类型，类型包括直线、自动曲线、连续曲线、贝塞尔曲线。

按住 Ctrl 键并单击关键帧所在的控制线，能够添加一个新的关键帧。

（10）💠手形工具。单击选择该工具，当鼠标移动到"时间线"窗口中变为手形时，按住鼠标拖动，能够移动窗口内容到需要编辑的位置。

（11）💠缩放工具。单击选择该工具，用来放大或者缩小窗口的时间单位及改变轨道上的显示状态。选中该工具后在轨道上的素材上单击则可放大该素材，如果单击的同时按住 Alt 键，则可以缩小该素材的显示状态。

2.1.4　"监视器"窗口

"监视器"窗口是非常重要的窗口，包括两部分：一个是"素材源监视器"窗口，用于预览素材；另一个是"节目监视器"窗口，用于预览节目效果，如图 2-7 所示。

图 2-7 "监视器"窗口

两个"监视器"窗口的功能相同,只是操作的对象不同。默认是编辑工作区,两个监视器都显示。

窗口的上部是监视器的显示窗口,用于显示效果,如果是视频,默认显示视频图像;如果是音频则默认显示波形;如果为视、音频混合素材,默认显示视频图像。下部是信息和工具栏显示窗口。

下面介绍窗口的各个按钮的名称和功能。

(1) **00:00:01:23 00:00:04:09** 时间码显示。左侧的时间码显示为蓝色,显示时间指示器在时间标尺中所处的位置,能够被编辑。按住鼠标在其上拖动能够改变时间码,或单击该时间码,从键盘上输入具体的时间码,监视器自动定位到该时间位置。右侧时间码显示为黑色,不能被编辑,显示素材或节目的总长度。

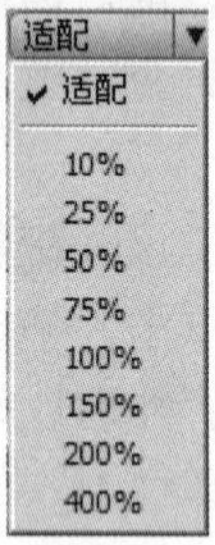

(2) 功能标志。当时间指示器位于标志或入、出点时,放大显示它们的图标,方便用户识别。

(3) 缩放级别。单击"适配"按钮,弹出下拉菜单,如图 2-8 所示。适配菜单用来选择显示区域显示的影片大小,默认为适配,即自动适应"监视器"窗口的大小,完全显示影片内容;也可以从菜单中选择合适的显示比例。当素材为音频时,该功能不可用。

图 2-8 适配菜单

(4) 时间标尺及各标志,如图 2-9 所示。

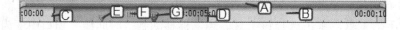

图 2-9 时间标尺

该时间标尺与"时间线"窗口的时间标尺相似,这里仅简单介绍。

A 为预览范围指示栏,拖动该栏两端的控制点能够放大或缩小预览区域。

B 为时间标尺。

C 为入点,即有效范围的开头。

D 为出点,即有效范围的结尾。

E 为无编号标记。

F 为拖动手柄,当鼠标移动到该位置处并变为手形时,按住鼠标左右拖动能够同时改变入、出点,但是不改变有效范围的长度。

G 是时间指示器。

（5）入点按钮。所谓"入点"是指素材或节目开始帧的位置。单击该按钮可将时间指示器所指位置设为入点。按住 Alt 键并单击该按钮，用于删除设置的入点。

（6）出点按钮。所谓"出点"是指素材或节目结束帧的位置。单击该按钮可将时间指示器所指位置设为出点，入点和出点之间的片段为有效素材，可以将其插入到时间线中。按住 Alt 键并单击该按钮，可删除设置的出点。设置了入点或出点时，在对应的"时间线"窗口中的时间标尺中同时显示入点或出点的时间点标记。

（7）插入无编号标记按钮。单击该按钮，为素材或节目在当前时间指示器位置创建无编号的标记。

（8）跳转到入点按钮。单击该按钮，时间指示器跳转到入点位置。

（9）跳转到出点按钮。单击该按钮，时间指示器跳转到出点位置。

（10）播放入点到出点按钮。单击该按钮，将播放入点到出点的视、音频片段。如果按住 Alt 键，变为循环播放按钮，单击它能够循环播放入点到出点的视、音频片段。

（11）跳转到前一标记按钮。该按钮仅用于素材源监视器。单击该按钮，时间指示器跳转到当前位置的前一个标记处。

（12）跳转到前一编辑点按钮。该按钮仅用于节目监视器。单击该按钮，时间指示器跳转到当前位置的前一个编辑点处。

（13）逐帧退按钮。单击该按钮，使监视器中播放的素材或节目从时间指示器位置处后退一帧，按住 Shift 键单击，后退 5 帧。连续单击可以实现逐帧倒放。

（14）播放/停止按钮。默认状态下为播放按钮，单击该按钮，将播放素材或节目。此时，该按钮变为停止状态，再次单击它，能够停止播放素材或节目。

（15）逐帧进按钮。单击该按钮，使监视器中播放的素材或节目从时间指示器位置处前进一帧，按住 Shift 键单击，前进 5 帧。连续单击可以实现逐帧播放。

（16）跳转到下一标记按钮。该按钮仅用于素材源监视器。单击该按钮，时间指示器跳转到当前位置的下一个标记处。

（17）跳转到下一编辑点按钮。该按钮仅用于节目监视器。单击该按钮，时间指示器跳转到当前位置的下一个编辑点处。

（18）快速搜索按钮。左右拖动该按钮，能够使素材或节目快速播放，向左拖动倒放，向右拖动正放，离中心点越远，播放速度越快，反之越慢。

（19）微调按钮。鼠标按住该按钮左右拖动，能够小幅度搜索素材或节目，从而详细搜索片段。

（20）循环按钮。单击该按钮，可以使素材或节目从头到尾循环播放，直到单击停止按钮为止。

（21）安全框按钮。单击该按钮，可以在"监视器"窗口中显示安全框。

（22）输出设置按钮。单击该按钮，会弹出如图 2-10 所示的菜单。用于选择"监视器"窗口显示的内容的输出方式及品质，以及使用外部设备进行重放的设置。默认输出为合成视频，自动品质。

（23）插入按钮。该按钮仅用于素材源监视器。单击该按钮，将入点到出点间的素材插入到当前活动时间线的时间指示器

图 2-10　显示方式菜单

指示的位置处。如果该处原来没有素材，则直接插入；若已存在素材，则将原素材截断为两部分，并插入到截断处，素材的后面部分向后移动。从而使节目长度变长。

（24）![icon]提升按钮。该按钮仅用于节目监视器。单击该按钮，将节目时间线中入点到出点的片段删除，其他部分不动，节目长度不变。

（25）![icon]覆盖按钮。该按钮仅用于素材源监视器。单击该按钮，将入点到出点间的素材插入到当前活动时间线的时间指示器指示的位置。如果该处原来没有素材，则直接插入；若已存在素材，则覆盖原来的素材。节目长度不变。

（26）![icon]提取按钮。该按钮仅用于节目监视器。单击该按钮，将节目时间线中入点到出点的片段删除，后面的素材向前移动，节目长度变短。

（27）![icon]切换并获取视音频按钮。该按钮仅用于素材源监视器。单击该按钮可以获取素材的视频、音频或视音频混合的内容，并显示在监视器中，插入到时间线上的内容会根据该按钮的状态改变。

（28）![icon]修整监视器按钮。该按钮仅用于节目监视器。单击该按钮打开"修整"对话框，可以对素材进行剪辑操作。

2.2 素材的基本编辑

编辑节目之前，首先必须将素材导入到"项目"窗口中。Premiere Pro CS3 对素材可以进行多种方式的编辑，使之能够满足节目使用的需要。对素材的编辑主要使用"素材源监视器"窗口和对应的"时间线"窗口进行。

2.2.1 设置标记

设置标记的目的是为了帮助用户快速定位和切换素材或节目的时间点，以及对齐素材时间点等。可以设置标记的对象有素材、节目序列和 Encore 章节。本部分介绍前两个对象设置标记的方法，由于 Encore 章节使用较少，而且设置方法与前两个对象相似，这里不详细介绍。

对每一段素材或节目可以为其设置 999 个无编号标记和 100 个编号标记。设置标记可以在"监视器"窗口和"时间线"窗口中进行。

1. 设置素材标记

"素材源监视器"窗口的标记工具用于设置素材的时间标记。操作步骤如下：

步骤 1 在"项目"窗口中双击素材或将素材拖曳到素材源监视器中，从而在素材源监视器中显示素材。

步骤 2 在素材源监视器中使用各种搜索工具定位到设置标记的时间点，单击![icon]按钮或按数字键盘上的*键，或者选择"标记"|"设置素材标记"|"无编号"命令，能够为该处设置一个无编号标记。

步骤 3 定位到设置已编号标记的时间点处，选择"标记"|"设置素材标记"|"下一个有效编号"命令，直接插入一个编号标记，它的号码是前一个编号标记的一个号码，比如默认编号从 0 开始，它的一个有效号码为 1，或者选择"标记"|"设置素材标记"|"其他编号"命令，弹出"设定已编号标记"对话框，如图 2-11 所示。

在文本框中输入标记的编号，单击"确定"按钮即可。效果如图 2-12 所示。

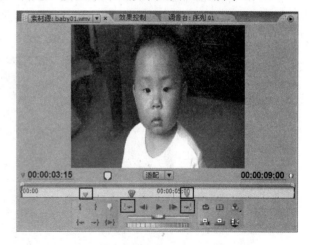

图 2-11   "设定已编号标记"对话框   图 2-12   设置标记后的素材源监视器

2. 设置节目标记

节目的时间标记必须在节目对应的"时间线"窗口中设置。操作步骤如下：

步骤 1   确定节目时间线中有素材，否则，将素材拖到节目时间线中，为该节目添加素材。

步骤 2   在"时间线"窗口中或者在节目监视器中将时间指示器定位到需要的时间点，单击"时间线"窗口中的 按钮或按数字键盘上的*键，或者选择"标记"|"设置序列标记"|"无编号"命令，能够在该处插入一个无编号标记，如图 2-13 所示。

步骤 3   按照为素材设置已编号标记相似的操作，选择"标记"|"设置序列标记"下的"下一个有效编号"或"其他编号"命令，为节目添加已编号标记，如图 2-13 所示。

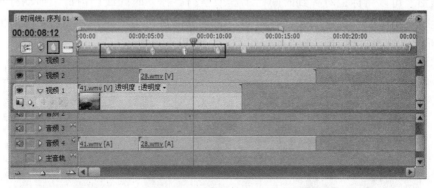

图 2-13   设置标记后的"时间线"窗口

3. 使用素材标记

为素材或节目设置标记后，可以左右拖动标记，这样可以简单改变标记的时间点，还可以借助标记定位和对齐素材。

定位素材标记的操作步骤如下：

步骤 1   在"素材源监视器"窗口中，单击 和 按钮，分别定位到前一标记和下一标记，这里的标记包含无编号标记和已编号标记。

步骤2 如果要单独定位已编号标记，选择"标记"|"跳转素材标记"下的"编号"命令，弹出"跳转已编号标记"对话框，在列表中显示了所有的已编号标记，单击选中某个标记，单击"确定"按钮即可自动定位到该标记处。

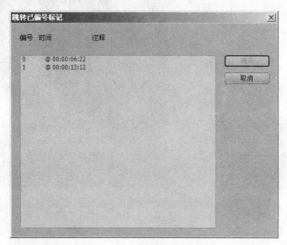

图 2-14 跳转已编号标记

4. 使用节目标记

定位节目标记的操作步骤如下：

步骤1 单击选中节目的"时间线"窗口，选择"标记"|"跳转序列标记"下的"上一个"或"下一个"命令，跳转到前一个或后一个标记。

步骤2 如果要单独定位已编号标记，选择"标记"|"跳转序列标记"下的"编号"命令，从弹出的对话框的列表中选中某个标记，单击"确定"按钮即可。

步骤3 可以将标记对齐到时间指示器或素材。在"时间线"窗口中拖动标记到时间指示器附近时，出现一条黑色的竖向参考线，放开鼠标将自动对齐到时间指示器时间点处，如图 2-15 所示。对齐素材的出/入点的操作类似，这里不再赘述。

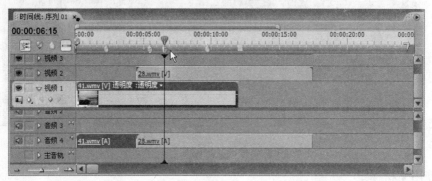

图 2-15 对齐到时间指示器

5. 删除标记

设置标记后可以根据需要删除不需要的标记。操作方式有两种：

方法一：使用鼠标操作。在标记上按住鼠标在水平方向向左或右拖出时间标尺即可。

方法二：使用菜单命令。如果要删除某个标记或全部标记，需要定位时间指示器到该标记处，选择"标记"|"清除素材/序列标记"下的"当前标记"命令或"全部标记"命令。删除某个已编号标记，可以选择"标记"|"清除素材/序列标记"下的"编号"命令，从弹出对话框的列表中选中某个标记，单击"确定"按钮即可。

2.2.2　剪切素材

剪切素材是对素材的帧进行删减或增加，对素材分割等操作，从而使素材符合编辑的需要。用户能够使用的工具包括"素材源监视器"窗口、"节目监视器"窗口、"修整监视器"窗口、"时间线"窗口。下面分别介绍这些工具的使用。

1．使用素材源监视器

该窗口只能显示一个素材，如果重复将多个素材加载到该窗口，只能显示最后一个，如果需要切换，执行"窗口"|"素材源监视器"命令，它的下一级菜单以列表方式显示所有打开的素材，从中选择需要编辑的素材即可显示在"素材源监视器"窗口中。

导入的素材往往只需要其中的一部分，这就需要设置素材的入点和出点，只有入、出点之间的部分才能应用到节目中。

在素材源监视器中设置入点和出点的步骤如下：

步骤 1　加载素材到"素材源监视器"窗口中，鼠标拖动时间指示器或通过窗口的帧操作或使用搜索按钮定位到需要的片段的开始时间点，单击入点按钮 设置此处为入点。

步骤 2　继续搜索定位到需要的片段的结束时间点，单击出点按钮 设置为出点。设置完毕，时间标尺中以深色显示入点到出点之间的部分，即为有效的素材片段，如图 2-16 所示。

图 2-16　素材的入、出点设置

步骤 3　设置了入、出点后，移动鼠标到时间标尺的入点或出点上，鼠标变为 或 时，按住拖动就可以修改入点或出点。还可以将时间指示器定位到新的时间点，单击入点或出点按钮，就可以修改入、出点为新的时间点。

如果素材是视频和音频混合素材，当拖入"时间线"窗口后，视频和音频被分别放置到相应的轨道中。前面的操作设置的出点和入点是对素材整体而言的，视频和音频的入、出点相同。

如果需要单独设置音频和视频的入、出点，操作如下：

步骤 1　在素材源监视器中加载素材使之显示，定位时间指示器到视频入点或出点时间点。

步骤 2　选择"标记"|"设置素材标记"下的"视频入点"或"视频出点"命令，设置视频的入点或出点。同理，定位到音频的入点或出点时间点，选择"标记"|"设置素材标记"下的"音频入点"或"音频出点"命令，设置音频的入点或出点。设置完成后，时间线的显示如图 2-17 所示。

图 2-17　分别设置视、音频入、出点效果图

2. 使用"时间线"窗口

"时间线"窗口与"工具"窗口结合，提供了对素材进行剪切的丰富功能，能够实现精细的剪切操作。

（1）使用选择工具。

在本章第一节介绍选择工具的时候，我们就了解了该工具能够调整素材的入、出点。单击 ▶ 按钮选中选择工具，在"时间线"窗口中，移动鼠标到素材的两端边缘，当变为 ← 或 → 时，按住鼠标水平拖到需要的时间点放开鼠标即可。拖动时，节目监视器中会显示当前鼠标处时间点的画面，同时时间码会显示当前的时间点以及素材的总长度，从而可以用于确定时间点。

（2）使用波纹编辑工具。

单击 ⊹ 按钮选中波纹编辑工具，在"时间线"窗口中定位到两段素材的交接处，当鼠标变为 ⊱ 时，按住鼠标左右拖动素材，能够修剪掉出点附加不需要的部分，此时，节目监视器中显示该素材的出点帧和下一段素材的入点帧，并显示了增减的时间码，正/负值表示入、出点在时间上向后/前改变，方便用户确定当前的出点时间点，释放鼠标即可，如图 2-18 所示。素材的长度就会改变，而它的入点时间点保持不变，后面的素材向前移动保持相同的相对位置。当变为 ⊱ 时，能够修改素材的入点。

（3）使用旋转编辑工具。

单击 ⊹⊹ 按钮选中旋转编辑工具，在"时间线"窗口中定位到两段素材的交接处，当鼠标变为 ⊱⊱ 时，左右拖动能够修剪掉不需要的边缘部分，此时，"节目监视器"窗口中，显示了相邻素材的出点和入点的画面，如图 2-19 所示。素材的长度发生改变，而它的入点时间点保持不变，与它相邻的素材的绝对位置则保持不变。

图 2-18　波纹编辑效果图

图 2-19　旋转编辑效果图

（4）使用错落工具。

单击 ⊢⊣ 按钮选中错落工具，在"时间线"窗口中定位到某素材并拖动，能够同时改变素材的出点和入点，改变的入、出点在素材长度的有效范围内变化，但是素材的长度和位置保持不变，并且其他素材和节目总时间不受影响。如图 2-20 所示画面上部显示的是正被编辑的素材的前面素材的结束帧，以及后面素材的起始帧，下部是现在调整的素材的入点和出点画面以及时间点的时间码，最下部的时间码显示调整的方向，正值为向后，负值为向前。

（5）使用滑动工具。

单击 ⊹ 按钮选中滑动工具，在"时间线"窗口中移动到某段素材上，按住鼠标并拖动，自动改变前一段素材的出点和后一段素材的入点，而被拖动的素材的长度和项目的长度保持不变。如图 2-21 所示画面上部显示的是正被编辑的素材的入点帧和出点帧，左下部是前一段素材的出点帧画面，右下部是后一段素材的入点帧画面，画面下方的时间码显示该帧在素材中的时间点，最下部的时间码显示调整的方向，正值为向后，负值为向前。

图 2-20　错落工具编辑效果图

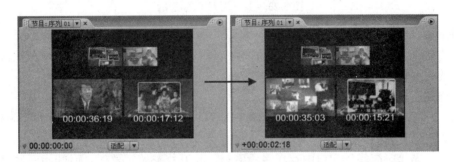

图 2-21　滑动工具编辑效果图

（6）使用剃刀工具。

单击 按钮选中剃刀工具，在"时间线"窗口中定位鼠标到素材的具体时间点，单击鼠标，即可将素材从此处切割为两段，如果是视、音频混合素材，并且没有解除链接，切割操作同时对视、音频有效。切割后生成的每段素材又具有单独的入、出点。切割前后对比如图 2-22 所示。

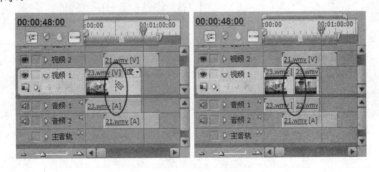

图 2-22　剃刀工具使用

使用该工具还可以同时切割多个轨道上的素材。单击选中该工具，同时按住 Shift 键，此时在"时间线"窗口中显示为多重剃刀工具。移动鼠标到需要切割的时间点单击，能够将未锁定的所有轨道上的素材，从该时间点处分割，如图 2-23 所示。

3. 使用"修整监视器"窗口

使用"素材源监视器"窗口和"时间线"窗口进行剪辑虽然方便，但有时候不能满足精确编辑的需要，Premiere Pro CS3 提供了修整监视器满足这一要求。

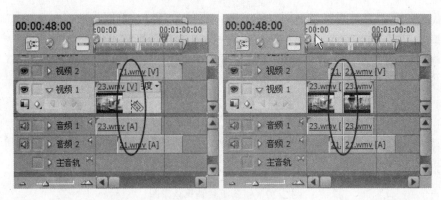

图 2-23　多重剃刀工具使用

在修整监视器中修整某段素材时，"时间线"窗口中的其他素材长度保持不变，相对位置不变，会随着素材的修整自动移动，从而使节目长度发生变化。当然，用户在该窗口同时可以结合波纹编辑工具和旋转编辑工具编辑素材。

使用修整监视器的操作步骤如下：

步骤 1　确定节目时间线上存在素材，打开节目监视器，单击该窗口下方的 █ 按钮，打开"修整监视器"窗口。

步骤 2　当"时间线"窗口中存在多段素材，打开修整监视器时，时间指示器会自动定位到最近的入、出点时间点。当时间指示器处于两段素材的交接时间点时，"修整监视器"窗口左侧部分编辑时间指示器左侧素材的出点，右侧部分编辑时间指示器右侧素材的入点，如图 2-24 所示。

图 2-24　修整监视器 1

步骤 3　图 2-24 中 a 为左侧素材的出点时间码，移动鼠标到其上并拖动能够调整该出点。b 为时间指示器的时间点，随着素材入、出点的调整，时间指示器将发生变化。同样，c 为右侧素材的入点时间码，调整操作相同。d 为左侧素材出点的移动单位，随着调整单位的变化，a 和 b 相应发生变化；情况相似，e 为右侧素材入点移动单位的调整，操作相同。f 为左侧素材出点的微调按钮，按住它左右拖动能够小范围调整出点；h 为右侧素材入点微调按钮，操作相同；需要说明的是 g 为入、出点同时调整按钮，能够同时调整两段素材的入点和出点，调整时 a、b、c、d、e 同时变化。

单击 ▶▐ 按钮启动播放编辑，能够连续预览左侧素材出点附近和右侧素材入点附近的帧，确定时间点帧后再次单击该按钮停止播放，然后设置为入、出点即可。

单击 ▣ 按钮启动循环播放，结合播放编辑按钮，能够反复进行播放，帮助用户确定时间点。

▐ -5 ▐ -1 ▐ 0 ▐ +1 ▐ +5 ▐ 为偏移量设置栏，系统预置了＋/－1 和＋/－5，正值表示向前修整，负值表示向后修整，单位是帧，同时对两段素材的入、出点有效。中间的文本框可以方便用户输入自定义数值的偏移帧数，默认为 0。

步骤 4　 ◀ ▶ 为编辑点跳转按钮，用来切换编辑点，编辑点即时间线中时间指示器的时间点，编辑点时间点只能在素材的入、出点时间点变化。

当编辑点移动到某段素材的出点或入点，而不是两段素材的交接处时，窗口只显示一个部分。如果编辑点处于入点，显示右侧窗口；反之，编辑点处于出点时，显示左侧窗口。此时，只能调整一个入点或出点，如图 2-25 所示。

图 2-25　 修整监视器 2

4. 删除素材

插入到时间线中的素材，如果不符合要求可以将其删除，删除可以同时将整段素材删除，也可以部分删除。这里介绍前者，后者将在后面内容中进行介绍。

操作步骤如下：

步骤 1　 在"时间线"窗口中单击鼠标选中一段素材，或者按住 Shift 键选中多段素材，还可以按住 Shift 键单击已经选中的素材能够取消选择。

步骤 2　 按 Delete 键，或者选择"编辑"|"清除"命令，还可以在选中的素材上单击右键，从弹出的快捷菜单中选择"清除"命令。实现整段删除素材，删除后素材的原位置成为空白，其他素材不受影响，节目长度不变。

另外，删除素材还有另一种操作方式，称为波纹删除。选中素材的操作与删除相同，不同的是删除操作选择"编辑"|"波纹删除"命令，还可以在选中的素材上单击右键，从弹出的快捷菜单中选择"波纹删除"命令。波纹删除与删除的区别是，在该素材所在轨道上删除素材后，素材右侧的其他素材向左移动覆盖删除素材后的空白，素材长度变小。

2.2.3　 插入与覆盖

当节目时间线中没有素材时，用户可以直接从素材源监视器或者"项目"窗口中将素材插入到时间线中；当时间线中已存在多段素材，再插入素材就可能发生素材之间的替换和覆盖情况，这时需要使用"素材源监视器"窗口的"插入"按钮和"覆盖"按钮，进行精细的插入或覆盖操作。

1. 插入编辑

插入素材的方法大致有 3 种：

（1）使用素材源监视器的"插入"按钮。操作步骤如下：

步骤 1 在"素材源监视器"窗口中加载素材，并设置好素材的入、出点。

步骤 2 在"时间线"窗口中单击要插入素材的轨道将其选中，然后调整时间指示器到需要插入素材的时间点。

步骤 3 单击"素材源监视器"窗口的"插入"按钮 ，将入点到出点间的素材插入到选中的轨道中，插入点是时间指示器的位置。如果该处原来没有素材，则直接插入；若已存在素材，则直接插入并将原素材截断为两部分，原素材的后面部分向后移动，接在新素材的出点处，从而使节目长度变长，如图 2-26 所示。

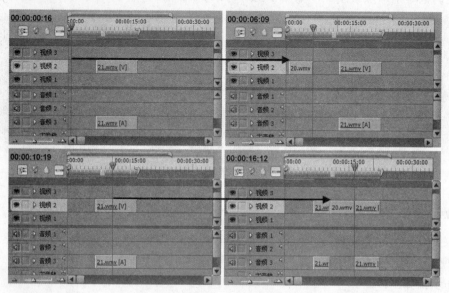

图 2-26 插入编辑

（2）使用菜单命令。该方法的操作步骤如下：

步骤 1 在"项目"窗口中选中素材，或者将素材显示到"素材源监视器"窗口中。

步骤 2 选择"素材"|"插入"命令，即可将素材插入到时间线中，插入时的处理方式同方法（1）。

（3）使用鼠标拖曳。该方法的操作方法如下：

在"项目"窗口中选中素材的同时，按住鼠标并同时按住 Ctrl 键，拖曳素材到"时间线"窗口的编辑轨道上即可实现插入。同样，还可以将素材显示到"素材源监视器"窗口中，使用鼠标从素材源监视器中拖曳素材。

2. 覆盖编辑

覆盖操作与插入操作类似，下面简单介绍覆盖操作的 3 种方法：

（1）使用素材源监视器的"覆盖"按钮。

步骤 1 在"素材源监视器"窗口中加载素材，并设置好素材的入、出点。

步骤 2 在"时间线"窗口中单击要插入素材的轨道将其选中，然后调整时间指示器到需要插入素材的时间点。

  步骤3 单击"素材源监视器"窗口的 █ 按钮，该按钮仅用于素材源监视器。将入点到出点间的素材插入到选中的轨道中，插入点是时间指示器的位置。如果该处原来没有素材，则直接插入；若已存在素材，则覆盖原来的素材。整个节目长度不变，如图 2-27 所示。

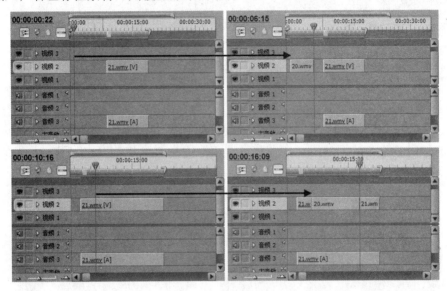

图 2-27 覆盖编辑

（2）使用菜单命令。

该方法的操作与插入操作只有选择的命令不同，即应该选择"素材"|"覆盖"命令。

（3）使用鼠标拖曳。

该方法的操作与插入操作只有一点不同：按住鼠标拖曳素材的过程中不需要按住任何键。

2.2.4 提升与提取

插入到时间线中的素材，如果不符合要求可以将其删除，这里所说的删除是指部分删除素材，而不是整段删除。操作可以使用节目监视器、菜单命令进行。

1. 提升编辑

提升编辑的操作步骤如下：

步骤1 在"时间线"窗口中选中需要删除素材的轨道。

步骤2 结合"时间线"窗口的时间指示器，在"节目监视器"窗口中设置要删除的节目的入、出点。

步骤3 单击 █ 提升按钮，或者选择"序列"|"提升"命令。能够将节目时间线中选中轨道的入点到出点的片段删除，其他部分不动，节目长度不变，如图 2-28 所示。

2. 提取编辑

提取编辑的操作步骤如下：

步骤1 在"时间线"窗口中选中需要删除素材的轨道。

步骤2 结合"时间线"窗口的时间指示器，在"节目监视器"窗口中设置要删除的节目的入、出点。

图 2-28　提升编辑

步骤 3　单击 提取按钮，或者选择"序列"|"提取"命令。能够将节目时间线中入点到出点的片段删除，后面的素材向前移动覆盖删除素材产生的空白，节目长度变短，如图 2-29 所示。

图 2-29　提取编辑

2.2.5　组合与分离

编辑的素材包括独立的视频素材、独立的音频素材和视音频的混合素材，当使用素材整合为节目时，常常需要将视音频混合的素材进行分离，有时又需要将独立的视音频素材结合起来。组合与分离操作又可以详细分为视音频链接与分离、群组与解除两种操作。

下面将分别介绍素材的组合与分离。

1. 链接视音频/解除视音频链接

链接视音频/解除视音频链接的操作步骤如下：

步骤 1　在"时间线"窗口中选中需要进行组合的一段视频素材和一段音频素材。

步骤 2　选择"素材"|"链接视音频"命令，或单击鼠标右键，在弹出的快捷菜单中选择"链接视音频"命令，即可将视频和音频素材链接到一起。如图 2-30 所示，若两段素材具有相同的入点，链接后视音频的名称后添加[V]和[A]标记；若两段素材具有不同的入点，链接后视音频的名称的前面显示两者之间相差的时间，正值表示向后偏移，负值表示向前偏移。

步骤 3　解除视音频链接的操作是，在时间线中选中链接的素材，然后选择"素材"|"解除视音频链接"命令，或单击鼠标右键，在弹出的快捷菜单中选择"解除视音频链接"命令即可。

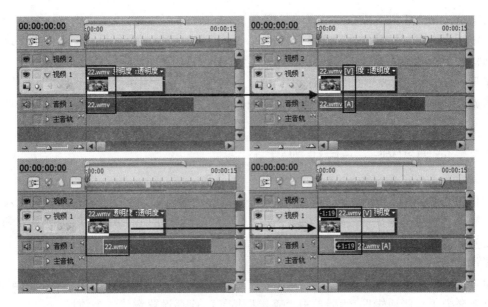

图 2-30　链接视音频

2. 群组和解除群组

群组/解除群组与链接视音频/解除视音频链接相似，不同点在于：链接视音频必须是一段音频和一段视频；而群组没有这个限制，可以多个素材组合起来，组合之后必须作为一个整体进行操作，多个素材丧失了独立性，不能进行某些具体的操作。

群组和解除群组的操作步骤如下：

步骤 1　在"时间线"窗口中选中多段素材。

步骤 2　选择"素材" | "编组"命令，或单击鼠标右键，在弹出的快捷菜单中选择"编组"命令。

步骤 3　解除编组的操作是，选中已被编组的素材，然后选择"素材" | "取消编组"命令，或单击鼠标右键，在弹出的快捷菜单中选择"取消编组"命令即可。

2.2.6　复制与粘贴

Premiere Pro CS3 与一般的 Windows 应用程序相同，提供了通用的编辑命令，常用的包括剪切、复制、粘贴等命令。

下面介绍常见编辑命令的使用操作：

步骤 1　在"时间线"窗口中，选中轨道上的素材。

步骤 2　选择"编辑"菜单下的"剪切"命令或者"复制"命令，将素材保存到系统剪贴板中。剪切与复制的区别是：剪切会将时间线中的素材删除，而复制命令不会删除时间线中素材，只是将素材的副本保存到剪贴板中。

步骤 3　在"时间线"窗口中将时间指示器定位到需要粘贴的时间点。选择"编辑" | "粘贴"命令，将剪贴板中的素材粘贴到"时间线"窗口的时间标记处选中的轨道上，能够覆盖原有的素材，相当于覆盖插入，节目的长度不变。

如果选择"编辑" | "粘贴插入"命令，能够粘贴到对应的时间点处，该处后面原有的素

材向后移动，相当于插入操作，节目的长度变长。

系统还提供了"粘贴属性"命令，能够将一个素材的属性应用到另一个素材上，这些属性包括特效、运动效果等。操作步骤如下：

步骤 1　在"时间线"窗口中，选中轨道上的素材，选择"编辑"菜单下的"复制"命令。

步骤 2　在"时间线"窗口中选中目标素材，选择"编辑"|"粘贴属性"命令即可。

2.3　应用实例——片段剪辑

本章向读者介绍了 Premiere 中的基本编辑方式，包括视频剪辑、入、出点的设置及片段的组接等，下面通过操作一个具体实例，使用户加深对这些知识的掌握。该实例主要利用准备好的视频文件以及音频文件组合成一个完整的视频效果。

操作步骤如下：

步骤 1　新建一个项目文件，在"装载预置"选项卡中，选择 DV-PAL 下的 Standard 48kHz，将项目命名为"片段剪辑"，然后单击"确定"按钮，保存设置新建一个项目。

步骤 2　选择"文件"|"导入"命令，打开"导入"对话框，在此以文件夹的形式，将"视频"、"图片"和"音频"三文件夹导入"项目"窗口中，"导入"对话框如图 2-31 所示。

步骤 3　这样所需的素材都在文件中已导入"项目"窗口，如图 2-32 所示。

图 2-31　"导入"对话框

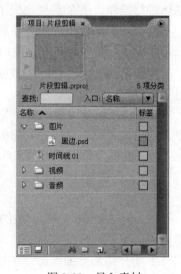

图 2-32　导入素材

步骤 4　展开"项目"窗口的"视频"文件夹，选中"素材.avi"文件并双击，打开"Clip"（来源）窗口，设置视频片段的入点和出点。当播放头拖到 1 分 02 秒 17 时，单击 （设定入点）按钮，设置片段的入点；当播放头拖到 1 分 04 秒 02 时，单击 （设定出点）按钮，设置片段的出点，如图 2-33 所示。

步骤 5　设定了要使用的片段后，可单击 按钮，播放该片段，查看是否符合要求。这是一段以仰视角度表现的建筑物一角，其中建筑主体不动，只有蓝天和白云在变化。

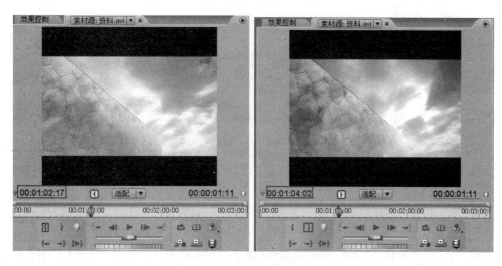

图 2-33　设置片段的入点和出点

步骤6　单击 ← 和 → 按钮，可迅速将播放头定位到设定片段的入点和出点。

步骤7　如果当前视频片段定义正确，就可以单击 按钮，将视频片段插入到时间线的视频轨道中，如图 2-34 所示。

步骤8　展开"项目"窗口的"视频"文件夹，选中"结构.avi"文件并双击，打开"Clip"（来源）窗口，设置视频片段的入点和出点。当播放头拖到 0 秒时，单击 （设定入点）按钮，设置片段的入点；当播放头拖到 1 秒 08 时，单击 （设定出点）按钮，设置片段的出点，如图 2-35 所示。这是一段在混凝土完工时，围绕建筑进行俯视航拍的视频片段。

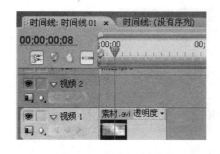

图 2-34　插入视频片段

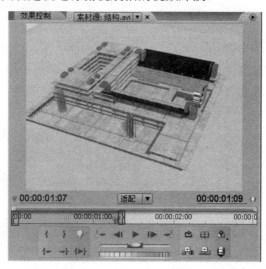

图 2-35　设置片段的入点和出点

步骤9　在"时间线"窗口中，将播放头拖到第 1 段视频片段的后方任意位置，然后单击"来源"窗口中的 （插入）按钮，将视频片段插入时间线的视频轨道中。

步骤10　将"视频 1"轨道中新插入的视频片段向左移动，使之正好与前一段视频的尾部对齐，如图 2-36 所示。

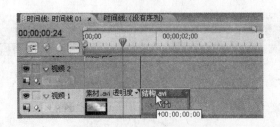

图 2-36　移动视频片段

步骤 11　现在"时间线"窗口中已经有两段视频了，读者可在"节目"窗口中单击 ► 播放按钮，预演视频效果。

步骤 12　利用同样的方法，将"素材.avi"中的入点和出点分别设定在 2 分 30 秒 07 和 2 分 31 秒 02 的位置。利用 ■（插入）按钮，将其放置在第 2 个片段的后方。

步骤 13　以此类推，"素材.avi"中的 40 秒 04 至 41 秒 02；"鸟瞰"中的 4 秒至 5 秒；"热身大厅"中的 20 帧到 1 秒 16 帧；"鸟瞰"中的 4 秒 05 至 4 秒 17；"素材.avi"中的 32 秒 17 至 33 秒 06；"素材.avi"中的 2 分 05 秒 06 至 2 分 05 秒 27；"素材.avi"中的 28 秒 06 至 30 秒 03。添加完片段后的效果如图 2-37 所示。

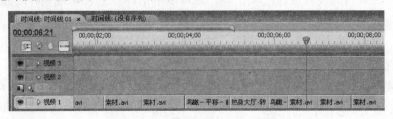

图 2-37　添加完片段后的效果图

步骤 14　将"项目"窗口中的"图片"文件下的"黑边.psd"拖到"视频 2"轨道中，使其产生一个宽屏幕效果，它的入点和出点与"视频 1"轨道中的片段对齐。

步骤 15　为结束段的片段设置淡化效果，如图 2-38 所示。关于淡出效果的设置在前面的章节中已经介绍过。

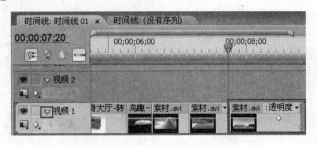

图 2-38　设置片段的淡化效果

步骤 16　设置影音同步。将"音频"文件拖到"音频"轨道中，音频明显过长。所以应该减掉一部分，使其影音同步。

步骤 17　选中"音频"片段，将播放头移动到"视频 1"轨道片尾的位置，在"时间线"窗口右侧面板中单击剃刀 ■ 工具按钮，在当前的音频片段位置单击，将音频片段分割为两段，如图 2-39 所示。

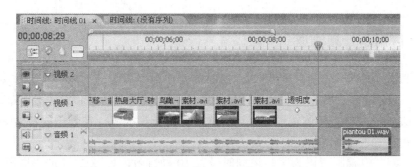

图 2-39　分割音频片段

步骤 18　选择 （选择）工具按钮，选中分割后的第 2 段视频，按删除键将其删除。设置音频的淡化效果。

步骤 19　预演效果，保存文件。

2.4　使用音频效果

Premiere Pro CS3 提供了几十种音频特效，根据声音类型的不同，分为 5.1 声道、立体声（Stereo）、单声道（Mono）3 种类型，不同类型的特效只能应用于相同类型的音频素材上，通过特效能够为音频素材进行效果的设置，并可以产生丰富的特殊效果。Premiere 提供了音频切换特效，能够实现音频之间切换的淡化效果。

音频的效果可以应用于音频素材或者应用于音频轨道，下面介绍应用音频效果的方法。

2.4.1　应用于音频素材

为音频素材添加效果的操作步骤如下：

步骤 1　显示节目"时间线"窗口，并确定"时间线"窗口的音频轨道上有素材。

步骤 2　显示"效果"窗口，鼠标单击展开并定位到需要的音频效果上，拖动该效果到"时间线"窗口中的音频素材上即可，如图 2-40 所示，或者在"时间线"窗口中单击选中素材，并显示"效果控制"窗口，然后拖动特效到"效果控制"窗口中。

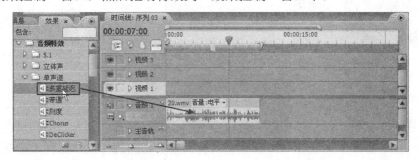

图 2-40　为素材设置音频效果

如果需要删除应用于对象的特效，可以显示"效果控制"窗口，鼠标选中特效，按 Delete 键即可将其删除。

2.4.2 应用于音频轨道

读者可以为整个音频轨道设置特效，这时需要使用"调音台"窗口。操作步骤如下：

步骤1 显示"调音台"窗口，在该窗口中单击显示/隐藏效果和发送按钮▶，窗口中展开特效与发送设置栏，单击具体轨道效果设置区右侧的下拉按钮，在弹出的特效菜单中选择合适的命令即可，如图 2-41 的左图所示。

步骤2 特效设置区可以为某轨道同时设置 10 种特效，如图 2-41 的中图所示。

步骤3 对具体的特效，可以从发送区域进行参数编辑，如图 2-41 的右图所示。

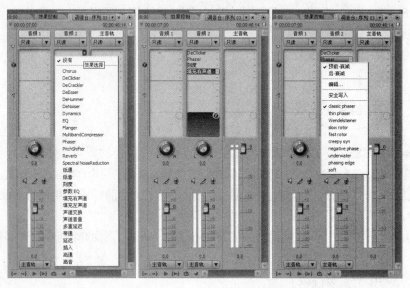

图 2-41　为轨道设置音频效果

图 2-42　"编辑"窗口

也可以在该特效上单击鼠标右键，从弹出的快捷菜单中选择相应的命令进行编辑，如选择"编辑"命令，能够打开"编辑"窗口，与发送区域比较，该窗口显示了所有可以进行设置的项目，而发送区域没有完全显示，需要进行切换。"编辑"窗口如图 2-42 所示。

步骤4 单击特效右侧的下拉按钮，在弹出的特效菜单中选择"没有"命令即可将该特效删除。

2.4.3 音频特效

音频特效包括 3 种类型的特效，包括 5.1 声道、立体声、单声道，3 种类型具有大多数相同的特效，每种类型又具有自身特有的音频效果。下面分别介绍这 3 种类型。

5.1 声道类型设置 5.1 环绕立体声的相关音效，包含多重延迟、带通、刻度、低通、低音、参数 EQ、声道音量、延迟、插入、音量、高通、高音、声道交换等。

立体声类型设置左右两声道的相关音效，包含多重延迟、带通、刻度、声道交换、低通、低音、参数 EQ、声道音量、延迟、插入、音量、高通、高音等与 5.1 相同的设置，另外具有自身特有的填充左/右声道、均衡等命令。

单声道类型设置一个声道的相关音效，包含多重延迟、带通、刻度、低通、低音、参数 EQ、延迟、插入、音量、高通、高音等与 5.1 相同的设置。

下面对各种音频特效进行详细介绍。

1. 音量（Volume）

Premiere 为每个素材预置了一个固定的特效——音量，用于取代音频自身的音量调节。展开后有两个参数设置："旁路"复选项是用于取消设置的特效，该处为开关按钮，能够暂时关闭特效，可以用来做特效前后的效果对比，所有的特效均具有"旁路"参数；"电平"参数用于设置音量，正值表示增大音量，负值表示减小音量，如图 2-43 所示。

2. 均衡（Balance）

该特效设置左右两声道的相对音量，只能应用与立体声音频素材。"均衡"的值为正值时增大右声道音量并减弱左声道音量，负值时正好相反。默认为 0，表示左右声道均衡。操作时可以单击数值区域输入数值，也可以移动鼠标到数值上变为手形，按住拖动，或者拖动下面的滑块。特效设置如图 2-44 所示。

图 2-43　音量设置

图 2-44　均衡设置

3. 带通（Bandpass）

该特效用于删除超出设定的声音频率范围的音频。"中置"参数设置音频的波段的中心频率，"Q"用于设置需要保留的频段的宽度，数值与频段的宽度成反比。特效设置如图 2-45 所示。

4. 低音（Bass）

该特效用于调整低频声音的强度，"推子"参数设置强度值，正值表示增加低音分贝，负值表示减少低音分贝，如图 2-46 所示。

5. 声道音量（Channel Volume）

该特效用于分别设置每个声道的音量，由于单声道只有一个声道，故不适用该特效。如图 2-47 所示为立体声左右声道音量的设置，单位为分贝。

图 2-45　带通设置　　　　　　　　　　　图 2-46　低音设置

6. 合声（Chorus）

该特效用于创建合声效果。它能够模拟多种人声和器材的声音，然后让效果声与原始声音混合产生合声。对于仅包含单一乐器或语音的音频素材，运用该效果较好。

该特效的参数设置非常丰富，如图 2-48 所示。系统预置了 10 种合声模式，单击右侧的 预置按钮，从弹出快捷菜单中选择即可。绝大多数的特效都具有预置模式，这些模式是读者经常会应用到的情形，善于利用这些模式，能够起到事半功倍的效果。

图 2-47　声道音量设置　　　　　　　　　图 2-48　Chorus 设置

"Rate"参数设置振荡速率，"Depth"参数可以设定效果声延时的程度，"Delay"参数设定时间延时量，"Feedback"参数用于设置延时声音被反馈到原始声音中的百分比，"Mix"参数设定原始声音与效果声音的混合比例。

7. 去喀嚓音（DeClicker）

DeClicker 特效能够消除音频素材的嘶嘶和喀嚓类的杂音声，如图 2-49 所示。

8. 去爆音（DeCrackler）

DeCrackler 特效能够去除素材恒定的背景爆音，如图 2-50 所示。

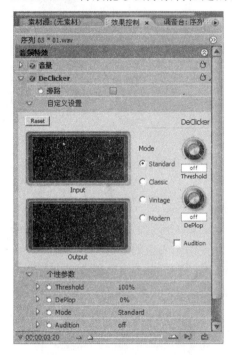

图 2-49 DeClicker 设置　　　　　　　　　图 2-50 DeCrackler 设置

9. 去齿音（DeEsser）

DeEsser 插件用于消除录制音频素材中常见的齿音噪声，比如英文中高频率出现的"s"和"t"。参数设置如图 2-51 所示，"Gain"用于设置降低齿音的强度。"Male"和"Female"用于设置音频素材人声的发出者的性别，配合"Gain"能更好地去掉齿音。

10. 去吵杂音（DeHummer）

该特效能够去除素材中不需要的 50Hz 或 60Hz 的嗡嗡声和吵杂声，如图 2-52 所示，"Reduction"参数用于设置降低杂音的数量，该值不能设置过高，否则，会出现消除了需要的音频的后果。"Frequency"参数用于设置杂音的中心频率，需要根据不同的语言进行设置。"Filter"参数设置去除杂音的滤波器的值。

11. 延迟（Delay）

该特效为素材添加回声。设置如图 2-53 所示，"延迟"参数设置回声延迟的时间，最小为 0 秒，默认为 1 秒，最大为 2 秒。"回授"参数设置延迟信号反馈叠加的百分比。"混音"

参数设置回声与原声音混合的比例。

图 2-51　DeEsser 设置

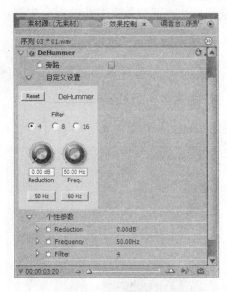

图 2-52　DeHummer 设置

12. 采样降噪插件（DeNoiser）

该特效能够自动对模拟音频采样，检测噪音并进行去除，特别适用于模拟录制的磁带产生的音频噪声的去除。设置如图 2-54 所示，"Freeze"参数锁定噪声的中心频率的值，从而确定需要消除的噪音。"Noisefloor"参数设定素材的噪音基线。"Reduction"参数设定消除–20～0分贝范围的噪音的数量。"Offset"参数设置去除的噪音和用户设定的基线的偏移量。

图 2-53　延迟设置

图 2-54　DeNoiser 设置

13. 动态（Dynamics）

该特效提供组合的图线控制器与独立的音频效果调节栏。设置了 10 种预置模式，参数设置如图 2-55 所示，下面介绍各参数的设置。

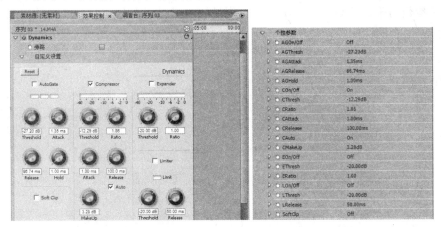

图 2-55　Dynamics 设置

（1）AuotGate。设置当电平低于指定的临界值时自动切断信号。常常设置为随话筒的关闭而停止，从而删除不必要的噪音。指示灯有三种状态：绿色为打开，黄色为释放，红色为关闭。4 个控制器的功能分别为："Threshold"指定输入信号打开开关必须超过的电平临界值，如果低于该电平，开关将是关闭的；"Attack"指定信号电平超过临界值到开关打开需要的时间长度；"Release"指定信号低于临界值到开关关闭需要的时间长度；"Hold"指定信号已经低于临界值时开关保持打开状态的时间。

（2）Compressor。通过提高低音的电平并降低高音的电平，使动态范围产生一个在素材时间范围内调和的电平。6 项的设置如下："Threshold"设置必须调用压缩的信号的临界值；"Ratio"设置压缩比例；"Attack"设置信号超过临界值时压缩反应的时间；"Release"设置当信号低于临界值时，信号返回到原始电平需要的时间；"Auto"设置是否基于输入信号电平自动计算释放时间；"MakeUp"设置输出电平以便弥补压缩造成的损失。

（3）Expander。用于降低所有低于指定极限值的信号到设定的比率。"Threshold"参数设置信号激活放大器的电平临界值，超过此值的电平不受影响。"Ratio"设置信号放大的比率。

（4）Limitar。设置还原包含信号峰值的音频素材中的裁减。"Threshold"设置信号的峰值，所有超过该峰值的信号将被还原为峰值水平。"Release"设置素材出现后增益返回正常电平需要的时间。

（5）Soft Clip。该设置给某些信号赋予一个边缘，可以将信号更好地混合。

14. 均衡（EQ）

该特效相当于一个变量均衡器，可以调整素材的频率、带宽和电平参数，如图 2-56 所示。它包含 3 类过滤器：1 个低频、1 个高频、3 个中频。"Frequency"参数用于设置需要增大或减小的中心频率。"Gain"参数设置增大或减小频率的波段量。"Cut"控制切换低频段和高频段过滤器从搁置到中止。"Q"参数设置每个过滤器波段的宽度。"Output"参数设置均衡输出增益增加或减少频段补偿的增益量。

15. 镶边（Flanger）

该特效可以将原始声音的中心频率反向并与原始声音混合，效果和 Chorus 特效相似，能够使声音产生一种推波助澜的效果。如图 2-57 所示为参数设置对话框，"Rate"参数可以设定效果循环的速度，"Depth"参数可以设定效果的延时时间，"Delay"参数设定时间延时量，"Feedback"参数用于设置延时声音被反馈到原始声音中的百分比，"Mix"参数可以设定原始声音与效果声混合的比例。

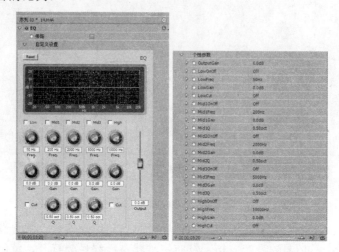

图 2-56　EQ 设置

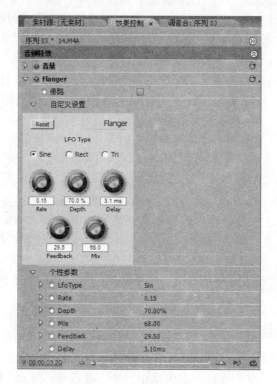

图 2-57　Flanger 设置

16. 填充左声道（Fill Left）/填充右声道（Fill Right）

这两个特效可以使声音回放时只使用的左/右声道部分的音频信号，该通道仅存在于"立体声"中。如图 2-58 所示为填充左声道特效设置窗口，这两种特效只有一个参数"旁路"，与所有特效的"旁路"参数意义相同，填充右声道的设置与此类似，不再赘述。

17. 低通滤波（Lowpass）/高通滤波（Highpass）

低通滤波特效用于删除高于设定频率临界值的音频，而高通滤波特效用于删除低于指定频率临界值的音频。如图 2-59 所示为低通滤波特效设置窗口，"切断"参数用于设置指定的频率临界值。

图 2-58　Fill Left 设置

图 2-59　Lowpass 设置

18. 插入（Invert）

该特效用于将音频的所有声道的相位颠倒。设置如图 2-60 所示，它只有"旁路"参数。

19. 多频带压缩（MultibandCompressor）

该特效是一个分三频段控制的压缩器。它比较适合于柔和音频的压缩。参数设置非常丰富，如图 2-61 所示。

图 2-60　Invert 设置

自定义设置的上方为图形控制区，左侧为波段选择区，单击某段曲线能够选中该波段；右侧为"Characteristic"区域，显示了三段频率的增益值曲线。其他选项为："Threshold"参数设置输入信号调用压缩要超过的电平；"Ratio"参数设置压缩比；"Attack"参数设置压缩对信号超过临界值做出反应需要的时间；"Release"参数设置当信号电平降低到低于临界值时，增益返回原始电平需要的时间；"MakeUp"为电平损失提供补偿，使输出电平保持平稳；"Solo"开关用于切换是否只播放激活的波段。

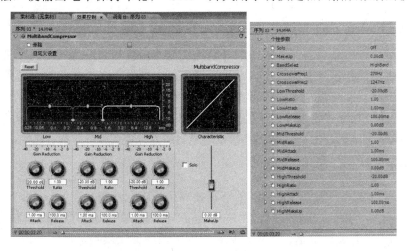

图 2-61　MultibandCompressor 设置

图 2-62　Multitap Delay 设置

20. 多重延迟（Multitap Delay）

该特效能够为音频素材添加重复回声效果，最多添加 4 个，并能对回声进行高级控制。参数设置如图 2-62 所示。"延迟 1"～"延迟 4"参数可以设定回声出现的延时时间，最大值为 2 秒。"回授 1"～"回授 4"参数设置回声叠加到原音频信号的百分比。"电平 1"～"电平 4"参数设置回声的音量值。"Mix"参数设置原始声音与所有回声的混合比例。

21. 刻度（Notch）

该特效删除对象中接近指定中心频率的频率。设置如图 2-63 所示，"中置"参数设置需要去除的中心频率。"Q"参数设置需要删除的频段的宽度，数值与频段的宽度成正比。

22. 参数均衡（Parametric EQ）

该参数能够增大或减少与指定的中心频率相近的频率。设置如图 2-64 所示，"中置"参数设置起作用的中心频率。"Q"参数设置起作用的频段的宽度，数值与频段的宽度成正比。"推子"参数设置增大或减小的频率范围的量，取值介于–20～20 分贝。

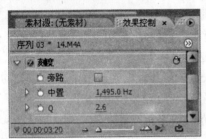

图 2-63　Notch 设置

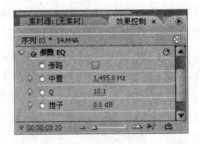

图 2-64　Parametric EQ 设置

23. 相位（Phaser）

该特效是把音频信号分离，并改变信号的相位，该相位与原信号的相位产生差异，并与原信号混合。当相位改变时，不同的频率相互抵消而产生一个轻柔扭曲的声音效果。

参数设置如图 2-65 所示，"Rate"参数设置相位变化的速率，"Depth"参数可以设定相位变化的深度，"Delay"参数设定混合应用的延时量，"Feedback"参数用于设置改变相位后的信号被反馈到原始声音中的百分比，"Mix"参数设定原始声音与效果声音的混合比例。

24. 变速变调（PitchShifter）

该特效用于调整输入信号的音调，能够提高高音或降低低音。参数设置如图 2-66 所示，"Pitch"参数设置半音程间定调的变化。"Fine Tune"参数设置定调参数的半音格之间的微调，"Formant Preserve"开关设置是否保护音频素材的共振峰免受影响，默认保护。

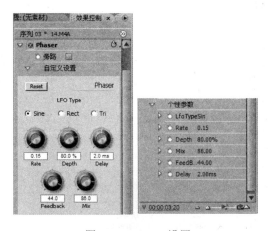

图 2-65　Phaser 设置　　　　　　　　　　图 2-66　PitchShifter 设置

25. 混响（Reverb）

该特效可以为一个音频素材增加气氛或热情，模仿室内播放音频的声音，如图 2-67 所示，"Pre Delay" 参数设置预延迟，指定信号和回音之间的时间，这与声音传播到墙壁后被反射回到现场听众的距离相关连。"Absorption" 参数设置声音被吸收的百分比。"Size" 参数设置空间大小的百分比。"Density" 参数设置回音 "拖尾" 的密度。Size 的值用来设置密度的范围。"Lo Damp" 参数设置低频的衰减大小，能够防止嗡嗡声造成的回响。"Hi Damp" 参数设置高频的衰减大小，较小的参数能够使回音变得柔和。"Mix" 参数设置回音的量。

26. 谱降噪（SpectralNoiseReduction）

该特效使用 3 个滤波器组去除音频信号中的音调干扰，比如去除原始素材中的嗡嗡声或口哨声。如图 2-68 所示为参数设置窗口，"Freq1" ～ "Freq3" 参数设置每个滤波器的中心频率。"Reduction1" ～ "Reduction3" 参数设置每个滤波器降噪的分贝数。"Filter1OnOff" ～ "Filter3OnOff" 是每个滤波器的开关参数。"MaxLevel" 参数整体上对原信号降噪的分贝值。"CursorMode" 是使用鼠标调整滤波器频率的开关参数。

图 2-67　Reverb 设置

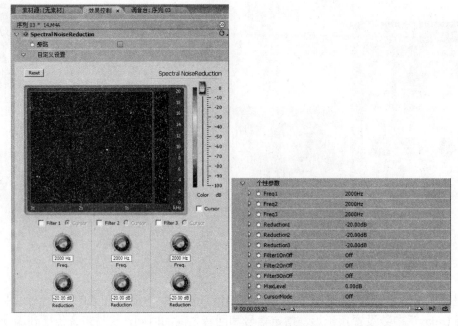

图 2-68　SpectralNoiseReduction 设置

27. 高音（Treble）

该特效调节高频率声音的强度。如图 2-69 所示，"推子"参数设置强度值，正值表示增加高音分贝，负值表示减少高音分贝。

28. 声道交换（Swap Channels）

该特效仅适用于立体声类型，能够交换左右声道的信息布置，如图 2-70 所示，只有"旁路"参数。

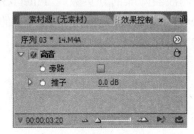

图 2-69　Treble 设置

图 2-70　Swap Channels 设置

2.4.4　音频切换特效

读者可以为音频素材之间的切换使用交叉淡化效果。Premiere Pro CS3 中提供了两种音频切换效果：恒定增益、恒定放大。

恒定增益：此特效可以让声音素材以恒定速率产生淡入和淡出切换效果。

恒定放大：此特效能够创建平滑和渐进的切换效果，它以慢速降低第一段音频素材的前端部分并快速向后端切换，对第二段音频素材，在其前端快速提高音频并慢慢向后端切换。

1. 应用音频切换特效

为音频素材添加效果的操作步骤如下：

步骤 1 显示节目"时间线"窗口，并在同一音频时间线轨道上添加相邻的两段音频素材。

步骤 2 显示"效果"窗口，鼠标单击展开"音频切换效果"|"交叉淡化"效果组，并定位到需要转换的效果上，拖动该效果到音频轨道的两个音频素材之间。如图 2-71 左图所示即可在素材之间看到过渡图标。

步骤 3 显示"效果控制"窗口，如图 2-71 右图所示，可以对效果进行调整。效果调整参数设置如下：

"持续时间"设置切换效果持续的时间，默认为 1 秒。该默认值也可以更改，在"编辑"|"参数"|"常规"下进行设置，请参考第 1 章的 1.3 节。

"校准"参数设置效果起作用的位置，有 4 种情况："居中于切点"使切换效果应用于前一段素材的后端到后一段素材的前端；"开始于切点"使切换效果开始于后面素材的入点；"结束于切点"使切换效果结束于前面素材的出点；"自定义开始"使用户自定义开始位置，该设置需要用户使用鼠标操作，即在"效果控制"窗口右侧的辅助"时间线"窗口中，移动鼠标到切换效果图标上方按住并拖动，即可调整效果的位置。移动鼠标到切换效果图标两段，按住鼠标并拖动能够调整切换的持续时间。

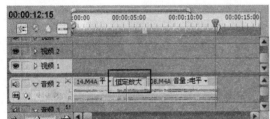

图 2-71 应用音频切换特效与效果设置

2. 应用默认音频切换

当在节目编辑过程中需要重复使用同一音频切换效果时，使用菜单命令非常方便。操作步骤如下：

步骤 1 在"时间线"窗口中同一音频时间线轨道上添加相邻的两段音频素材。

步骤 2 将时间指示器定位到素材的出点或入点附近，选择"序列"|"应用音频切换效果"命令，就能够将默认的音频切换效果应用于素材。

系统默认的切换效果是"恒定放大"，该默认效果可以更改，操作如下：

显示"效果"窗口，用鼠标单击展开"音频切换效果"|"交叉淡化"效果组，定位到"恒定增益"命令，在命令上单击鼠标右键，选择"设置所选为默认切换效果"命令即可，如图 2-72 所示。

图 2-72 更改默认切换效果

2.5　应用实例——配音

在影视编辑中，为了配合视频需要，常常需要自己制作音频素材，可以借助 Premiere Pro CS3 的音频处理功能完成后期配音。Premiere Pro CS3 提供了两种录制音频的方式：一是使用 Premiere 的采集功能；二是使用"调音台"窗口。

本实例使用"调音台"窗口实现配音操作，操作步骤如下：

步骤 1　新建一个"DV-PAL 标准 48kHz"项目，并进行项目的自定义设置。

步骤 2　在"项目"窗口中双击空白处，弹出"导入"对话框，选择需要的视频素材，单击"确定"按钮导入。拖曳该素材到"时间线"窗口的"视频 1"轨道上。

步骤 3　在操作系统（以 Window XP 为例）中，选择"控制面板"|"声音和音频设备"|"音量"|"高级"命令，在打开的"录音控制"对话框中选择"麦克风"，并调整音量到适当位置，如图 2-73 所示。

步骤 4　切换到 Premiere，选择"窗口"|"工作区"|"音频"命令，切换到音频编辑模式，定位时间指示器到需要配音的起始位置，如图 2-74 左图所示。

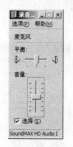

图 2-73　调整"麦克风"音量　　　　　图 2-74　切换到音频编辑模式

步骤 5　在"调音台"窗口中单击"音频 1"轨道的"激活录制轨道"按钮🎤，允许在"音频 1"轨道的当前位置开始录制音频。"调音台"窗口如图 2-75 所示。

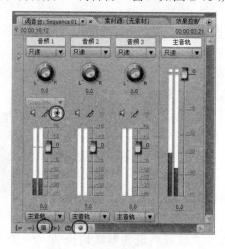

图 2-75　"调音台"窗口

单击录制按钮🔴，启动录制模式，然后单击播放按钮▶，此时播放按钮变为停止按钮■，系统开始从麦克风录制音频，"调音台"窗口的音频电平表示当前信号电平大小，当录制完成时，单击停止按钮即可停止录制。在"音频 1"轨道中就可以看到录制的音频素材出现在时间指示器的右侧，并自动编号，素材格式默认为 .jpg 格式，如图 2-74 右图所示。

2.6　综合练习——音频效果处理

本练习通过综合使用多种音频特效和切换特效，使音频素材产生多种效果，从而产生一种美妙的听觉感受。通过本练习，读者应该熟练掌握多种特效的应用和设置。

操作步骤如下：

步骤 1　新建一个"DV-PAL 标准 48kHz"项目，并进行项目的自定义设置。

步骤 2　在"项目"窗口中，双击空白处，弹出"导入"对话框，选择素材文件"voice.mpg"，单击"确定"按钮导入。

步骤 3　在"项目"窗口中单击选中该素材，在"项目"窗口上方查看素材的信息，或者切换到"信息"窗口查看，如图 2-76 所示。可以看出它是视音频混合素材，音频为"立体声"音频，故只能添加"立体声"类型的特效。

图 2-76　查看素材信息

步骤 4　为素材设置入、出点并拖曳到"时间线"窗口的轨道上。由于希望单独为音频应用特效，故需要将视音频进行分离。在"时间线"窗口中素材上单击鼠标右键，在弹出的快捷菜单中选择"解除视音频链接"命令即可。

步骤 5　在"工具"窗口中单击选择剃刀工具，在音频素材的某个确定位置处单击将素材分为两段，如图 2-77 左图所示。下面为两段音频素材添加淡入淡出切换效果。

实现音频的淡入淡出可以使用音频的切换特效，而使用最广泛的还是应用关键帧，本练习中使用后一种方法。在"时间线"窗口中，定位时间指示器到第一段音频素材的倒数第 5 帧处，单击素材后单击"添加/删除关键帧"按钮，在该处添加一个关键帧，拖动时间指示器到该素材的最后一帧处，添加一个关键帧；同理，在后一段音频素材的第 1 帧和第 5 帧处分别添加一个关键帧。然后，将第一段素材最后的关键帧和第二段素材的第一个关键帧向下拖动，直到显示为 0，从而实现第一段音频的淡出接着第二段音频的淡入的效果，如图 2-77 右图所示。

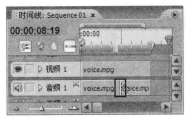

图 2-77　为两段音频素材添加淡入淡出效果

步骤 6　由于第一段音频的低音较重，可以使用"低音"特效进行调整。显示"效果"窗口，展开"立体声"效果文件夹，拖动"低音"到"时间线"窗口中的第一段音频素材上，将低音的分贝值降低，设置如图 2-78 左图所示。同理，为该素材添加第二个音频特效"延迟"，设置如图 2-78 右图所示。

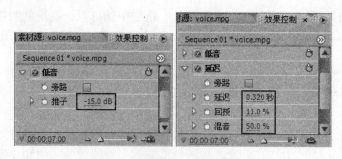

图 2-78　"低音"和"延迟"设置

添加效果之后，所有参数的设置并不是立刻就能确定的，需要用户不断调试决定。当添加的特效参数较多时，系统一般预置了很多模式，单击"效果控制"窗口右侧的 图标即可找到相应的模式，读者要善于使用它们。

在"效果控制"窗口设置相应参数后，用户可以单击"节目监视器"窗口的播放按钮 或者按空格键监听音频节目，然后单击停止按钮 或再次按空格键即可停止监听。

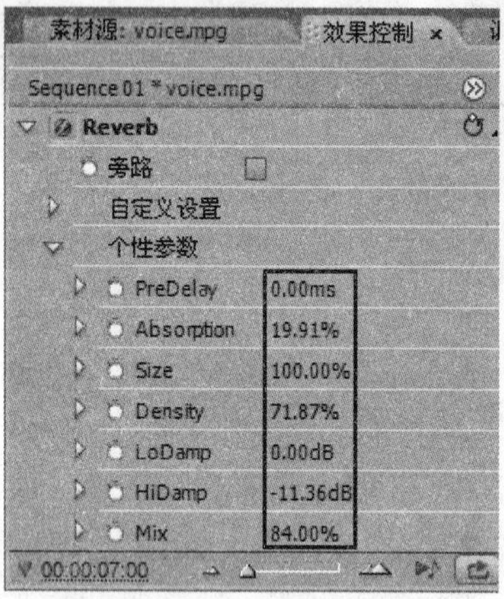

为了对比添加特效前后的效果，可以使用效果开关实现：在"效果控制"窗口的每个特效名称的左侧有一个特效开关按钮 ，默认为效果开，此时监听节目时特效起作用；单击 按钮变为 ，此时效果关，此时监听节目是没有特效的。这样，前后对比帮助读者进行特效参数设置。

同理，为第二段音频素材添加"Reverb"效果，设置如图 2-79 所示。

本练习至此结束。实际上，读者可以为音频素材添加多种特效，从而实现丰富而复杂的音频效果，读者可以多多尝试，进而熟练掌握各种音频效果的使用。

图 2-79　"Reverb"效果

2.7　拓展知识讲解

Premiere Pro CS3 支持的素材类型非常丰富，对于初学者而言，可能较难掌握。在这里介绍关于 Premiere 支持的素材类型。

2.7.1　静态图形文件

Premiere 所支持的静态图形文件主要包括 JPEG、PSD、PCX、位图、PNG、TIFF 和 GIF 等类型的文件。

1．JPEG 图像

JPEG 是一种广泛适用的压缩图像标准方式。JPEG 就是"联合图像专家组"（Joint Photographic Experts Group）的首字母缩写。采用这种压缩格式的文件一般称为 JPEG，此类文件的扩展名有：jpeg、jpg 或 jpe，其中最常见的格式是 jpg。

2. PSD

PSD 格式是 Adobe Photoshop 软件自身的格式，这种格式可以存储 Photoshop 中所有的图层、通道、参考线、注解和颜色模式等信息。在保存图像时，若图像中包含层，则一般都用 Photoshop（PSD）格式保存。PSD 格式在保存时会将文件压缩，以减少磁盘空间的占用，但 PSD 格式所包含图像数据信息较多（如图层、通道、剪辑路径、参考线等），因此比其他格式的图像文件还是要大得多。由于 PSD 文件保留所有原图像数据信息，因而修改起来较为方便，大多数排版软件不支持 PSD 格式的文件，必须在图像处理完以后，再转换为其他占用空间小且存储质量好的文件格式。

3. PCX

PCX 格式最早是 ZSOFT 公司的 Paintbrush 图形软件所支持的图像格式。PCX 格式与 BMP 格式一样支持 1~24 位的图像，并可以用 RLE 的压缩方式保存文件，PCX 格式还可以支持 RGB、索引颜色、灰度颜色、灰度和位图的颜色模式，但不支持 Alpha 通道。

4. 位图

常见的位图格式包括 bmp、dib、rle 格式。

bmp 格式是微软公司为 Windows 环境设置的标准图像文件格式，采用位映射存储方式，使用范围非常广泛。

dib 格式是一种与设备无关的位图文件格式，其目的是为了保证用某个应用程序创建的位图图形可以被其他应用程序装载或显示。它是一种较常见的图像格式，具有跨平台的优良特性。

rle 格式是一种压缩的位图文件格式。RLE 压缩方案是一种极其成熟的压缩方案，特点是无损压缩（Lossless），既节省磁盘空间，又不损失任何图像数据。但是，在打开这种压缩文件时，要花费更多的时间。此外，一些兼容性不太好的应用程序可能打不开 rle 文件。

5. PNG

PNG（Portable Network Graphics）是为了适应网络数据传输而设计的一种图像文件格式，用于取代 GIF 图像文件格式，使用越来越广泛。其主要特点是：在绝大多数情况下，压缩比高于 GIF 文件（一般可以提高 5%~20%）；利用 Alpha 通道可以调节透明度；提供 48 位真彩色或者 16 位灰度图；一个 PNG 文件只能存放一幅图像。

6. AI

AI 是 Adobe Illustrator 创建的标准矢量格式，可以导入到 Adobe 的其他软件中进行共享，比如 Photoshop、Premiere、After Effects 等。

7. TIF / TIFF

TIFF 的英文全名是 Tagged Image File Format（标记图像文件格式）。它是一种无损压缩格式，TIFF 格式便于应用程序之间和计算机平台之间的图像数据交换。因此，TIFF 格式是应用非常广泛的一种图像格式，可以在许多图像软件和平台之间转换。TIFF 格式支持 RGB、CMYK 和灰度 3 种颜色模式，还支持使用通道（Channels）、图层（Layers）和裁切路径（Paths）的功能，它可以将图像中裁切路径以外的部分在置入到排版软件中（如 PageMaker）时变为透明。

8. GIF

GIF（Graphics Interchange Format）称为图像交换格式，由 CompuServe 公司设计开发。它是基于 LZW 算法的连续色调的无损压缩方式，大多数软件都支持此格式。

2.7.2 视频格式文件

Premiere 所支持的视频格式文件有很多种，主要包括 AVI、MPEG、MOV 等类型的文件。

1. AVI

AVI 是微软公司推出的将视频和音频同步交叉记录在一起的文件格式。它对视频文件采用了一种有损压缩方式，但压缩程度较高，它的兼容性好，支持跨平台，调用方便而且图像质量较好，其应用范围仍然非常广泛。

2. MPEG 影片

MPEG 影片是 MPEG 专家组制定的视音频影片的总称。常见的格式有 mpeg、mpe、mpg、m2v、mpa、mp2、m2a、mpv、m2p、m2t、m2ts、m1v、mp4、m4v、m4a、aac、3gp、avc、264。

家里常见的 VCD、DVD 就是这种格式。它采用了有损压缩方法从而减少运动图像中的冗余信息。

3. MOV

MOV 视频格式是苹果公司开发的专用视频格式，后来移植到 PC 上。可以采用不压缩或压缩的方式，常用于视频存储和网络应用。

4．Windows 标准媒体格式

这是微软推出的应用于 Windows 操作系统的格式，包括 wmv、wma、asf。

ASF 使用了 MPEG-4 的压缩算法，所以压缩率和图像的质量都较好。

WMV 是由 ASF 格式升级延伸而来，一般同时包含视频和音频部分，视频部分使用 Windows Media Video 编码，音频部分使用 Windows Media Audio 编码，很适合在网上播放和传输。

WMA 是微软公司的音频格式，它的压缩比和音质方面都超过了 MP3。

2.7.3 其他格式文件

1. PRTL/PTL

PRTL 和 PTL 格式是 Adobe 软件的通用字母文件格式，保存字幕的设计与属性信息。

2. FLM

FLM 是 Premiere 中一种将视频分帧输出时的图像文件格式。它在一个视频序列文件转

换成若干静态图像序列时得到，它是一幅包括了全部视像帧的无压缩静止图像，因此需要大量的磁盘空间。这种格式可以由 Premiere 生成，然后用 PhotoShop 图像处理软件对其进行逐帧画面的再加工，最后再由 Premiere 转换成一个视频序列文件。

3. MP3 音频

MP3 音频全称为 MPEG1 Layer-3 音频文件，是 MPEG 标准中的音频部分，也就是 MPEG 音频层。MP3 音频常见格式有 mp3、mpeg、mpg、mpa、mpe。

4. WAV

WAV 是由微软开发的一种声音文件格式，符合 RIFF（Resource Interchange File Format/内部交换文件格式）文件规范，被 Windows 平台机器应用程序所广泛支持，WAV 格式支持多种音频位数、采样频率和声道，但其缺点是文件体积较大，所以不适合长时间记录。

5. Adobe Premiere 6 容器

Adobe Premiere 6 容器文件的扩展名为.plb，用于保存容器信息，便于在 Premiere Pro CS3 中导入容器设置。

6. Adobe Premiere 6 故事板

读者可以将 Adobe Premiere 6 中排列好的序列窗口内容储存为磁盘上的文件，文件的扩展名为.psq。以后用户还可以在 Premiere Pro CS3 中打开该文件对其中所包含的内容进行处理。

7. Adobe Premiere 6 项目

用户可以将 Adobe Premiere 6 的项目保存为 ppj 格式文件，在 Premiere Pro CS3 中可以导入该项目进行编辑。

8. Adobe Premiere Pro 项目

用户可以将 Adobe Premiere Pro 的项目保存为 prproj 格式文件，在 Premiere Pro CS3 中可以导入该项目进行编辑。

9. Adobe After Effects 项目

用户可以将 Adobe After Effects 的项目保存为 aep 格式文件，在 Premiere Pro CS3 中可以导入该项目进行编辑，实现软件之间的数据共享。

本 章 小 结

本章主要介绍了一些常用工具面板以及窗口的使用方法，包括"时间线"窗口的操作、工具箱的使用及"监视器"窗口的使用；然后介绍了视频与音频以及静态图像的常用编辑方法，包括剪辑操作、素材出、入点和标记点的设置；最后介绍了音频特效以及切换的应用。

思考与练习

1. 填空题

（1）＿＿＿＿＿＿＿＿ 窗口是用户使用素材等对象进行节目编辑的场所，相当于用户的"工作台"。

（2）Premiere Pro CS3 提供了几十种音频特效，根据声音类型的不同，分为 5.1 声道、＿＿＿＿＿＿ 、单声道（Mono）3 种类型，

2. 选择题

（1）在 Adobe Premiere Pro 中，以下哪些指令或操作无法使用 Ctrl＋Z 的方式恢复？（　　）

    A．设置素材的入、出点

    B．通过菜单命令"Edit >Preferences"更改预设参数

    C．在"项目"窗口中删除某素材

    D．在"项目设置"窗口中更改安全区域的范围

（2）在默认设置下，以下对各种基本工具的快捷键的描述哪些是正确的？（　　）

    A．选择工具（Selection Tool）——A   B．钢笔工具（Pen tool）——P

    C．手形工具（Hand Tool）——H   D．缩放工具（Zoom tool）——Z

（3）给音频片段施加一个 Highpass 特效，其中 cutoff 参数设置为 1000Hz，那么：（　　）

    A．低于 1000Hz 的音频被滤除   B．高于 1000Hz 的音频被滤除

    C．低于 1000Hz 的音频被保留   D．高于 1000Hz 的音频被保留

3. 简答题

在视频编辑过程中，怎样保证视频轨道上摆放的素材之间不产生夹帧现象？

第 3 章　视频特效（一）——调色特效

本章学习目标

- 认识视频特效的基本操作
- 理解关键帧的含义，掌握关键帧的应用
- 掌握调色特效的类型以及各种特效参数的设置

3.1　视频特效基础

在 Premiere 中使用视频特效，可以使枯燥的视频作品变得生动起来，例如，在同一视频中不同的位置设置不同的颜色，可以使视频的颜色变化丰富多彩，从而产生时空变化的效果。事实上，所谓的特效实际上就是运用滤镜，滤镜处理过程实际上就是将原有素材或已经处理过的素材，经过软件中内置的数字运算和处理后，将处理好的素材再次按照用户的意愿输出。在学习具体的视频特效之前，让我们先了解一下关于视频特效的基本操作。

3.1.1　视频特效操作基础

Premiere 的特效完全放置在"特效"面板中，在该面板中，所有的特效被分为 4 类，分别是"音频特效"、"音频转换"、"视频特效"和"视频转换"，如图 3-1 所示。

关于视频特效的操作包括特效的添加、设置、删除、查找、重命名等操作，下面通过一个简单的例子让我们先了解一下特效的操作，例如如何添加、设置以及删除。实例效果如图 3-2 所示，通过特效的使用，使一张静态的图片产生了动态的效果。基本操作步骤如下：

图 3-1　特效分类

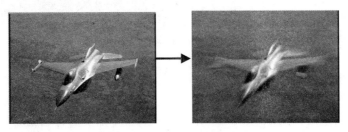

如 3-2　施加径向模糊后的效果图对比

步骤 1　加入视频特效。将需要施加特效的素材拖到时间线上，选中该素材，在特效面板中选择"视频特效" | "Blur&Sharpen"（模糊与锐化） | "Radial Blur"（径向模糊），将其拖到"时间线"窗口中的素材上，如图 3-3 所示。

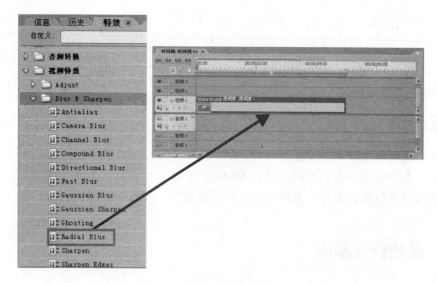

图 3-3　给素材添加视频特效

步骤 2　参数设置。在"特效控制"面板中可以进行相应的参数设置，直接输入数字或拖动滑块，具体的参数设置如图 3-4 所示。

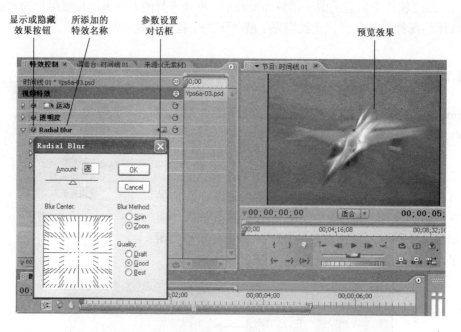

图 3-4　视频特效的参数设置以及效果预览

步骤 3　预览效果。

上面介绍了如何添加视频特效，接下来介绍如何将不需要的特效删除。操作步骤如下：

步骤 1　首先在"时间线"窗口中选中一个已经添加了视频特效的素材，在"特效控制"面板上选中要删除的视频特效项，直接按 Delete（删除）键或者单击"特效控制"面板右上角的 图标，在下拉菜单中选择"删除所选特效"命令，即可删除所选择的视频特效。

步骤 2　如果要删除素材中所有的视频特效，则单击"特效控制"面板右上角的 图标，在下拉菜单中选择"删除素材所有特效"命令，即可全部删除。

3.1.2　关键帧的含义

如果用户制作过 Flash 动画，或者接触过三维动画软件，对于关键帧这个词应当不会陌生。关键帧是指包含在剪辑中特定点影像特效设置的时间标记。上面讲到了如何对一段素材添加视频特效，而在实际运用中我们常常会遇到给一段素材的其一或多个部分添加视频特效，这个时候就需要在该段素材上添加关键帧，这一点比较重要，下面结合前面讲过的例子，以给素材的某一部分使用径向模糊为例，详细介绍如何给素材添加关键帧。基本操作步骤如下：

步骤 1　在"特效控制"面板中单击"Radial Blur"特效左边的三角符号，展开参数设置面板，如图 3-5 所示。单击"Amount"参数左侧的图标 （固定动画）使它变成 状，就会在右侧的时间标尺上添加第一个关键帧，这时将"Amount"的值调整为 1，如图 3-6 所示。

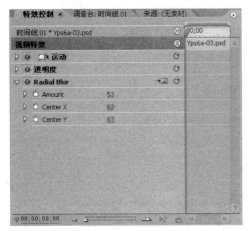
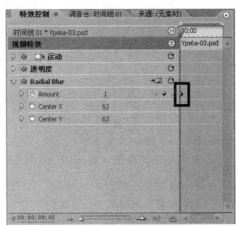

图 3-5　参数设置面板　　　　　　　图 3-6　给素材添加第一个关键帧

步骤 2　将播放头拖到另外一个需要添加关键帧的位置，再单击"添加/删除关键帧"按钮 ，就可在播放头所在的位置添加一个新的关键帧，这时"Amount"的值仍保持为 1 不变，如图 3-7 所示。

图 3-7　给素材添加第二个关键帧

步骤 3　将播放头拖到另外一个需要添加关键帧的位置，再单击"添加/删除关键帧"按钮  ，就可在播放头所在的位置添加一个新的关键帧，这时"Amount"的值调整为 53，如图 3-8 所示。

图 3-8　给素材添加第三个关键帧

至此，添加关键帧以及给素材上的关键帧使用视频特效的操作已完成，下面可以在"时间线"窗口或"特效控制"面板中将播放头拖到第一个关键帧的位置，单击"监视器"窗口中的播放按钮 ▶ 就可以预览效果了。此时将产生一个动态的径向模糊效果。

以上介绍了怎样给素材创建关键帧，下面介绍怎样删除关键帧。

步骤 1　选择一个或多个关键帧图标 ◇ ，按 Delete 键即可，或者将播放头拖到要删除的关键帧处，然后单击"添加/删除关键帧"按钮 ◇ 。

步骤 2　如果想要删除素材上所有的关键帧，首先应在"时间线"窗口中选中素材，然后单击"特效控制"面板中的 ⏱ 按钮使它变为 ⏱ 。此时，会弹出一个"警告"面板，如图 3-9 所示，单击面板中的"确定"按钮即可删除素材上的所有关键帧。值得注意的是，只能删除后来添加的关键帧，起始帧和结尾帧是不能删除的。

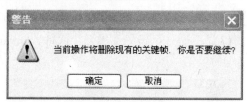

图 3-9　"警告"面板

提示：单击"关键帧导航"按钮 ◁ ◇ ▷ ，使播放头在各个关键帧间进行定位。 ◁ 按钮表示定位到前一个关键帧， ▷ 按钮表示定位到后一个关键帧，用鼠标拖动素材上的关键帧 ◇ 图标就可以调整关键帧的位置。

3.2　调色特效

调色是一个比较重要的工作，经常需要将拍摄的素材进行颜色调整，例如，当想用某种颜色表现某种心情时，或想让画面更有生机时，都需要进行图像的颜色校正和调整。Premiere Pro CS3 提供了一整套的图像调整工具，还可以与 Photoshop 共享颜色调整参数。在 Premiere

Pro CS3 中，调色特效主要有 3 组，分别在"特效"面板I"视频特效"下的"调节"（Adjust）、"图象控制"（Image Control）和"颜色校正"（Color Correction）文件夹中，下面分别对其做一介绍。

3.2.1 调节（Adjust）特效

"调节"（Adjust）是一类通过调整画面亮度、对比度和色彩增强的视频特效，可以对画面的某些缺陷加以弥补和修复，还可以增强某些特殊效果。

由于调整类特效包括很多种类型，所以这里介绍 Adjust 调整类视频特效中比较常用的一些类型，希望读者能举一反三，了解其他类型的调整类视频特效。

打开调整类视频特效的方法为：执行"效果"面板I"视频特效"I"调节"（Adjust）命令，即可打开视频特效列表，如图 3-10 所示。

其中，"自动对比度"（Auto Contrast）、"自动电平"（Auto Levels）和"自动色彩"（Auto Color）对素材应用上述特效以后，会自动调整素材的对比度、色阶和色彩，这里不再介绍它们的详细使用方法。

1．回旋核心（Convolution Kernel）

"回旋核心"（Convolution Kernel）效果是根据数学卷积分的运算来改变素材中每个像素的亮度值。其参数设置如图 3-11 所示。

图 3-10　"调节"类视频特效　　　图 3-11　"回旋核心"参数设置

设置卷积分的方法如下：

（1）在该效果的设置对话框中的 M11、M12、M13 等参数可以将其理解为如图 3-12 所示显示一个代表像素亮度增效的矩阵，中间的栅格（M22）代表用于卷积分的当前像素，周围栅格代表当前像素周围邻接的像素。可以根据比例来加入数值，如果希望当前像素左边的像素亮度是当前的 4 倍，则在左边方格中输入 4，从而改变像素的亮度数值。

（2）在"偏移"（Offset）项的输入栏中，输入一个数值，此数值将被加到计算的结果中。

（3）在"比例"（Scale）项的输入栏中，可以输入一个数值，在积分操作中包含的像素亮度总和将除以此数值。

应用"回旋核心"的效果如图 3-13 所示。

图 3-12　亮度增效的矩阵　　　　　图 3-13　"回旋核心"的效果图

2. 提取（Extract）

"提取"（Extract）效果可从视频素材中吸取颜色，然后通过设置灰色的范围控制影像的显示。其参数设置如图 3-14 所示。

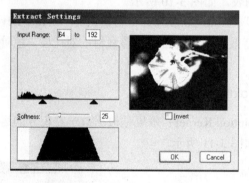

图 3-14　"提取"参数设置

其参数功能如下：

（1）"Input Range"（输入范围）：对话框中柱状图用于显示在当前画面中每个亮度值上的像素数目，拖动滑块，可以设置将被变为白色或黑色的像素范围。

（2）"Softness"（柔化）：图像的柔和程度，通过控制灰度值得到柔和程度。该值越大，灰度值越高。

（3）"Invert"（反转）：选中 Invert 选项可以反转效果。

3. 照明效果（Lighting Effects）

"照明效果"（Lighting Effects）模拟光源照射在图像上的效果，其变化比较复杂。它的控制参数可分为两大类，其参数设置如图 3-15 所示。

图 3-15　"照明效果"参数设置

（1）灯光类型。主要包括方向、泛光灯、聚光灯 3 种类型。

- **方向**：使光从远处照射，这样光照角度就不变化，像太阳光一样。
- **泛光灯**：使光在图像的正上方向照射，像一张纸上方的灯泡一样。
- **聚光灯**：投射一椭圆形的光柱。预览窗口中的线条定义光照方向和角度，而手柄定义椭圆边缘。

（2）属性。主要包括环境、光泽和曝光。

环境：表示影响光照效果的其他光源，它将与设定的光源共同决定光照的效果，像太阳光与荧光灯共同照射时的效果。

光泽：决定图像表面反射光线的多少。

曝光：曝光过度使光线变亮，作用效果明显；曝光不足使光线变暗，图像的大部分区域为黑色；曝光为零时没有作用。

应用"照明效果"的效果如图 3-16 所示。

图 3-16　应用"照明效果"的效果图

4．电平（Levels）

"电平"（Levels）特效综合了色彩平衡、亮度、对比度和反转特效的多种功能，使用它可以调整素材的亮度、明暗对比和中间色彩。和大多数特效相同，通过单击"设置"按钮，可以打开设置对话框，如图 3-17 所示。

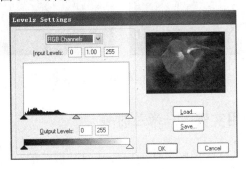

图 3-17　"Levels"参数设置

其参数功能如下：

（1）"Channel"（通道）：单击下拉列表框可以选择需要调整的通道。

（2）"Input Levels"（输入色阶）：当前画面帧的输入灰度级显示为柱状图。柱状图的横向 X 轴代表亮度数值，从左边的最黑（0）到右边的最亮（255）；纵向 Y 轴代表在某一亮度数值上总的像素数目。将柱状图下的黑三角形滑块向右拖动，使影片变暗；向左拖动白色滑块增加亮度，拖动灰色滑块可以控制中间色调。

（3）"Output Levels"（输出色阶）：使用 Output Levels 输出水平栏下的滑块可以减少片段的对比度。向右拖动黑色滑块可以减少片段中的黑色数值；向左拖动白色滑块可以减少片段中的亮度数值，效果如图 3-18 所示。

5．调色（ProcAmp）

"调色"（ProcAmp）特效可以分别调整影片的亮度、对比度、色相和饱和度。参数设置框如图 3-19 所示。

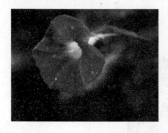
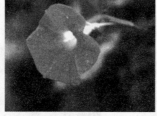

图 3-18　"Levels"特效效果对比

图 3-19　"ProcAmp"参数设置

其参数功能如下：

（1）"Brightness"（亮度）：控制图像亮度。

（2）"Contrast"（对比度）：控制图像对比度。

（3）"Hue"（色调）：控制图像色相。

（4）"Satutration"（饱和度）：控制图像颜色深度。

（5）"Sprit Percent"：该参数被激活后，可以调整范围，对比调节前后的效果。

该图像经过色相参数设置后，红花变成了紫花。效果如图 3-20 所示。

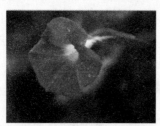
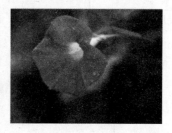

图 3-20　"ProcAmp"特效效果对比

3.2.2　调节特效应用实例——米兰时装

本实例通过多幅画面的快速切换，体现出模特时装展示的节奏，同时施加一定的特效，使画面显示丰富多彩。在此主要应用的特效有电平（Levels）、照明效果（Lighting Effects）和提取（Extract），希望读者熟练掌握各特效的特点以及应用。

基本操作步骤如下：

步骤 1　新建一个项目，在"装载预置"选项卡中，选择 DV-PAL 下的 Standard 48kHz，将项目命名为"米兰时装"，然后单击"确定"按钮，保存设置新建一个项目。

步骤 2 双击"项目"窗口的空白处，将准备好的"米兰时装"文件夹中的素材导入到"项目"窗口中，如图 3-21 所示。

图 3-21 导入素材窗口

步骤 3 在"项目"窗口中分别对每一张图片设置持续时间为 5 帧，即选中图片后，单击鼠标右键，在快捷菜单中执行"速度/持续时间"命令，设置持续时间为 5 帧。

步骤 4 分别将素材中的女模特图片拖到时间线轨道上依次排列，如图 3-22 所示。

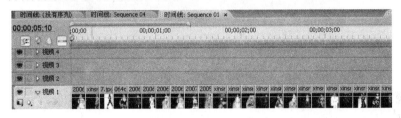

图 3-22 女模特图片的摆放

步骤 5 新建序列 2，执行"文件"|"新建"|"序列"命令，命名为 sequence02，分别将素材中的男模特图片拖到时间线 sequence02 视频 1 轨道上依次排列，如图 3-23 所示。

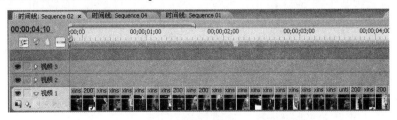

图 3-23 男模特图片的摆放

步骤 6 建立标题字幕。执行"文件"|"新建"|"字幕"命令，命名为 Title01 后，打开"字幕编辑"对话框，利用文本工具 T，在字幕编辑区域输入"Milan"字幕，如图 3-24 所示。

步骤 7 利用同样的方法，建立名为 Title02 的字幕文件，输入文字"fashionable"；建立名为 Title03 的字幕文件，输入文字"dress"；建立名为 Title04 的字幕文件，输入文字"Milan fashionable dress"，文字摆放效果如图 3-25 所示。

图 3-24　"字幕编辑"对话框　　　　　　　　图 3-25　文字摆放效果图

步骤 8　新建序列 3，执行"文件"|"新建"|"序列"命令，命名为 sequence03，分别将字幕文件 Title01、Title02、Title03、Title04 拖到时间线 sequence03 视频 1 轨道上依次排列，如图 3-26 所示。

图 3-26　字幕文件的摆放

步骤 9　新建序列 4，执行"文件"|"新建"|"序列"命令，命名为 sequence04，分别将 sequence03、sequence01、sequence02 拖到时间线 sequence04 视频 1 轨道上依次排列，将图片 11、12、13 等多张图片分别排列其后.

步骤 10　选中图片 13，给它施加电平特效，即将"视频特效"|"调节"|"电平"拖到图片 13 上，设置参数如图 3-27 所示。通过关键帧中数值的变化，使画面产生一个白场的过渡。该操作可同样加在图片 14 上。

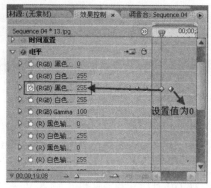 

图 3-27　"电平"参数设置效果图

步骤 11 选中图片 16，给它施加提取特效，即将"视频特效"|"调节"|"提取"拖到图片 16 上，设置参数如图 3-28 所示，使画面产生一个黑白锐化的过渡效果。

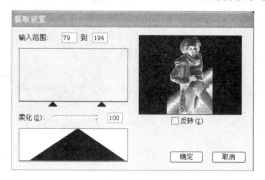

图 3-28　黑白锐化效果图

步骤 12 选中图片 21，给它施加光照效果特效，即将"视频特效"|"调节"|"照明效果"拖到图片 21 上，设置参数如图 3-29 所示，通过关键帧中数值的变化，使画面产生一个动态光照效果。

图 3-29　光照效果图

步骤 13 选中图片 23，给它设置运动效果，设置参数如图 3-30 所示，使画面产生一个由大变小的效果。同样的道理，使图片 24 产生一个由小变大的效果，两张图片交替变化。

图 3-30　图片的运动效果图

其他画面的变化，用户可根据实际情况灵活应用，同时在制作过程中多处使用关键帧产生淡出的过程。具体的效果以及项目文件，用户可到素材资源处查看。各素材在时间线中的摆放，如图 3-31 所示。最后将背景音乐文件拖到声音轨道中。

步骤 14 按键盘上的空格键预演效果，保存文件。

本实例所涉及的素材比较多，读者可根据情况有选择的应用，在这里只要掌握多种特效在片段中的应用即可。

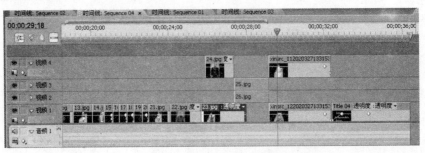

图 3-31　素材在时间线中的摆放

3.2.3　图像控制（Image Control）特效

"图像控制"（Image Control）特效主要是用来调整图像的色彩，以弥补拍摄时候造成的画面缺陷，或者调整读者想要的效果。

打开图像控制类视频特效的方法为：执行"特效"面板l"视频特效"l"图像控制"（Image Control），即可打开视频特效列表，如图 3-32 所示。

该视频特效主要包括"Gamma"校正（Gamma Correction）、"黑与白"（Black&White）、色彩平衡（Color Balance（RGB））、色彩匹配（Color Match）、色彩传递（Color Pass）、色彩替换（Color Replace）6 种类型。

1．黑与白（Black&White）

"黑与白"（Black&White）特效可以将彩色图像转换为黑白图像。

2．色彩平衡（RGB）（Color Balance（RGB））

"色彩平衡（RGB）"（Color Balance）效果通过调节 R、G、B 颜色数值来改变影像的颜色。单击"设置"按钮，可以打开设置对话框，如图 3-33 所示。

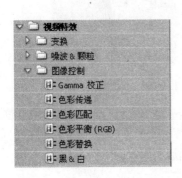

图 3-32　"Image Contro"类视频特效

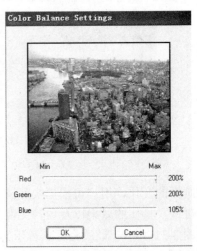

图 3-33　"Color Balance（RGB）"参数设置

其参数功能如下：

（1）"Red"：拖动滑块调整图像中的红色通道数值。

（2）"Green"：拖动滑块调整图像中的绿色通道数值。

（3）"Blue"：拖动滑块调整图像中的蓝色通道数值。

下面的素材图片呈蓝色调，略显单调，通过应用该特效改变图像的色彩倾向，使其呈蓝绿色调，效果如图 3-34 所示。

图 3-34　"Color Balance（RGB）"特效效果对比

3．色彩传递（Color Pass）

"色彩传递"（Color Pass）特效可使素材图像中的某种指定颜色保持不变，而把图像中其他部分转换为灰色。单击"设置"按钮，可以打开设置对话框，其参数设置如图 3-35 所示。

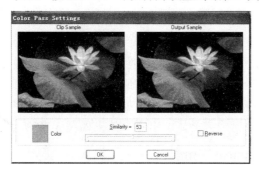

图 3-35　"Color Pass"参数设置

色彩传递的使用方法如下：

（1）将鼠标放到"Clip Sample"（素材取样）视窗中出现滴管工具，然后单击选取需要的颜色。

（2）在对话框中拖动"Similarity"（相似性）滑块，可以增加或减少选取颜色的范围。

（3）选中"Reverse"（反转）选项，可以反转过滤效果，即除指定的颜色变为灰色显示外，其他颜色都保持不变。效果如图 3-36 所示。

图 3-36　"Color Pass"特效效果对比

4．色彩替换（Color Replace）

"色彩替换"（Color Replace）特效可以指定某种颜色，然后使用一种新的颜色替换指定的颜色。其参数设置如图 3-37 所示。

色彩替换的使用方法如下：

（1）将鼠标放到"Clip Sample"（素材取样）视窗中出现滴管工具 ✐ ，然后单击选取需要的颜色。

（2）单击"Replace Color"（替换色）替换颜色块，在弹出的"拾色器"对话框中选取要替换的颜色（新的颜色），单击"确定"按钮。

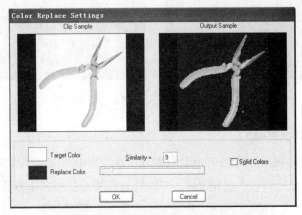

图 3-37　"Color Replace"参数设置

（3）在对话框中拖动"Similarity"（相似性）滑块，增加或减少被替换颜色的范围。当滑块在最左边时，不进行颜色替换；当滑块在最右边时，整个画面都将被替换颜色。

（4）选中"Solid Colors"（实色）选项，在进行颜色替换时将不保留被替换颜色中的灰度颜色，替换颜色可以在效果中完全显示出来。效果如图 3-38 所示。

5．Gamma 校正（Gamma Correction）

"Gamma 校正"（Gamma Correction）特效通过改变中间色调的亮度，让图像变得更暗或更亮。单击"设置"按钮 →圝，可以打开参数设置对话框，如图 3-39 所示。

图 3-38　"色彩替换"特效效果对比　　图 3-39　"Gamma Correction"参数设置

其参数功能如下：

"Gamma 校正"（Gamma Correction）：拖动滑块调整 Gamma 值，该值越大图像越暗，该值越小图像越亮。

该素材通过调整后，图像变亮，效果如图 3-40 所示。

图 3-40　"Gamma 校正"特效效果对比

6. 色彩匹配（Color Match）

"色彩匹配"（Color Match）一般用于对多段影片的风格统一或者是抠像后的场景协调，其参数设置如图 3-41 所示。

"色彩匹配"提供了 3 种匹配方式，分别为 HLS（色相、饱和度、亮度）、RGB 和曲线模式。根据图像需要的匹配效果不同，可以选择合适的匹配方式。在"取样"栏中需要指定原始颜色，在"目标"栏中需要指定匹配的目标颜色。

（1）HLS 方式下，可以对图像的主体、暗部、中间色调和高光区域进行色相、饱和度、亮度的匹配，也可以只选择其中某项来匹配颜色。

图 3-41　"色彩匹配"参数设置

（2）RGB 方式下，可以对图像的主体、暗部、中间色调和高光区域进行红色、绿色、蓝色通道的匹配，也可以只选择其中某项来匹配颜色。

（3）曲线方式下，可以曲线方式对选择的样本颜色进行红色、绿色、蓝色通道的匹配，也可以只选择其中某项来匹配颜色。

3.2.4　色彩校正（Color Corrector）特效

"色彩校正"（Color Corrector）特效是 Premiere 提供的高级调色工具，利用这个颜色工具，可以应付复杂的调色问题。色彩校正特效可以分别调整图像的阴影、中间色调与高光部分，可以指定这些部分的范围，同时，可以使用 HSL、RGB 或者曲线等多种方式来调节色调。

打开色彩校正类视频特效的方法为：执行"特效"面板|"视频特效"|"色彩校正"（Color Corrector），即可打开视频特效列表，如图 3-42 所示。

下面我们分别介绍各种特效的功能以及使用方法。

1. 快速色彩校正（Fast Color Corrector）

应用该特效可以打开参数设置对话框，如图 3-43 所示，图中只显示了部分参数选项。

图 3-42 "色彩校正"类视频特效

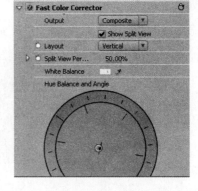

图 3-43 "Fast Color Corrector"参数设置

（1）"Show Split View"（显示分割视图）：可以将预览视窗分割为两块，以比较调节前后的效果。

（2）"White Balance"（白平衡）：用于设置白色平衡。数值越大，画面中的白色越多。

（3）"Hue Balance and Angle"（色相位平衡以及角度）：调整色调平衡和角度，可以直接使用色盘改变画面的色调。

（4）"Balance Magnitude"（平衡幅度）：用于设置平衡数量。

（5）"Balance Gain"（平衡增益）与"Balance Angle"（平衡角度）：增加白色平衡与设置白色平衡角度。

2. 亮度和对比度（Brightness&Contrast）

"亮度和对比度"（Brightness&Contrast）可以调节画面的亮度和对比度。该效果同时调整所有像素的亮部区域、暗部区域和中间色区域，但不能对单一通道进行调节。参数栏如图 3-44 所示。

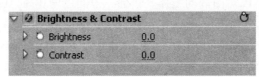

图 3-44 "Brightness&Contrast"参数设置

其参数功能如下：

（1）Brightness（亮度）：亮度设置。正值增加亮度，负值降低亮度。

（2）Contrast（对比度）：对比度设置。正值增加对比度，负值降低对比度。

在参数栏中拖动两个滑块可以分别调节层的亮度和对比度，该素材在拍摄时采光不好，导致画面比较阴暗，通过对素材应用亮度和对比度特效前后的效果如图 3-45 所示，左图为原图。

3. 亮度校正（Luma Corrector）

"亮度校正"特效用于调整图像的阴影、中间色调与高光部分，并且可以指定这些部分的范围。使用该特效可打开设置对话框，如图 3-46 所示。

图 3-45　"亮度和对比度"效果对比　　　　图 3-46　"Luma Corrector"参数设置

（1）"Tonal Range Definition"（色调范围定义）：可以调整图像中的高光、中间调和阴影的范围。

（2）"Brightness"（亮度）：用于更改图像的亮度。

（3）"Contrastness"（对比度）：用于更改图像的对比度。

（4）"Contrast Level"（对比度电平）：用于更改图像的对比度的级别。

（5）"Gamma"：提高或降低图像中颜色的中间范围。使用 Gamma 参数进行调整，图像将会变亮或变暗，但是图像中阴影部分和高亮部分不受影响，图像中固定的黑色和白色区域不会受影响。

（6）"Pedestal"（基准）：该参数将会影响中间区域和阴影区域中的亮度。对图像中高亮部分的亮度影响比较小。

（7）"Gain"（增益）：该参数将会影响中间区域和高亮区域中的亮度。该参数对图像中阴影部分的亮度影响比较小。

（8）"Secondary Color Correction"（附属色彩校正）：用于设置二级色彩校正。

4．亮度曲线（Luma Curve）

应用该特效可以打开参数设置对话框，如图 3-47 所示。

和前面介绍的特效相比，亮度曲线调整特效包含一个亮度调整曲线图。通过改变曲线图中的曲线可以调整图像的亮度，其他参数的含义可以参考前面特效的参数设置。

应用亮度曲线调整前后的效果如图 3-48 所示。

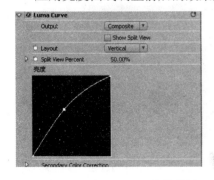

图 3-47　"Luma Curve"参数设置

图 3-48　"Luma Curve"特效效果对比

5. RGB 色彩校正（RGB Color Corrector）

"RGB 色彩校正"特效的参数大部分都已经做过介绍，所不同的是它包含一个 RGB 选项，如图 3-49 所示。用户可以通过改变红、绿、蓝 3 个通道中的参数设置，改变图像的色彩。

应用"RGB 色彩校正"前后的效果，如图 3-50 所示。

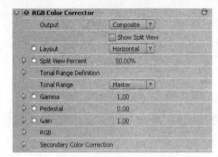

图 3-49　"RGB Color Corrector"参数　　　图 3-50　"RGB 色彩校正"效果对比

6. RGB 曲线（RGB Curves）

"RGB 曲线"调整和前面介绍的特效控制参数大部分相同，不同的是可以通过曲线调整主轨道、红色、蓝色和绿色通道中的数值，以达到改变图像色彩的目的。下面通过具体的参数设置，实现图像的亮度调整，如图 3-51 所示，效果如图 3-52 所示。

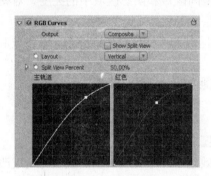
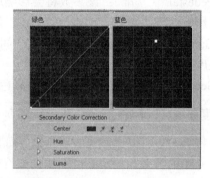

图 3-51　"RGB Curves"参数设置

图 3-52　"RGB Curves"特效效果对比

7. 三路色彩校正（Three-WayColor Corrector）

"三路色彩校正"特效的参数也和前面所介绍的大部分参数相同，不同的是，可以通过旋转 3 个色调盘来调节不同色相的平衡和角度，如图 3-53 所示。

应用"三路色彩校正"特效前后的效果，如图 3-54 所示。

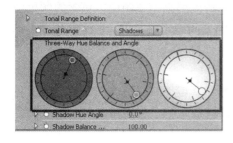

图 3-53　"三路色彩校正"参数设置　　　图 3-54　"三路色彩校正"特效效果对比

8．改变颜色（Change Color）

"改变颜色"（Change Color）特效用于改变图像中的某种颜色区域的色调饱和度和亮度，需要用户指定某一个基色和设置相似值来确定区域，其参数设置如图 3-55 所示。

其参数功能如下：

（1）"查看"（View）：用于设置在合成图像中观看的效果。可以选择校正层和色彩校正遮罩。

（2）"色相转换"（Hue Transform）：调制色相，以度为单位改变所选颜色区域。

（3）"亮度转换"（Lightness Transform）：该项用于设置所选颜色明度。

（4）"饱和度转换"（Saturation Transform）：设置所选颜色的色调。

图 3-55　"改变颜色"特效参数设置

（5）"色彩更改"（Color To Change）：设置图像中要改变颜色的区域颜色。

（6）"匹配限度"（Matching Tolerance）：设置颜色匹配的相似程度，即颜色的容差度。

（7）"匹配柔化"（Matching Softness）：设置颜色的柔和度。

（8）"匹配颜色"（Match Color）：设置匹配的颜色空间。

（9）"反转色彩校正"（Invert Color Correction Mask）：选中该复选框可以反向颜色校正。

应用"改变颜色"特效效果如图 3-56 所示。

图 3-56　"改变颜色"特效效果图

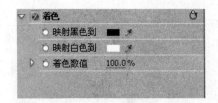

图 3-57   "着色"参数设置

9. 着色（Tint）

"着色"（Tint）特效用来调整图像中包含的颜色信息，在最亮和最暗的之间确定融合度，它的参数设置如图 3-57 所示。

其参数功能如下：

（1）"映射黑色到"与"映射白色到"："映射黑色到"表示黑色像素被映射到该项指定的颜色；"映射白色到"表示白色像素被映射到该项指定的颜色；介于两者之间的颜色被赋予对应的中间值。

（2）"着色数值"：指定色彩化的数量。

应用"着色"特效的效果如图 3-58 所示，图像中黑色映射为白色，白色映射为黑色。

10. 色彩均化（Equalize）

"色彩均化"（Equalize）可以改变图像的像素值，并将它们平均化处理。它的参数如图 3-59 所示。

图 3-58   "着色"特效效果图   图 3-59   "色彩均化"参数设置

其参数功能如下：

（1）"均衡"：应用指定均化方式。有 3 种方式，RGB 方式是基于红、绿、蓝平衡图像；亮度方式是基于像素亮度；Photoshop 风格方式是重新分布图像中的亮度值，使其更能表现整个亮度范围。

（2）"均衡数量"：重新分布亮度值的程度。

应用"色彩均化"特效的效果如图 3-60 所示。

图 3-60   应用"色彩均化"特效的效果图

11. 色彩平衡（HLS）（Color Balance（HLS））

"色彩平衡（HLS）"效果通过对图像进行色相、亮度和饱和度等参数调整，实现对图像颜色平衡度的改变。其参数设置如图 3-61 所示。

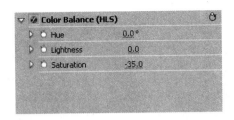

图 3-61　"Color Balance（HLS）"参数设置

其参数功能如下：

（1）"Hue"（色相）：控制图像色相。

（2）"Lightness"（亮度）：控制图像亮度。

（3）"Saturation"（饱和度）：控制图像饱和度。

下面的素材图片颜色发"火"，尤其人物肤色看起来感觉不真实，在此通过应用该特效，降低饱和度，可实现肤色的正常显示，效果如图 3-62 所示，参数设置可参考图 3-61。

图 3-62　"色彩平衡（HLS）"特效效果对比

12．转换颜色（Change To Color）

"转换颜色"（Change To Color）特效可以在图像中选择一种颜色将其转换成为另一种颜色的色调、明度和饱和度的值，执行颜色转换的同时也添加一种新的颜色，该特效与"改变颜色"（Change Color）特效不是同一个特效，它们存在本质的区别。关于该特效的参数设置，如图 3-63 所示。

其参数功能如下：

（1）"从"：当前素材中需要转换的颜色。

（2）"到"：指定转换后的颜色。

（3）"更改"：指定在 HLS 色彩模式下对哪一个通道产生影响。

（4）"更改根据"：指定颜色转换的执行方式，包括设置为颜色和转换为颜色两种。

（5）"宽容度"：指定色调、明度、饱和度的值。

（6）"柔化"：通过百分比控制柔和度。

（7）"查看校正遮罩"：通过遮罩控制显示哪个部分发生改变。

13．通道混合（Channel Mixer）

"Channel Mixer"效果可以用当前颜色通道的混合值修改一个颜色通道。通过为每个通道设置不同的颜色偏移量，来校正图像的色彩。

通过效果控制面板中各通道的滑杆调节，可以凋整各个通道的色彩信息。对各项参数的调节，控制着选定通道到输出通道的强度。参数栏如图 3-64 所示。

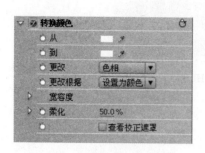

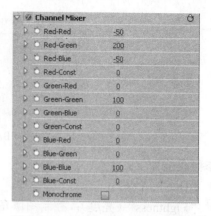

图 3-63　"转换颜色"参数设置　　　　图 3-64　"Channel Mixer"参数设置

其参数功能如下：

（1）"Red-Red"～"Blue-Const"：由一个颜色通道输出到目标颜色通道。数值越大输出颜色强度越高，对目标通道影响越大。负值在输出到目标通道前反转颜色通道。

（2）"单色"（Monochrome）：单色设置。对所有输出通道应用相同的数值，产生包含灰阶的彩色图像。对于打算将其转换为灰度的图像，选择"单色"非常有用。

"通道混合"（Channel Mixer）特效对图像中的各个通道进行混合调节，虽然调节参数较为复杂，但是该特效可控性也更高。当需要改变色调时，该特效将是首选。图 3-65 的素材本来是一张满眼春色的图片，可经过该特效调整后变成了满眼秋色的效果图，其参数设置如图 3-64 所示。

图 3-65　"Channel Mixer"特效效果对比

3.2.5　色彩校正特效应用实例——五彩鱼

在本实例中，通过调节特效和关键帧的配合使用，制作一副图像颜色变化的动画效果，给人产生一种奇妙的色彩变化。通过学习，要求熟练掌握通道混合器和色调调整特效的使用方法。

操作步骤如下：

步骤 1　新建一个项目，在"装载预置"选项卡中，选择 DV-PAL 下的 Standard 48kHz，将项目命名为"五彩鱼"，然后单击"确定"按钮，保存设置新建一个项目。

步骤 2　选择"文件"|"输入"命令，将所需要的"鱼.jpg"素材导入"项目"窗口中。

步骤 3　在"时间线"窗口中，将"鱼.jpg"素材拖到"视频 1"轨道上。选择"素材"|"速度/持续时间"，设置该素材的时间长度为 5s。

步骤4 选择"特效"面板|"视频特效"|"色彩校正"|"通道混合"（Channel Mixer）特效，将其赋予"鱼.jpg"片段，同时打开"特效控制"窗口。

步骤5 在"特效控制"窗口，打开"通道混合"参数，依次为所有参数添加4个关键帧，其中1、4和2、3参数分别相同，4个参数值的设置如图3-66所示。

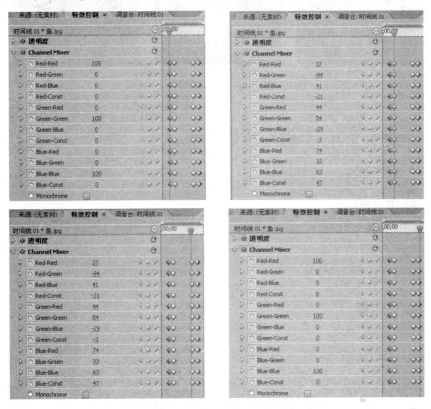

图3-66 "通道混合"参数设置

步骤6 按空格键，预览效果，这时图像的颜色发生了变化。

步骤7 接下来，选择"特效"面板|"视频特效"|"调节"（Adjust）|"调色"（ProcAmp）特效，将其赋予"鱼.jpg"片段，同时打开"特效控制"窗口。

步骤8 在"特效控制"窗口展开"调色"参数，依次为所有参数添加4个关键帧，1、4和2、3参数分别相同，其中1、4采用默认值，2、3参数值的设置如图3-67所示。

图3-67 "调色"参数设置

通过施加该特效，使图像由原来的蓝色变成了粉红色，从而产生了颜色动画。

步骤9 按空格键，预览效果，若效果满意，保存文件，该实例的效果变化如图 3-68 所示。

图 3-68 预览效果图

3.3 综合练习 1——魔幻背景

3.3.1 操作目的

通过对一片段施加多个特效从而产生虚化、色彩变化的背景，让读者了解视频特效的基本操作以及各特效的参数设置；关键帧的使用，产生了颜色的变化动画。

3.3.2 操作步骤

制作字幕与片段编辑

步骤1 启动 Premiere Pro CS3，新建项目文件"魔幻背景"，参数设置如图 3-69 所示。

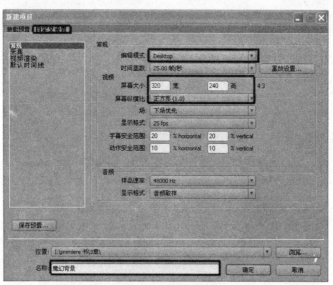

图 3-69 参数设置

步骤2 在工作界面中，选择"文件"|"新建"|"字幕"命令，为该字幕文件命名为"标题"，打开"字幕设置"对话框，如图 3-70 所示。

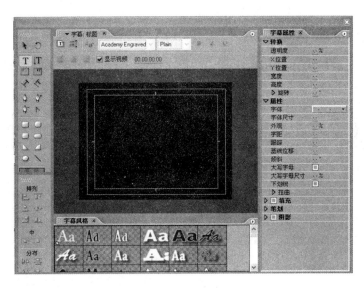

图 3-70　"字幕设置"对话框

步骤 3　选择文字工具 [T]，在字幕窗口安全区域内单击鼠标左键，输入文字"魔幻背景"。

步骤 4　选中文字，设置其属性，单击"字幕属性" I "属
性"左侧的三角符号，展开属性设置选项，字体选择"楷体"，
大小选择 48。

步骤 5　单击"字幕属性" I "填充"左侧的三角符号，设
置其颜色填充属性，如图 3-71 所示。

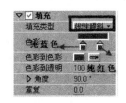

图 3-71　颜色填充属性设置

步骤 6　单击鼠标右键，执行"位置" I "水平居中"命令，
使字幕居中，如图 3-72 所示。

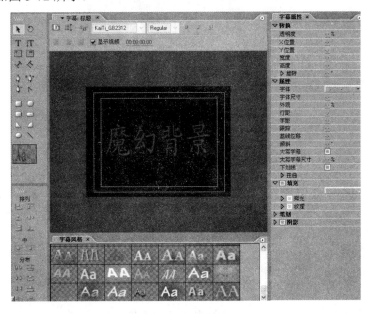

图 3-72　字幕效果

步骤 7　单击"字幕属性设置"对话框右上角的 [X] 图标，关闭该对话框，字幕文件会自
动加到"项目"窗口中。

步骤 8 选择"文件"|"输入"命令，打开"导入文件"对话框，选择"Cyclers.avi"文件导入到"项目"窗口中。

步骤 9 在"时间线"窗口中，将"Cyclers.avi"文件拖入视频 1 轨道，将"标题"文件拖入视频 2 轨道，调整"标题"片段的出点，使其与"Cyclers.avi"片段的出点一致，如图 3-73 所示。

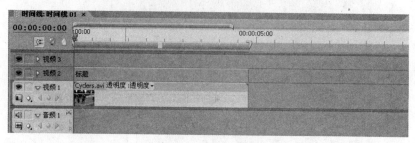

图 3-73 片段的基本操作

制作变换的背景

步骤 10 选择"特效"面板|"视频特效"|"变换"（Transform）|"摄像机视图"（Camera View）特效，将其赋予"Cyclers.avi"片段，同时打开"特效控制"窗口。

步骤 11 在"特效控制"窗口中，单击"摄像机视图"（Camera View）特效右侧的 设置按钮，打开设置对话框，各参数设置如图 3-74 所示。

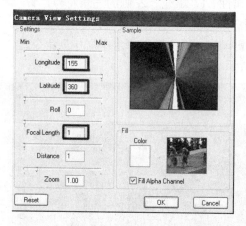

图 3-74 "Camera View"特效参数设置

步骤 12 选择"特效"面板|"视频特效"|"模糊与锐化"（Blur&Sharpen）|"高斯模糊"（Gaussian Blur）特效，将其赋予"Cyclers.avi"片段，同时打开"特效控制"窗口，拖动滑动条，将"Blurriness"值设为"7.5"，如图 3-75 所示。

步骤 13 选择"特效"面板|"视频特效"|"图像控制"（Image Control）|"色彩平衡RGB"（Color Balance（RGB））特效，将其赋予"Cyclers.avi"片段，同时打开"特效控制"窗口。

步骤 14 在"特效控制"窗口中，单击"色彩平衡（RGB）"特效左侧的三角符号，打开参数设置属性，如图 3-76 所示。单击参数"红"（Red）、"绿"（Green）、"蓝"（Blue）左侧的固定动画按钮 ，添加关键帧，设置"红"（Red）值为 200。

图 3-75 "Gaussian Blur"特效参数设置

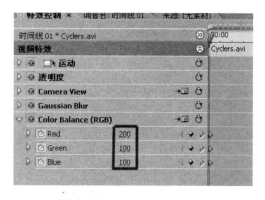

图 3-76 设置"Color Balance（RGB）"特效

步骤 15 将播放头移到片段的出点，单击"添加、删除关键帧"按钮，为其添加关键帧，调整各参数的值，如图 3-77 所示。

步骤 16 在"特效控制"窗口中，单击"摄像机视图"（Camera View）特效左侧的三角符号，打开参数设置属性，如图 3-78 所示。单击参数"Latitude"（纬度）左侧的固定动画按钮，添加关键帧，设置"Latitude"值为 0。

步骤 17 在"时间线"窗口中，将播放头拖到 2 秒 10 帧的位置，在"摄像机视图"（Camera View）特效设置对话框中，单击"添加、删除关键帧"按钮，为其添加关键帧，调整各参数的值，如图 3-79 所示。

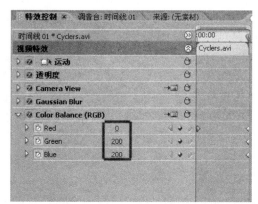

图 3-77 调整"Color Balance（RGB）"特效各参数的值

图 3-78 设置"Camera View"特效

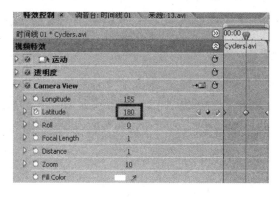

图 3-79 调整"Camera View"特效各参数的值

步骤 18 在"特效控制"窗口中，单击"色彩平衡（RGB ）"（Color Balance（RGB））特效，将播放头拖到 2 秒 10 帧的位置，单击"添加、删除关键帧"按钮 ，为其添加关键帧，调整各参数的值，如图 3-80 所示。

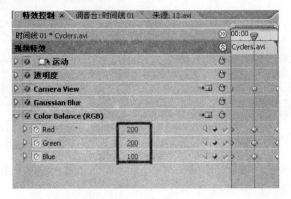

图 3-80 设置"Color Balance（RGB）"特效

步骤 19 使用预演，就可以看到背景的变化。

使字幕飞速旋转

步骤 20 在"时间线"窗口中，选中"标题"片段，打开"特效控制"窗口，单击"运动"特效左侧的三角符号，打开其属性设置，当播放头在 0 秒的位置时，分别为各参数添加关键帧并设置其参数，如图 3-81 所示。

步骤 21 将播放头拖到 4 秒的位置，各参数设置如图 3-82 所示。

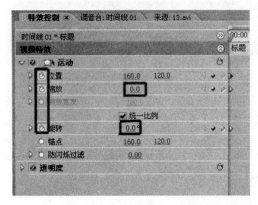

图 3-81 设置"运动"属性

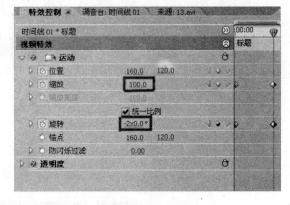

图 3-82 参数设置

步骤 22 按空格键预演，观看预演效果，保存文件。

3.3.3 小结

在这一实例中，背景的制作最为奇妙。原来片段的内容已经看不清楚了，只是原有的色彩还依稀可见。这一切都要归功于特效的应用。只要读者能理解各特效的具体含义，一定能做出更加完美的作品。

3.4　综合练习 2——制作多面透视效果

本练习是表现一种空间效果的练习，其制作思路是运用空间透视的方法，通过 5 段视频片段表现出来，利用边角特效，形成一个透视的空间，这就是我们所说的多面透视效果。

操作步骤如下：

步骤 1　新建一个项目，在"自定义设置"选项卡中，设置各参数，如图 3-83 所示，将项目命名为"多面透视效果"，然后单击"确定"按钮，保存设置新建一个项目。

步骤 2　选择"文件" I "输入"命令，将所需要的 5 个素材片段导入"项目"窗口中，如图 3-84 所示。

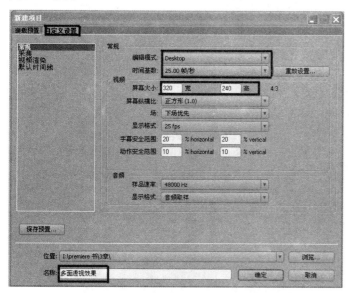

图 3-83　新建项目预置

图 3-84　导入素材到"项目"窗口

步骤 3　选择"时间线" I "添加轨道"命令，在弹出的"添加轨道"对话框中，设置添加两条视频轨道，其他参数采用默认值，如图 3-85 所示。

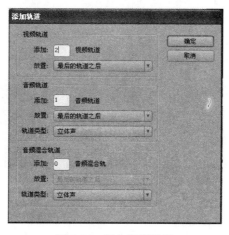

图 3-85　添加视频轨道

步骤 4 将 5 段素材拖放到"时间线"窗口的 5 个视频轨道上，并设置它们的结束位置在 16 秒处，而开始位置则依次错开，相差 3 秒，如图 3-86 所示。

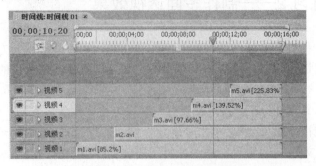

图 3-86 放置素材到视频轨道

步骤 5 选择"特效"面板|"视频特效"|"扭曲"（Distort）|"边角固定"(Corner Pin) 特效，将其赋予轨道中的每一个片段，同时打开"特效控制"窗口。

步骤 6 选中"视频 1"轨道中的"m1.avi"，在"特效控制"窗口中展开"边角固定"（Corner Pin）选项，将时间线中的播放头拖到开始位置，单击"Upper Righ"（上右）和"Lower Right"（下右）前的固定动画按钮，设置关键帧，并保持参数不变。

步骤 7 将时间线中的播放头拖到 2 秒的位置，设置"Upper Right"（上右）和"Lower Right"（下右）的参数分别为（80，60）和（80，180），如图 3-87 所示。

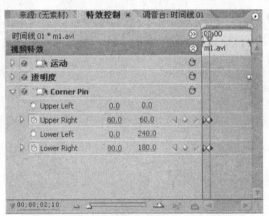

图 3-87 设置关键帧

步骤 8 按空格键预演效果，如图 3-88 所示。

图 3-88 运动效果

步骤 9 按照同样的方法，分别设置其他各片段的参数值。选中"视频 2"轨道中的"m2.avi"，在"特效控制"窗口中展开"边角固定"（Corner Pin）选项，将时间线中的播放头拖到 3 秒位置，单击"Upper Left"（上左）和"Lower Left"（下左）前的固定动画按钮 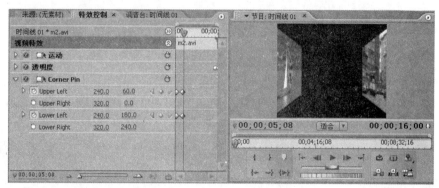,
设置关键帧，并保持参数不变。

  步骤 10 将时间线中的播放头拖到 5 秒的位置，设置"Upper Left"（上左）和"Lower
Left"（下左）的参数分别为（240，60）和（240，180），如图 3-89 所示。

  步骤 11 选中"视频 3"轨道中的"m3.avi"，在"特效控制"窗口中展开"边角固定"
（Corner Pin）选项，将时间线中的播放头拖到 6 秒位置，单击"Lower Left"（下左）和"Lower
Right"（下右）前的固定动画按钮 ，设置关键帧，并保持参数不变。

图 3-89 设置关键帧 1

  步骤 12 将时间线中的播放头拖到 8 秒的位置，设置"Lower Left"（下左）和"Lower
Right"（下右）的参数分别为（80，60）和（240，60），如图 3-90 所示。

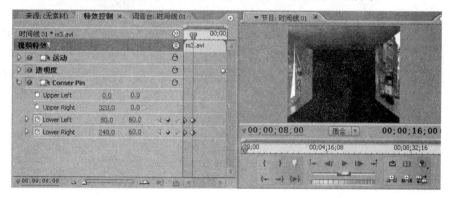

图 3-90 设置关键帧 2

  步骤 13 选中"视频 4"轨道中的"m4.avi"，在"特效控制"窗口中展开"边角固定"
（Corner Pin）选项，将时间线中的播放头拖到 9 秒位置，单击"Upper Left"（上左）和"Upper
Right"（上右）前的固定动画按钮 ，设置关键帧，并保持参数不变。

  步骤 14 将时间线中的播放头拖到 11 秒的位置，设置"Upper Left"（上左）和"Upper
Right"（上右）的参数分别为（80，180）和（240，180），如图 3-91 所示。

  步骤 15 选中"视频 5"轨道中的"m5.avi"，在"特效控制"窗口中展开"边角固定"
（Corner Pin）选项，将时间线中的播放头拖到 12 秒位置，单击"Upper Left"（上左）、"Upper
Right"（上右）、"Lower Left"（下左）和"Lower Right"（下右）前的固定动画按钮 ，设置
关键帧，并保持参数不变。

图 3-91　设置关键帧 3

步骤 16　将时间线中的播放头拖到 14 秒的位置，设置 "Upper Left"（上左）、"Upper Right"（上右）、"Lower Left"（下左）和 "Lower Right"（下右）的参数分别为（80，60）、（240，60）、（80，180）和（240，180），如图 3-92 所示。

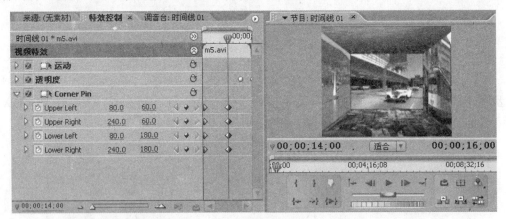

图 3-92　设置关键帧 4

步骤 17　按空格键预演效果，保存文件。

3.5　拓展知识讲解

在实际操作中，除了前面所介绍的知识以外，还有一些关于 Premiere 常用的操作知识没有向大家仔细介绍。在这里主要介绍一下添加序列图片方法以及时间线的嵌套方法。

3.5.1　输入序列图片

序列文件是一种非常重要的素材来源，它由若干按照顺序排列的图像组成，记录了活动影像的每一帧。在使用 3DS Max 等软件制作动画时。经常将其渲染为图像序列的形式。通过使用序列图像序列的优势在于：一旦渲染失败，可以接着原来失败的位置继续渲染而不像 avi 文件那样，一旦渲染失败必须重新渲染，从而可以节约大量的时间。

序列文件是以数字为序号进行排列的，当输入序列文件时，应当在 "输入" 对话框中选中"序列图片"复选框，详细的操作方法如下：

首先，选择"文件"|"输入"命令，打开"输入"对话框，如图 3-93 所示。

然后，在该对话框中选中"序列图片"复选框，再选择图片序列的第一个文件，单击"打开"按钮，即可输入序列图片。这时在"项目"窗口中可以看到序列图片的名称是第一幅图片的名称，而其标识则是影片的标识，如图 3-94 所示。

图 3-93　"输入"对话框

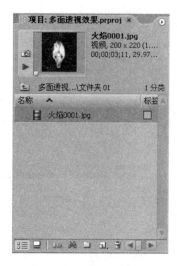

图 3-94　创建序列图片

3.5.2　嵌套时间线

在 Premiere 中，允许将一个时间线加入到另一个时间线中作为一整段素材使用，这种动作被称为嵌套。

如果项目文件中存在嵌套时间线，修改被嵌套的时间线时，将会影响嵌套时间线；而对嵌套时间线的修改则不影响被嵌套的时间线。例如，在"时间线 02"中嵌套"时间线 01"，如图 3-95 所示，如果修改"时间线 01"将会影响到"时间线 02"；而如果修改了"时间线 02"则不会影响"时间线 01"。

使用嵌套时间线可以完成普通剪辑无法完成的复杂工作。并且在很大程度上提高了工作效率，例如，进行多个素材的重复切换和特效混用。创建嵌套时间线的方法如下：

首先，在"项目"窗口中必须有两个以上的时间线，如图 3-96 所示。

图 3-95　嵌套时间线

图 3-96　"项目"窗口

其次，在"时间线"窗口中切换到要嵌套其他时间线的时间线，如"时间线 02"。

最后，在"项目"窗口中选择要被嵌套的时间线，将其拖放到当前时间线的轨道上即可，如图 3-97 所示。

如果用户需要编辑已经嵌套的时间线，则可以在"时间线"窗口中双击需要编辑的时间线，直接返回到编辑状态进行编辑。

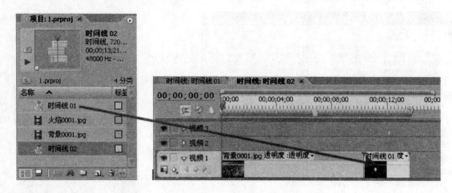

图 3-97　拖放要被嵌套的时间线

本 章 小 结

Premiere Pro CS3 中的过滤特效非常多，该部分的介绍没有按照软件中滤镜的排列顺序进行讲解，而是将这些特效分成了三大类，即三章。本章主要介绍的是视频过滤效果中的第一类，关于调色特效，该特效又包含调节、图像控制和色彩校正三种，应该说色彩校正应属于调色中的高级应用，读者可根据情况，在理解的基础上加以掌握。

思考与练习

1．填空题

（1）_____是指包含在剪辑中特定点影像特效设置的时间标记。

（2）"电平 Levels"特效综合了色彩平衡、亮度、_____的多种功能，使用它可以调整素材的亮度、明暗对比和中间色彩。

2．选择题

（1）在 Adobe Premiere Pro CS3 中，以下哪个图像控制效果无法设置关键帧？（　　）

  A．Black&White（黑&白）   B．Change Color（改变颜色）

  C．Color Offset（颜色偏移）   D．Equalize（色彩均化）

（2）下列哪些特效可以对画面的颜色进行修整（　　　　）

  A．Channel Mixer（通道混合）

  B．Color Correct（颜色校正）

C．Color Balance（HLS）（色彩平衡（HLS））

D．Color Balance（RGB）（色彩平衡（RGB））

（3）图像变暗或者变亮，但是图像中阴影部分和高亮部分受影响较少，应该调整下列哪个参数？（　　）

A．Gamma　　　　B．Pedestal　　　C．Gain　　　　D．Shadows

（4）在 Color Correct 特效中 Curves（曲线）调整方式的曲线图中，水平坐标和垂直坐标分别代表：（　　）

A．原始色调区域，色度值　　　　B．色度值，色调区域

C．原始亮度级别，亮度值　　　　D．原始亮度值，亮度级别

（5）影响中间区域和阴影区域中的亮度，对图像中高亮部分影响较小，应该调整下列哪个参数？（　　）

A．gamma　　　　B．pedestal　　　C．gain　　　D．shadows

（6）一般在对画面进行抠像后，为了调整前后景的画面色彩协调，需要：（　　）

A．Color Correct　　　　　B．Color Replace

C．Color Pass　　　　　　D．Color Match（颜色匹配）

（7）Premiere Pro 的特效控制窗口可以进行下面的哪些调整操作？（　　）

A．Motion（运动）　　　　B．特效

C．切换　　　　　　　　　D．Speed（速度）

3．思考题

在 Premiere Pro 中怎样为一段素材添加多个视频特效，并使它们随时间的不同产生变化？

第4章 视频特效（二）——抠像特效

本章学习目标

- 认识抠像的含义及应用
- 掌握键控的类型及应用
- 重点掌握蒙版抠像特效的类型以及各种特效参数的设置

4.1 认识抠像

在进行合成时，经常需要将不同的对象合成到一个场景中，可以使用 Alpha 通道来完成合成工作。但在实际工作中，能够使用 Alpha 通道进行合成的影片非常少，这时抠像特效就显得非常重要。

一般情况下，首先选择蓝色或绿色背景进行前期拍摄，演员在蓝背景或绿背景前进行表演。然后将拍摄的素材数字化，并且使用抠像技术，将背景颜色透明。Premiere Pro 产生一个 Alpha 通道识别图像中的透明度信息，再与计算机制作的场景或者其他场景素材进行叠加合成。之所以使用蓝色或绿色，是因为人的身体不含这两种颜色，如图 4-1 所示。

图 4-1 抠像原理

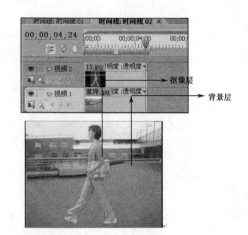

图 4-2 抠像层和背景层的摆放

抠像效果在很大程度上取决于原素材的质量，包括素材的用光以及素材的精度。因此，在进行抠像时尽可能选择质量好的源素材。

要进行抠像合成，一般情况下，至少需要在抠像层和背景层上下两个轨道上安置素材，并且抠像层在背景层之上，这样，在为对象抠像后，可以透出底下的背景层，如图 4-2 所示。

4.2 抠像特效

Premiere Pro 提供了多种抠像方式，执行"效果"面板l"视频特效"l"键"（Keying）命令，可以打开这些抠像方式，如图 4-3 所示。

不同的抠像方式适用于不同的素材，如果使一种模式不能实现完美的抠像效果，可以试试其他的抠像方式，同时还可以对抠像过程进行动画。下面我们将对各种抠像方式做详细的介绍。

图 4-3　"键"类视频特效

4.2.1　色键抠像

色键抠像，顾名思义即通过比较目标的颜色差别来完成透明，这是最常用的抠像方式。Premiere Pro 提供了 5 种色键抠像方式，它们是"色度键"（Chroma Key）、"RGB 差异键"（RGB Difference Key）、"颜色键"（Color Key）、"蓝屏键"（Blue Screen Key）、"无红色键"（Non Red　Key）。

1. Chroma Key（色度键）

"Chroma Key"（色度键）特效是允许用户在素材中选择一种颜色或一个颜色范围，并使之透明，这是最常用的键出方式。其参数设置如图 4-4 所示。

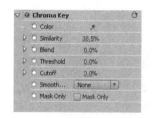

图 4-4　"Chroma Key"参数设置

（1）"Color"（颜色）：设置要抠去的颜色。选择滴管工具，用鼠标左键在"监视器"窗口中单击选取要抠去的颜色。

（2）"Similarity"（相似性）：控制要抠出颜色的容差度。容差度越高，与指定颜色相近的颜色被透出的越多；容差度越低，则被透出的颜色越少。

（3）"Blend"（混合）：调节透出与非透出边界色彩混合度。

（4）"Threshold"（界限）：调节阴影度，控制图像上选定颜色范围内的阴暗部分大小，其值越大，则被叠加素材的阴暗部分越多。

（5）"Cutoff"（截断）：调节阴暗部分的细节l加黑或者加亮，向右拖动可以加黑阴影，但不要超过 Threshold 滑块的位置，否则会反转灰色像素与透明像素。

（6）"Smoothing"（平滑）：调节图像柔和的边缘。

（7）"Mask Only"（只有遮罩）：在图像的透出部分产生一个黑白或灰度的 Alpha 蒙版。

下面我们通过一个具体的例子来学习色度键特效的操作步骤及其应用方法。

步骤 1　新建一个项目，导入素材"01"和"02"。

步骤 2　将素材"01"拖到"时间线"窗口的"视频 1"轨道，将素材"02"拖到"时间线"窗口的"视频 2"轨道，如图 4-5 所示。

步骤 3　选择"效果"面板l"视频特效"l"键"（Keying）l，按住鼠标左键不放将其拖到"视频 2"轨道的素材"02"上，打开"特效控制"窗口，选择滴管工具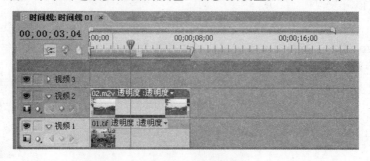，按住鼠标左键在"监视器"窗口中单击选取要抠去的颜色，各参数设置如图 4-6 所示。

图 4-5 加入素材的"时间线"窗口

图 4-6 "Chroma Key"参数设置

步骤 4 预览效果，可看到上面素材的背景颜色去除了，下面素材的画面显现出来。效果如图 4-7 所示。

图 4-7 "Chroma Key"特效的效果对比

2．RGB Difference Key（RGB 差异键）

"RGB Difference Key"（RGB 差异键）与"Chroma"（色度键）一样可以选择一种色彩或者色彩的范围来进行透明叠加，不同的是 Chroma（色度键）允许单独调节色彩和灰度，而RGB 则不能，但是 RGB 可以为键出对象设置投影。

RGB 差异键的操作步骤类似"Chroma"（色度键），只是要键出的素材中颜色色彩最好能够差别鲜明，在 Color（颜色）窗中单击鼠标选要键出的色彩。在"Similarity"（相似性）栏调整颜色容差，激活 Drop Shadow（投影）选项，为键出对象设置投影。效果如图 4-8 所示。

"Blue Screen Key"（蓝屏键）用在纯蓝色为背景的画面上。创建透明时，屏幕上的纯蓝色变得透明。所谓纯蓝是不含任何的红色与绿色，极接近 PANTONE354 的颜色。这是一种最常用的抠像方式。

"Non Red Key"（无红色键）用于蓝、绿色背景的画面上创建透明，类似于"蓝屏键"，但可以用"混合（Blend）"参数混合两片段或创建一些半透明的对象，它与绿色背景配合工作时，效果最好。

图 4-8　"RGB Difference"特效效果对比

3．"Color Key"（颜色键）

"Color Key"（颜色键）特效允许用户选择一个键控色（即滴管吸取的颜色），使被选择的部分透出。通过控制键控色的相似程度，可以调整透出的效果；通过对键控的边缘进行羽化，可以消除毛边区域；通过关键帧的使用，可以实现键出动画。

以下是颜色键实例，具体操作步骤如下：

步骤 1　新建一个项目，导入目标层素材和背景层素材，如图 4-9 所示。

步骤 2　将两个素材拖入时间线轨道中，并使目标层在上。在"时间线"窗口中选择目标层，选择菜单"效果"|"键"|"颜色键"命令，这样就给目标层添加了"颜色键"特效，系统自动打开特效属性设置对话框。

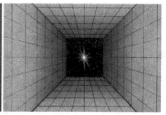

图 4-9　素材

使用"颜色键"的吸管工具在图 4-10 左图的红圈处吸取颜色，设置"色彩宽容度"的值为 164，"边缘羽化"的值为 1.5，如图 4-10 右图所示。

图 4-10　"颜色键"特效设置 1

步骤 3　添加"颜色键"特效后，合成效果如图 4-11 左图所示。可以看到由于背景色并不一致，画面下方存在较暗的阴影区域没有键出，可以为该区域再执行一次"颜色键"。选择目标层，选择菜单"效果"|"键"|"颜色键"命令，用吸管工具在图 4-11 左图目标层的左下角或右下角位置吸取颜色，调整"色彩宽容度"和"边缘羽化"参数，如图 4-11 右图所示。

图 4-11　"颜色键"特效设置 2

步骤 4　调整完毕，效果如图 4-12 所示。

图 4-12　"颜色键"特效效果图

4.2.2　Alpha 调节

"Alpha 调节"特效控制素材的 Alpha 通道。可以选择"忽略 Alpha"，忽略素材的 Alpha，而不让其产生透明；也可以选择"反转 Alpha"选项反转键效果。

4.2.3　亮度键（Luminance Key）

"亮度键"（Luminance Key）特效可以将被叠加图像的灰阶部分设置为透明，同时保持它的色彩值不变，适合使用与画面对比比较强烈的图像进行叠加。它的参数设置如图 4-13 所示。

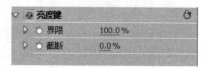

图 4-13　"亮度键"参数设置

该特效的参数较少，易于掌握，其各参数含义如下：

（1）"界限"（Threshold）：设置被叠加图像灰阶部分的透明度。

（2）"截断"（Cutoff）：设置被叠加图像的对比度。

以下是亮度键实例，具体操作步骤如下：

步骤 1　新建一个项目，导入目标层素材和背景层素材，如图 4-14 所示。

步骤 2　将两个素材拖入时间线轨道中，并使目标层在上。在"时间线"窗口中选择目标层，选择菜单"效果"|"键"|"亮度键"命令，这样就给目标层添加了"亮度键"特效，系统自动打开特效属性设置对话框。

目标层素材   背景层素材

图 4-14   素材

这里利用目标层中铁塔等地面物体比天空背景暗得多的特点，调节"界限"（Threshold）的数值为 137；其他设置默认，效果如图 4-15 所示。

这样，背景中亮度大的部分全部被键出，成为透明区域，显示出了背景色。为了改进效果，可以设置其他属性的值。

图 4-15   "亮度键"特效效果图

4.2.4 蒙版抠像

蒙版，与 Photoshop 中的蒙版相似，它是一个轮廓图，即通过一个形状作为遮片来完成透明，这是一种较抽象的抠像方式。Premiere Pro 提供了 7 种蒙版抠像方式，它们是"图像蒙版键"（Image Matte Key）、"轨道蒙版键"（Track Matte Key）、"差异蒙版键"（Difference Matte Key）、"移除蒙版"（Remove Matte）、"八点蒙版扫除"（Eight-Point Garbage Matte）、"十六点蒙版扫除"（Sixteen-Point Garbage Matte）、"四点蒙版扫除"（Four-Point Garbage Matte）。

1. "图像蒙版键"（Image matte Key）

"图像蒙版"（Image matte）是使用一张指定的图像作为蒙版。蒙版是一个轮廓图，在为对象定义蒙版后，将建立一个透明区域，该区域将显示其下层图像。蒙版图像的白色区域使对象不透明，显示当前对象；黑色区域使对象透明，显示背景对象；灰度区域为半透明，混合当前与背景对象。可以选择"反转"选项反转键效果。

以下是图像蒙版键实例，具体操作步骤如下：

步骤 1   新建一个项目，导入目标层素材和背景层素材，如图 4-16 所示。

图 4-16   素材

步骤 2 将两个素材拖入时间线轨道中，并使目标层在上。在"时间线"窗口中选择目标层，选择菜单"效果"|"键"|"图像蒙版键"命令，这样就给目标层添加了"图像蒙版键"特效，系统自动打开"图像蒙版键"特效属性设置对话框，如图 4-17 所示。

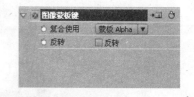

图 4-17 "图像蒙版键"属性设置

步骤 3 在"图像蒙版键"特效属性设置对话框"图像蒙版键"右侧单击"安装 ▣"按钮，在弹出的对话框中选择作为蒙版的图像，单击"确定"按钮。在"复合使用"下拉列表中可以选择使用图像的 Alpha 通道或者亮度通道作为蒙版。

步骤 4 调整完毕，效果如图 4-18 所示，左图为蒙版。

图 4-18 蒙版抠像效果图

2."轨道蒙版键"（Track Matte Key）

"轨道蒙版键"（Track Matte Key）是将序列中一个轨道上的影片作为透明用的蒙版，该蒙版可以是任何素材片段或静止图像，通过像素的亮度值定义轨道蒙版层的透明度。在屏幕的白色区域不透明，黑色区域可以创建透明区域，灰色区域可以生成半透明区域。

"轨道蒙版"与"图像蒙版"的工作原理相同，都是利用指定蒙版对当前抠像对象进行透明区域定义，但是"轨道蒙版"更加灵活。由于使用"时间线"窗口中的对象作为蒙版，所以可以使用动画蒙版或者为蒙版设置运动。

在"蒙版"下拉列表中需要指定作为蒙版使用的轨道。需要注意的是，一般情况下，一个轨道的影片作为另一个轨道影片的蒙版使用后，应该关闭该轨道显示。

下面利用"轨道蒙版键"制作一个运动蒙版效果实例，具体操作步骤如下：

步骤 1 新建一个项目，导入两段素材和一张蒙版图像，如图 4-19 所示。

素材 1   素材 2   蒙版图像

图 4-19 素材

步骤 2 将 3 个素材拖入时间线轨道中，分别放在视频 1、视频 2 和视频 3 三轨道上，对齐三轨道的时间长度，如图 4-20 所示。

步骤 3 在"时间线"窗口中选择视频 2 轨道上的片段，选择菜单"效果"|"键"|"轨

道蒙版键"命令，将其拖到该片段上，这样就添加了"轨道蒙版键"特效，系统自动打开特效属性设置对话框，如图 4-21 所示。

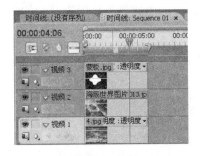 

图 4-20　放置素材　　　　　　　　图 4-21　"轨道蒙版键"属性设置

步骤 4　在特效属性设置对话框"蒙版"下拉列表中可以选择"视频 3"轨道作为蒙版，在"合成使用"下拉列表中可以选择"蒙版亮度"。"特效控制"面板中展开"运动"选项，单击"位置"前面的 按钮，创建一个关键帧，并将位置设置在窗口的左下方。同样道理，在 3 秒的位置创建一个关键帧，并将位置设置在窗口的右上方，如图 4-22 所示。利用同样的方法可以设置多个关键帧形成动画。

图 4-22　设置动画

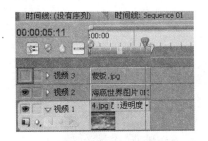

图 4-23　隐藏遮罩蒙版

步骤 5　在"时间线"窗口上单击"视频 3"轨道左侧的 按钮，隐藏遮罩蒙版，如图 4-23 所示。

步骤 6　调整完毕，按键盘上的空格键预演效果，保存文件。

3. "差异蒙版键"（Difference Matte Key）

"差异蒙版键"（Difference Matte Key）是通过一个对比蒙版与抠像对象进行比较，然后将抠像对象中位置和颜色与对比蒙版中相同的像素键出。在无法使用纯色背景抠像的大场景拍摄中，这是一个非常有用的抠像效果。例如：在一场街景的运动场面中，可以首先拍下带有演员的场景；然后，摄像机以完全相同的轨迹拍摄不带演员的空场景；在后期制作中，通过"差异蒙版键"来完成抠像。

"差异蒙版键"对摄像设备有非常苛刻的要求。为了保证两遍拍摄有完全相同的轨迹，必须使用计算机精密控制的运动控制设备才能达到效果。

4."移除蒙版"（Remove Matte）

"移除蒙版"（Remove Matte）是把已有的蒙版移除，例如移出画面中蒙版的白色区域或黑色区域，其参数设置如图4-24所示。

5."四点蒙版扫除"（Four-Point Garbage Matte）

使用"四点蒙版扫除"（Four-Point Garbage Matte）特效可以对被叠加图像4个角的位置进行调整，从而使后面的图像显示出来，其参数设置如图4-25所示。

图4-24　"移除蒙版"参数设置　　　　图4-25　"四点蒙版扫除"参数设置

在该对话框中，用户可分别设置4项参数的数值，即上左、上右、下左、下右，也可通过控制柄在监视器中直接控制蒙版的形状。

应用"四点蒙版扫除"特效的效果如图4-26所示。

图4-26　"四点蒙版扫除"特效效果图

"八点蒙版扫除"（Eight-Point Garbage Matte）特效和"十六点蒙版扫除"（Sixteen-Point Garbage Matte）特效同"四点蒙版扫除"特效类似，只不过多了一些控制点而已，这里不再介绍。其各自的应用效果如图4-27所示。

"八点蒙版扫除"效果图　　　　　　　　"十六点蒙版扫除"效果图

图4-27　应用效果图

4.3 应用实例——绕入与绕出透视效果

4.3.1 操作目的

模拟电影胶片在运动中产生了绕入与绕出的透视变化，该效果主要应用了 Premiere Pro CS3 的多种功能，例如蒙版图片的制作、运动特效、镜头失真特效、图像蒙版键以及序列嵌套等。通过该实例让读者充分体会想像力的重要性。

4.3.2 操作步骤

制作蒙版图片与片段编辑

步骤 1 进入 Photoshop Cs 工作界面，制作一个如图 4-28 所示的图像文件，命名为"蒙版.jpg"并保存。

步骤 2 退出 Photoshop Cs 工作界面，进入 Premiere Pro CS3 工作界面，新建一个项目，在"自定义预置"选项卡中，选择时基为 25 帧/秒，大小为 320×240 像素，像素纵横比为 1.0，其他参数采用默认值，将项目命名为"电影胶片绕行效果"，然后单击"确定"按钮，保存设置新建一个项目。

步骤 3 导入素材"花朵"、"花朵 1"、"花朵 2"、"花朵 3"、"视频" 5 个文件。

步骤 4 分别选中项目窗口中的"花朵"、"花朵 1"、"花朵 2"、"花朵 3" 4 个素材，设置它们的持续时间为 6 秒。

步骤 5 将"花朵"拖到"时间线"窗口中的视频 1 轨道上，入点从 0 秒开始；将"花朵 1"拖到"时间线"窗口中的视频 2 轨道上，入点为 2 秒的位置；同样道理分别将"花朵 2"、"花朵 3"拖到视频 3 轨道和视频 4 轨道上，入点分别是 4 秒和 6 秒，如图 4-29 所示。

图 4-28 蒙版.jpg

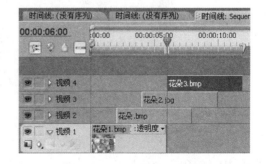

图 4-29 片段在时间线上的摆放顺序

制作流动的电影胶片

步骤 6 在"时间线"窗口中，选择视频 1 轨道上的"花朵 1"，打开"效果控制"面板，打开"运动"特效前面的三角符号 ▶，设置位置参数，通过位置关键帧，制作动画，其参数值分别为：播放头在 0 秒时，位置坐标值设为"-80"和"120"，缩放值设为"50"；播放头在6秒时，位置坐标值设为"400"和"120"，如图4-30所示。

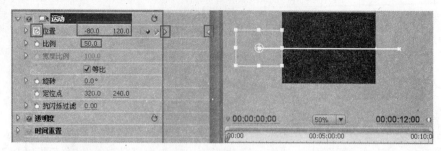

图4-30　位置参数设置

步骤7　在"时间线"窗口中，选中"花朵1"片段，执行"编辑"|"复制"命令对其属性进行复制；选中"花朵2"片段，执行"编辑"|"粘贴属性"命令对其属性进行粘贴；利用同样的方法分别对其他片段进行属性粘贴。

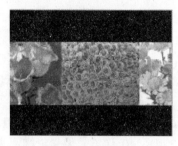

图4-31　预演效果

步骤8　预演观看，会发现4个片段依次由左向右运动，并且是无缝连接，如图4-31所示。

注意：用户如果在操作过程中很容易由于播放头拖放的位置不合适，从而产生关键帧位置不准，导致出现片段与片段之间产生缝隙，出现这种现象，用户只要通过仔细调整每个片段中的关键帧的前后位置即可。

产生透视效果

步骤9　新建一个序列，执行"文件"|"序列"命令，将该序列命名为 Sequence 02，在"时间线：Sequence 02"窗口中，将项目窗口中的"视频"片段拖到视频1轨道中，将项目窗口中的 Sequence 01 序列片段拖到视频2轨道中，并为其重命名为"合成"，调整两片段的长度，如图4-32所示。

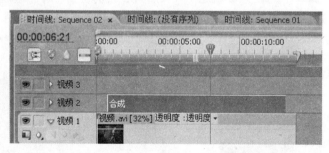

图4-32　片段的摆放

步骤10　选中"合成"片段，执行"效果"面板|"视频特效"|"扭曲"|"镜头失真"命令，将其施加给"合成"片段，同时打开"特效控制"窗口。

步骤11　在"特效控制"窗口中，单击"镜头失真"特效右侧的 按钮，打开其设置对话框，参数设置如图4-33所示。

注意：取消勾选"填充透明通道"是为了能够保证实现正确的叠加显示。

步骤12　使用预演，你会发现4个片段在运动过程中产生了透视变形。

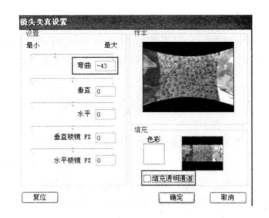

图 4-33　"镜头失真"参数设置

制作遮挡效果

步骤 13　在"时间线"窗口中，再将"视频"片段文件拖到视频 3 轨道中，其出、入点的位置与视频 1 轨道上的"视频"片段相一致，如图 4-34 所示。

步骤 14　选中视频 3 轨道上的片段，执行"效果"面板l"视频特效"l"键"l"图像蒙版键"命令，将其施加给该片段，同时打开"特效控制"窗口。

步骤 15　在"特效控制"窗口中，单击"图像蒙版键"特效右侧的 按钮，选择"蒙版.jpg"文件，单击"打开"按钮退出。

步骤 16　按键盘上的空格键预演文件，保存文件。效果如图 4-35 所示。

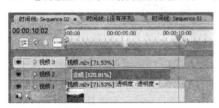

图 4-34　编辑片段

图 4-35　遮挡效果图

4.3.3　小结

在这一实例中，由各个片段组成的电影胶片要能够保持正确的运动关系，重要的是开始和结束帧坐标值的设置以及片段在时间线上的放置位置。用户可以通过分析片段运动的距离和所用的时间来确定放置的位置。该效果中"镜头失真"特效的使用，使画面有了一定的吸引力。

4.4　综合练习 1——不规则边框效果

利用蒙版能够控制视频显示的外观，配合图形可以产生不规则边缘的视频效果。本练习主要利用"轨道蒙版键"特效和"四点蒙版扫除"特效制作视频键控效果。

操作步骤如下：

步骤1 进入 Premiere Pro CS3 工作界面，新建一个项目，设置模式为 DV-NTSC，其他参数采用默认值，将项目命名为"不规则边框效果"，然后单击"确定"按钮，保存设置新建一个项目。

步骤2 双击项目窗口导入"背景"、"天气变化"、"狼"、"画笔画框01"和"画笔画框02"等。

注：这里的"画笔画框01"和"画笔画框02"两个素材用户可根据自己的需要到 Photoshop 中去绘制。

步骤3 将"背景"拖到"时间线"窗口的视频1轨道中。

步骤4 在"项目"窗口中，双击"天气变化"素材，打开"素材源"显示窗口，设置素材的"入点"和"出点"时间位置分别为 00：00：19：00 和 00：00：25：00。

步骤5 将该段素材拖到视频2轨道中。在"特效控制"面板中设置"运动"属性，如图4-36 所示。

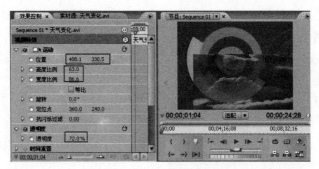

图 4-36　参数设置

步骤6 在"项目"窗口中，将"画笔画框01"拖到视频3轨道中，并使其长度与底部视频对齐。

步骤7 在"效果"面板中展开"视频特效"I"键"选项，将其中的"轨道蒙版键"特效施加到"天气变化"视频片段上，打开"特效控制"面板，展开"轨道蒙版键"特效，参数设置如图4-37 所示。

步骤8 选中视频3轨道中的片段，在"节目"窗口中调整作为蒙版的图片形状，使它所遮挡的视频产生不规则的边框效果，如图4-38 所示。

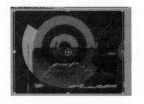

图 4-37　"轨道蒙版键"特效参数设置　　　　图 4-38　视频产生不规则的边框效果

步骤9 执行"序列"I"添加轨道"命令，为其增加两个轨道，在"项目"窗口中，将"画笔画框02"拖到视频4轨道中，并使其长度与底部视频对齐，在"节目"窗口中将其调整到左上方一合适的位置。

步骤10 在"项目"窗口中，双击"狼"素材，打开"素材源"显示窗口，设置素材的

"入点"和"出点"时间位置分别为 00：00：16：28 和 00：00：22：28。

步骤 11   在"特效控制"面板中调整"位置"以及"缩放"参数，如图 4-39 所示。

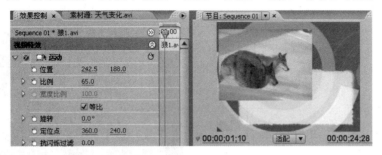

图 4-39   "特效控制"面板中的参数设置

步骤 12   在"效果"面板中展开"视频特效"|"键"选项，将其中的"四点蒙版扫除"特效施加到"天气变化"视频片段上，打开"特效控制"面板，展开"四点蒙版扫除"特效，参数设置如图 4-40 所示。调整片段的 4 个点，使其恰好与"画笔画框 02"的边缘对齐。

图 4-40   "四点蒙版扫除"特效设置

步骤 13   至此，操作完毕。按键盘上的空格键预演文件，保存文件。

4.5   综合练习 2——我们的家园

浩瀚的苍穹下，在一双大手中渐渐淡入发着黄光、缓缓旋转的地球，我们赖以生存的家园，表达强烈的环保意识。在本练习中，主要应用了"镜头光晕"、"图像蒙版键"等特效，通过学习，要求熟练掌握"键"特效的使用方法。

操作步骤如下：

制作图形文件

步骤 1   进入 Photoshop Cs 工作界面，新建一个 320×240 像素、分辨率为 72 像素/英寸、RGB 模式的文件。

步骤 2   设置前景色"R"、"G"、"B"的值分别为 255、255、0 的黄色。

步骤 3   选择工具箱中的 ◯ 工具，按住 Shift 键绘制一个圆形选区，如图 4-41 所示。

图 4-41   绘制圆形选区

步骤 4　选择"选择"|"羽化"命令，设置羽化半径为 5 像素。

步骤 5　选择"编辑"|"描边"命令，打开"描边"对话框，其参数设置如图 4-42 所示，效果如图 4-43 所示。

图 4-42　"描边"参数设置　　　　　　　　　　图 4-43　效果变化

步骤 6　选择"窗口"|"通道"命令，打开"通道"面板，单击"新建通道 📄"按钮，建立一个 Alpha1 通道。

步骤 7　选择"编辑"|"描边"命令，打开"描边"对话框，将描边宽度设置为 8，此时 Alpha1 通道的效果如图 4-44 所示。

步骤 8　保存文件，将其保存为"圆环.tga",选择 32 位/像素格式。

片段的引入与编辑

步骤 9　退出 Photoshop Cs 工作界面，进入 Premiere Pro CS3 工作界面，新建一个项目，在"自定义预置"选项卡中，选择时基为 25 帧/秒，大小为 320×240 像素，像素纵横比为 1.0，其他参数采用默认值，将项目命名为"我们的家园"，然后单击"确定"按钮，保存设置新建一个项目。

步骤 10　选择"文件"|"新建"|"字幕"命令，打开字幕编辑窗口，选择 ⬭ 工具，按住 Shift 键，在字幕编辑窗口安全区域内绘制一个圆，如图 4-45 所示。

图 4-44　"通道"面板　　　　　　　　　图 4-45　字幕编辑窗口

步骤 11　选择"文件"|"导出"|"字幕"命令，将这一字幕效果保存为"圆.prtl"文件。

步骤 12　双击"项目"窗口，导入素材"手.jpg"、"地球.avi"以及"圆环.tga"。

步骤 13　将"项目"窗口中的"手.jpg"拖到"时间线"窗口中的"视频 1"轨道中。

步骤 14　在"项目"窗口中，双击"地球.avi"文件，打开素材源窗口，将播放头拖到片段 2 秒的位置，单击 ■ 按钮，设置其入点，如图 4-46 所示。

步骤 15　将设置好的片段拖到"时间线"窗口中的视频 2 轨道中，选择 ■ 工具，调整"地球.avi"片段的出点，使该片段的出点和"手.jpg"的出点对齐。

步骤 16　利用同样的方法，将"圆环.tga"拖到视频 3 轨道中，调整它的长度，使 3 个片段的出点对齐，如图 4-47 所示。

图 4-46　设置片段的入点

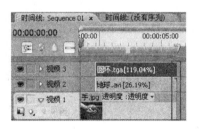

图 4-47　各片段的摆放位置

制作星空背景

步骤 17　选择"效果"面板 I "视频特效" I "生成" I "镜头光晕"，将其赋予"手.jpg"，自动打开的"特效控制面板" I "镜头光晕"设置对话框，各参数设置如图 4-48 所示。

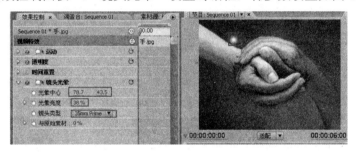

图 4-48　"镜头光晕"参数设置

步骤 18　再次执行相同的操作，将其"光晕中心"位置调整到右上方，其他参数不变。

步骤 19　再次执行相同的操作，将其"光晕中心"位置调整到左下方，"光晕亮度"设置为 50%，"镜头类型"为"50-300mm Zoom"。

步骤 20　再次执行相同的操作，将其"光晕中心"位置调整到右下方，其他参数不变。其效果如图 4-49 所示。

使用图像蒙版抠像

步骤 21　在"时间线"窗口中，选中"地球.avi"，执行"效果"面板 I "视频特效" I "键" I "图像蒙版键"命令，将其施加给该片段，同时打开"特效控制"窗口。

步骤 22　在"特效控制"窗口中，单击"图像蒙版键"特效右侧的 ■ 按钮，选择"圆.prtl"文件，单击"打开"

图 4-49　"镜头光晕"效果图

按钮退出。

步骤 23 分别单击视频 2 和视频 3 轨道左侧的 ▷ 按钮，展开视频轨道，在时间线的 1 秒 15 帧处的红色淡化器上，单击鼠标左键增加一个淡化键，在两片段的入点处，单击鼠标左键增加一个淡化键，向下拖动淡化键，调整淡化值为 0，实现淡入效果，如图 4-50 所示。

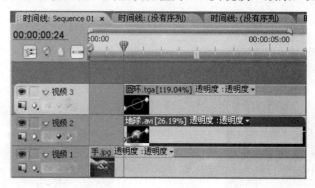

图 4-50 调整淡化值

步骤 24 按键盘上的空格键，预演效果，保存文件。

注意：在本实例中，特别注意"圆.prtl"和"圆环.tga"图形的大小要和素材"地球.avi"中地球的形状和大小保持一致。

4.6 拓展知识问与答

1. 怎样才能使 Photoshop 生成的 TGA 文件在 Premiere 中看到透明？

答：在 Photoshop 中做 TGA 格式带 Alpha 通道要使用蒙版，比较麻烦，最好用 PSD 格式，Photoshop 和 Premiere 是同一个公司的，只要同时打开两个软件，在 Photoshop 中修改 PSD 格式的图形，结果在 Premiere 中可以立刻看到合成结果，非常方便。

2. 数字视频 AVI 格式文件的大小由哪些因素决定？

AVI（Audio Video Interleave）是微软在 1992 年年初所推出的数字视频格式。在 AVI 文件中，运动图像（视频）和伴音数据（音频）是以交织方式存储的，并且各自独立于硬件系统。

AVI 文件包含 3 部分：文件头、数据块和索引块。其中数据块包含实际数据流，即图像和声音序列数据。这是文件的主体，也是决定文件容量的主要部分。视频文件的容量等于该文件的数据率乘以该视频播放的时间长度。索引块包括数据块列表和他们在文件中的位置，以提供文件内数据随机存取能力。文件头包括文件的通用信息、定义数据格式、所用的压缩算法等参数。

AVI 的主要参数如下：

（1）视频参数。

视窗尺寸（Video Size）：AVI 的视窗大小可按 4:3 的比例或随意调整，视窗越大，数据量越大。

帧率（fps）：帧率也可以调整，而且与数据量成正比。不同的帧率会产生不同的效果。如表 4-1 所示是帧率及其产生的不同效果。

表 4-1　帧率及其产生的不同效果

帧　率（fps）	文件大小（KB）	效　　　果
6	217	画面出现跳动的不连续感
15	637	画面基本连续，是实际应用中较常使用的参数
25	1134	理想的帧率，但数据量太大

（2）音频参数。

在 AVI 文件中，视频和音频是分别存储的，因此可以把一段视频中的图像与另一段视频中的声音组合在一起。WAV 文件是 AVI 文件中音频信号的来源，音频的基本参数也是 WAV 格式的参数。除此以外，AVI 文件还包括与音频有关的其他参数。

（3）视频与音频的交织参数（Interlace Audio Every X Frames）。

AVI 格式中每 X 帧交织存储的音频信号，也即音频和图像交替的频率。X 是可调参数，X 的最小值是一帧，即每个视频帧与音频数据交织组织，这是 CD-ROM 上使用的默认值。交织参数越小，回放 AVI 文件时读到内存中的数据流越少，回放越连续。因此，如果 AVI 文件的存储平台的数据传输率较大，则交错参数可设置得高一些，如几帧，甚至 1 秒。

（4）同步控制（Synchronization）。

在 AVI 文件中，图像和音频是同步得很好的。但实际上由于 CPU 处理能力的不够，回放 AVI 时有可能出现图像和音频不同步的现象。当 AVI 文件的数据率较高，而 MPC 的处理速度不够时，容易出现图像和音频不同步的现象。如视频中人张嘴说话，但声音并没有发出来。设置同步控制可保证在不同的 MPC 环境下播放该 AVI 文件时都能同步。此时播放程序自动地丢掉一些中间帧以保证视频和音频的同步。

（5）压缩参数。

在采集原始模拟视频时可以用不压缩的方式，这样可以获得最优秀的图像质量，但是代价就是文件极大。最原始的 AVI 每秒可达 150M。生成 AVI 文件时需要根据应用环境的不同选择合适的压缩参数。

压缩算法：压缩算法是首先要确定的一个参数。与 MPEG 标准不同的是，AVI 采用的压缩算法并无统一的标准。即同样是以 AVI 为后缀的视频文件，其采用的压缩算法可能不同，需要相应的解压缩软件才能识别和回放该 AVI 文件。Microsoft 公司推出 AVI 文件格式和 VFW 软件时，同时也推出了一种压缩算法，由于 AVI 和 VFW 的开放性，其他公司也相应推出了其他压缩算法，只要把该算法的驱动加到 Windows 系统中，就可以在 Windows 系统中播放用该算法压缩的 AVI 文件。如表 4-2 所示是不同压缩算法及其效果和特点。

表 4-2　不同压缩算法及其效果和特点

压缩算法	Microsoft Video 1	Microsoft RLE	Cinepak Codes by Radius	Intel Indeo Video R3.2
文件容量	2.121MB	3.277MB	1.1MB	1.48MB
效　果	可以保证指定的数据传输率，总体效果较好	当相邻帧之间有大的变化时，通过减少色彩信息降低从帧到帧的变化量，但这样可能造成图像的模糊	更小的压缩比、更好的图像质量和更快的回放速率。效果很好	压缩特性与 Cinepak 算法类似，具有很好的压缩效果

				Indeo 的系列算法还有：Indeo (R) Video Interactive；Indeo video 5.0 等。Indeo 采用多种帧内有损压缩算法，并根据所要求的帧率、图像尺寸、颜色深度等参数，自动选择相应的算法组合
特 点	VFW 默认的帧内有损压缩算法，支持 8 位和 32 位的图像深度	行程编码帧内压缩，适合处理计算机生成的动画或合成图像，可用于 8 位图像深度	一种非对称很强的压缩算法，适于从 CD-ROM 光盘平台上回放 24 位深度的视频文件	

以上是一些比较基本的压缩算法，现在常使用的压缩算法为 DIVX 或者 XVID，压缩比更高，效果更好。

图像深度： 与静态图像一样，视频的图像深度决定其可以显示的颜色数。某些编码（压缩算法）使用固定的图像深度，在这种情况下该参数不可调整。较小的图像深度可以减小文件的容量，但同时也降低了图像的质量。如表 4-3 所示是图像深度及其对应的播放效果。

表 4-3　图像深度及播放效果

图像深度（bit）	8	24
播 放 效 果	色彩基本连续	色 彩 连 续

压缩质量： 选择了一种压缩算法后还可以调整压缩质量，这个参数常用百分比来表示，100%表示最佳压缩效果。同一种压缩算法下，压缩质量越低，文件容量越小，丢失信息越多。如表 4-4 所示是压缩质量和文件容量播放效果的对应关系。

表 4-4　压缩质量对应不同的文件容量和播放效果

压 缩 质 量	90%	50%	20%
文 件 容 量	4800	986	701
播 放 效 果	基本无压缩痕迹	有一定压缩痕迹	画面清晰度严重受损

关键帧（Key Frame）：是其他帧压缩时与之比较并产生差值的基准。关键帧可以不压缩，而中间帧（也称做差值帧）是根据其与关键帧的差异来压缩的。采用关键帧压缩可以使压缩比更小而回放速率更快，但在一段视频文件中访问某一帧的时间将延长。该参数只有在使用帧间压缩编码（如帧间差值编码）时才起作用。如果不设置关键帧，则编码器默认每一帧都是关键帧。

数据率： 根据其他参数，可以计算出 AVI 文件的数据率，一般以每秒兆比特计（Mb/s）。数据率是 AVI 文件的一个重要参数。实际播放 AVI 文件时，从某种意义上说文件的数据率只能起到为播放平台设置初始的数据传输率的作用。如果 AVI 文件的数据率过高，而播放该 AVI 文件 MPC 达不到要求，则播放时可能出现不同步或者丢帧现象。因此，要根据播放环境的要求确定 AVI 的数据率，然后根据数据率的要求再确定其他参数。

在采用某些编码器，如 Cinepak 和 Indeo 编码器，来压缩视频文件以适应 CD-ROM 播放平台时，可以先确定数据率参数，编码器会根据数据率的要求自动调整压缩质量以满足数据率的要求。实际设置的文件数据率应比光驱的理想数据率稍低一点。

本 章 小 结

本章主要介绍多种抠像的方法，在 Premiere 中，这些抠像方法集中在一个"键"的文件夹中，在这里我们根据各特效特点将其分为两类：色彩类和蒙版类。希望读者在理解各抠像特效特点的基础上灵活应用。

练习和思考

1. 选择题

（1）下面哪项不是键（Keying）特效中的内容？（　　）
　　A．移除蒙版（Remove Matte）　　　　B．Alpha 调整（Alpha Adjust）
　　C．轨道蒙版（Track Matte）　　　　 D．Alpha 倾斜（Alpha Bevel）

（2）要使过滤效果随时间而变化该如何做？（　　）
　　A．用鼠标拖拉改变素材入、出点
　　B．给过滤效果设定关键帧
　　C．给过滤效果施加"运动"效果
　　D．通过使用过渡来使过滤效果随时间而改变

（3）对于 Premiere Pro 序列嵌套描述正确的有（　　）
　　A．序列本身可以自由嵌套
　　B．对嵌套的源序列进行修改，都会影响到嵌套素材
　　C．任意两个序列都可以相互嵌套，即使有一个序列为空序列
　　D．嵌套可以反复进行。处理多级嵌套素材时，需要大量的处理时间和内存

（4）下面哪些特效需要在设置中指定一个视频轨道？（　　）
　　A．图像蒙版键（Image Matte Key）　　B．轨道蒙版键（Track Matte Key）
　　C．Alpha 调整（Alpha Adjust）　　　　D．色度键（Color Key）

（5）如果场景中有一些不需要的东西被拍摄进来，使用下列哪个特效，可以屏蔽杂物？（　　）
　　A．色键　　　　　　　　　　　　　　B．蒙版扫除（Garbage Matte）
　　C．遮罩　　　　　　　　　　　　　　D．运动

（6）一般在对画面进行抠像后，为了调整前后景的画面色彩协调，需要（　　）
　　A．颜色校正（Color Correct）　　　　B．颜色替换（Color Replace）
　　C．颜色传递（Color Pass）　　　　　　D．色彩匹配（Color Match）

2. 思考题

蒙版抠像有哪几种类型，各自的特点是什么？

第 5 章 视频特效（三）——其他特效

本章学习目标

- 掌握扭曲类、透视类、渲染类以及风格化类特效的类型及应用
- 了解转换类、视频类特效的类型及特点

5.1 扭曲（Distort）类特效

"扭曲"（Distort）类视频特效，包括了 11 种特效，主要用于对图像进行几何变形。

打开扭曲类视频特效的方法为：执行"效果"面板|"视频特效"|"Distort"（扭曲）命令，即可打开视频特效列表，如图 5-1 所示。下面我们分别介绍各种类型。

5.1.1 弯曲（Bend）

"弯曲"（Bend）特效可以通过图像进行水平和垂直弯曲参数的调节，达到独特的视觉效果。在"特效控制"面板中，通过单击"设置"按钮 ，可以打开参数设置对话框，如图 5-2 所示。

图 5-1 "扭曲"类视频特效列表　　　图 5-2 "弯曲"特效参数设置

其参数功能如下：

（1）"Direction"（方向）。单击下拉列表框可以选择需要的弯曲运动方向。

（2）"Wave"（波纹）。单击下拉列表框可以选择需要的弯曲形状，主要包括 Sine、Circle、Triangle、Square。

（3）"Intensity"（强度）。用来描述弯曲形状的程度。

（4）"Rate"（比率）。用来描述弯曲形状的频率。

（5）"Width"（宽度）。用来描述弯曲形状的宽度。

效果如图 5-3 所示

图 5-3　"弯曲"特效效果图

5.1.2　镜头失真（Lens Distortion）

"镜头失真"（Lens Distortion）特效效果可将画面原来形状扭曲变形。通过滑块的调整，可让画面凹凸球形化、水平左右弯曲、垂直上下弯曲以及左右褶皱和垂直上下褶皱等。综合利用各向扭曲变形滑块，可使画面变得如同哈哈镜的变形效果。在"特效控制"面板中，通过单击"设置"按钮，可以打开设置对话框，参数栏如图 5-4 所示。

图 5-4　"镜头失真"参数设置

其参数功能可以通过移动滑块进行调节：

（1）"Curvature"（弯曲）。用来描述球面弯曲度。

（2）"Vertical Decentering"（垂直弯曲）。用来描述垂直弯曲。

（3）"Horizontal Decentering"（水平弯曲）。用来描述水平弯曲。

（4）"Vertical Prism FX"（垂直棱镜）。用来描述垂直褶皱。

（5）"Horizontal Prism FX"（水平棱镜）。用来描述水平褶皱。

（6）"Fill"（填充）。用来设置图像的背景色。

效果如图 5-5 所示。

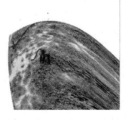

图 5-5　"镜头失真"效果图

5.1.3　边角固定（Corner Pin）

"边角固定"（Corner Pin）特效可以通过对素材 4 个角坐标参数的调节，来改变素材的形状。常用来实现多画同映的效果。其参数设置如图 5-6 所示。

图 5-6　"边角固定"参数设置

其参数功能如下：

（1）"上左"。素材左上角的位置。

（2）"上右"。素材右上角的位置。

（3）"下左"。素材左下角的位置。

（4）"下右"。素材右下角的位置。以上 4 个角坐标后面的第一个参数用来设置素材的水平方向的坐标，第二个参数用来设置素材垂直方向的坐标。

5.1.4　镜像（Mirror）

"镜像"特效主要效果是将素材沿一定的角度进行反射，同镜面反射的原理是一样的，通常用来做对称等效果。其参数设置如图 5-7 所示。

图 5-7　"镜像"特效参数设置

其参数功能如下：

（1）"反射中心"。描述反射中心的位置。在后面的第一个参数用来设置素材水平方向的坐标，第二个参数用来设置素材垂直方向的坐标。

（2）"反射角度"。描述反射镜面的角度。后面的参数正值表示沿水平方向顺时针旋转，负值表示沿水平方向逆时针旋转。

5.1.5　放大（Magnify）

"放大"（Magnify）特效主要效果是用来将图像全部或图像的一部分进行扩大。参数栏如图 5-8 所示。

其主要参数及功能如下：

（1）"形状"。描述被放大区域的形状，包括圆形和方形两种放大镜。

（2）"中心"。描述被放大区域的中央点。

（3）"放大"。描述被放大区域的百分比。

（4）"链接"。参数包括 3 个可选值，功能如图 5-9 所示。

● 无：表示放大显示区域的大小和羽化值不随放大比例的变化而改变。

● 尺寸放大：表示放大显示区域的大小随着放大比例的改变而变化。

● 尺寸&羽化放大：同"无"参数恰恰相反。

图 5-8　"放大"参数设置　　　　　图 5-9　"链接"参数类型

当链接的值设为"无"时可以选择"重设层大小"选项。

（5）"尺寸"。表示被放大区域的尺寸，单位是像素。

（6）"羽化"。表示被放大区域边缘的羽化值，单位是像素。

（7）"透明度"。表示被放大区域的透明度。

（8）"比例"。缩放类型用于放大图像。参数包括 3 个可选值，分别是标准、柔软、扩散。

（9）"混合模式"。用来设置被放大区域同原图像的混合模式。

效果如图 5-10 所示。

图 5-10　"放大"特效效果图

5.1.6　偏移（Offset）

"偏移"（Offset）特效主要是生成一张新的同原图像一样内容的图像，但是可通过对位置和透明度进行设置来形成效果，常用做残影的制作。其参数设置如图 5-11 所示。

其主要参数及功能如下：

（1）"移动中心到"。描述生成图像的中心。在后面的第一个参数用于设置图像水平方向的坐标，第二个参数用于设置图像的垂直方向的坐标。

（2）"与原始素材"。描述生成图解的透明度。效果如图 5-12 所示

图 5-11　"偏移"参数设置

图 5-12　"偏移"效果图

5.1.7 球面化（Spherize）

"球面化"（Spherize）特效通过改变球形区域的半径和中心位置来达到球面效果。包括的参数设置有半径和球体中心，如图 5-13 所示，效果如图 5-14 所示。

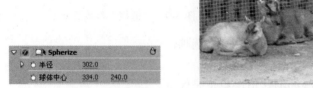

图 5-13　"球面化"参数设置　　　　　　　图 5-14　"球面化"效果图

5.1.8 变换（Transform）

"变换"（Transform）特效效果可对片段应用二维的几何变形。使用它可将素材沿任何轴倾斜及旋转的操作，其参数设置如图 5-15 所示。

图 5-15　"变换"参数设置

这个效果涉及 3 个关键点：定位中心、片段中心、位置中心，默认值为三者重合。位置中心是素材的几何变换中心，即旋转缩放、倾斜的中心。其主要参数及功能如下：

（1）"定位点"。表示定位中心。

（2）"位置"。表示位置中心。

更改定位中心和位置中心的方法有两种：

方法一：单击效果控制窗口中的"变换"（Transform），在节目窗口中定位中心和位置中心同时显示，可以通过移动 ⊕ 图标来改变定位中心和位置中心，如图 5-16 所示。

方法二：为了精确控制定位中心和位置中心可以直接单击"更改"按钮或拖动后面的数值改变定位中心和位置中心。

（3）"高度比例"。描述素材高度被缩放的百分比，负值产生相应的镜像缩放。

（4）"宽度比例"。描述素材宽度被缩放的百分比，负值产生相应的镜像缩放。

（5）"倾斜"。表示倾斜的值。

图 5-16　定位中心图示

（6）"倾斜轴"。表示倾斜的轴向值，单位是度。当"倾斜轴"值为 0 或 180 时为上下倾斜，"倾斜"值为正时素材左侧上移而右侧下移，为负值时相反，"倾斜轴"值为 90 或 270 时为左右倾斜，"倾斜"值为正时素材上侧右移而下侧左移，为负值时相反。

（7）"旋转"。表示素材沿位置中心的旋转度，顺时针值为正，逆时针值为负。

（8）"透明度"。表示素材的透明度。

5.1.9　紊乱置换（Turbulent Displace）

"紊乱置换"（Turbulent Displace）视频特效效果可以生成一种不规则湍流变形的效果。其参数设置如图 5-17 所示。

其主要参数及功能如下：

（1）"置换"。设置变形方式。

（2）"数量"。设置变形的程度。

（3）"大小"。设置层中扭曲的范围。

（4）"偏移"。设置产生湍动变形中心点的位置。

（5）"复杂度"。设置噪波局部的复杂程度。较高的值产生高精确度值的变形，较低的值产生较平滑的变形。

（6）"演进"。控制随着时间变形的变化。

（7）"演进选项"。控制随着时间变形的周期。

图 5-17　"紊乱置换"参数设置

其效果如图 5-18 所示。

图 5-18　"紊乱置换"效果图

5.1.10 扭曲（Twirl）

"扭曲"（Twirl）视频滤镜效果会让画面从中心进行漩涡式旋转，越靠近中心旋转得越剧烈。其参数设置如图 5-19 所示。

其主要参数及功能如下：

（1）"角度"：表示旋转的角度，顺时针值为正，逆时针值为负。

（2）"扭曲半径"：表示旋转的半径值。

（3）"扭曲中心"：表示旋转的中心位置。效果如图 5-20 所示。

图 5-19　"扭曲"参数设置　　　　　　　　图 5-20　"扭曲"效果图

5.1.11 波形弯曲（Wave warp）

"波形弯曲"（Wave warp）视频滤镜效果会让画面形成波浪式的变形效果。其参数设置如图 5-21 所示。

其主要参数及功能如下：

（1）"波纹类型"。描述波浪的形状，选项值如图 5-22 所示。

（2）"波纹高度"。描述波浪的高度。

（3）"波纹宽度"。描述波浪的宽度。

（4）"方向"。描述波浪移动的方向，单位是度，如 90°表示水平向前移动，180°表示垂直向下移动。

（5）"波纹速度"。描述波浪移动的速度。

（6）"固定"。描述不变形的区域。参数的可选值如图 5-23 所示。

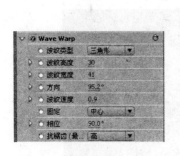

图 5-21　"波形弯曲"参数设置　　　图 5-22　形状选项　　　图 5-23　变形区域设置

效果如图 5-24 所示。

固定值设为"无"

固定值设为"中心"

图 5-24　效果图

（7）"相位"。描述沿着一个波周期开始的波形的点。举例来说"波纹类型"为"正弦"，相位值为 0°表示波形的开始点从向下斜坡的中点开始，而 90°表示波形的开始点从波形最低的点开始。

（8）"抗锯齿"。参数包括 3 个可选值。值越高效果越好，但渲染所用的时间越长，如图 5-25 所示。

图 5-25　"抗锯齿"参数设置

5.2　扭曲类特效应用实例——放大镜效果

本实例主要通过"放大"特效的使用，同时配合参数关键帧，形成一种类似放大镜运动的效果。其操作步骤如下：

步骤 1　新建项目。启动 Premiere Pro CS3，在弹出的对话框中选择"新建项目"，文件名为"放大镜效果"，参数设置如图 5-26 所示。

图 5-26　"新建项目"对话框

步骤 2　导入素材。

首先改变导入素材的持续时间，选择"编辑"菜单l"参数"l"常规"命令打开如图 5-27所示窗口，将"静帧图像默认持续时间"改为 300 帧，大约每幅图片 10 秒左右。

双击项目窗口的空白处，打开"导入"对话框，选择"花朵.bmp"，单击"打开"按钮，即可导入文件。然后将"花朵 .bmp"文件拖到"时间线"窗口视频 1 轨道上。

步骤 3　运用效果。

将"效果"面板l"视频特效"l"扭曲"（Distort）l"放大"（Magnify）效果施加给图片，

切换到"效果控制"面板，参数设置如图 5-28 所示。

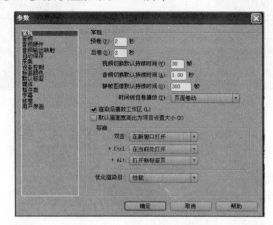

图 5-27　设置图片的默认时间

图 5-28　参数设置

在时间轴上"中心"参数添加关键帧，形成动画。当播放头在 0 秒的位置时，设置"中心值"为 19，21；当播放头在 2 秒 19 的位置时，设置"中心值"为 197，390；当播放头在结束的位置时，设置"中心值"为 526，126。

步骤 4　预览输出。

单击"监视器"窗口中的"播放"按钮，预览效果。然后，选择"文件"菜单|"导出"|"影片"命令，在弹出的"导出影片"对话框中输入"放大镜效果"。单击"保存"按钮。进行渲染输出。

5.3　噪波与颗粒类特效

"噪波与噪波颗粒"（Noise&Grain）特效，包括"蒙尘与划痕"（Dust&Scratches）、"中值"（Median）、"噪波"（Noise）等 6 种特效，主要用于对图像进行干扰添加。

打开"噪波与噪波颗粒"类视频特效的方法为：执行"效果"面板|"视频特效"|"Noise&Grain"（噪波与噪波颗粒）命令，即可打开视频特效列表，如图 5-29 所示。

下面主要介绍一些常用的类型及相关参数设置。

1．蒙尘与划痕（Dust&Scratches）

"蒙尘与划痕"（Dust&Scratches）视频滤镜效果可以通过参数的调节来改变图像中相异的像素，其参数设置如图 5-30 所示。

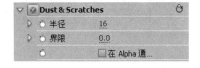

图 5-29　"噪波与噪波颗粒"类特效列表　　　图 5-30　"蒙尘与划痕"参数设置

其参数功能如下：

（1）"半径"。用于获取图像中相异像素的范围。

（2）"界限"。表示像素差异达到多少才能被改变。

效果如图 5-31 所示。

图 5-31　"蒙尘与划痕"效果图

2．中值（Median）

"中值"（Median）视频滤镜效果可以通过获取相邻像素的中间值改变图像中并将它应用于指定半径区域内的像素，其参数设置如图 5-32 所示。"半径"是指用于获取图像中相异像素的范围。

3．噪波（Noise）

"噪波"（Noise）视频滤镜效果随机地改变整个图像中某些点的颜色值，达到添加躁点的效果。参数设置如图 5-33 所示。

图 5-32　"中值"参数设置　　　　　图 5-33　"噪波"参数设置

（1）"噪波值"。用来控制噪点的数量。取值范围为 0～100%。

（2）"噪波类型"。当选择使用色彩噪波时，使用颜色杂点，可随机改变图像像素的红、绿、蓝值，否则使用黑白点。

（3）"限幅"。选项控制是否让杂点引起像素颜色扭曲。当选择"限制值"时，即使 100%的噪波值也能使图像可辨认，否则原始图像完全改变。效果如图 5-34 所示。

图 5-34 "噪波"效果图

4. 噪波 Alpha（Noise Alpha）

"噪波 Alpha"（Noise Alpha）视频滤镜效果可以通过图像的 Alpha 通道对图像进行干扰。参数设置如图 5-35 所示。

5. 噪波 HLS（Noise HLS）和自动噪声 HLS（Auto Noise HLS）

这两个视频滤镜效果都是通过改变杂点的色相、亮度、饱和度及相关参数来达到相关效果的。

图 5-35 "噪波 Alpha"参数设置

5.4 透视（Perspective）类视频特效

"透视"（Perspective）类视频特效效果组中共有 5 个视频特效效果，主要模仿三维空间对图像进行的操作。打开"透视"（Perspective）类特效的方法为：执行"效果"面板|"视频特效"|"透视"（Perspective）类特效，即可打开视频特效列表，如图 5-36 所示。

下面主要介绍一些常用的效果类型及相关参数设置。

1. "Basic 3D"（基本三维）

"Basic 3D"视频特效效果在一个虚拟三维空间中操作片段。可以绕水平轴和垂直轴旋转图像，可以沿坐标移动图像以达到远近的效果。使用基本三维效果，也能创建一个镜面的高光区，产生一种光线从一个旋转表面反射散开的效果。因为光源总是在观察者的上面、后面和左面。所以必须将图像倾斜或旋转才能达到好的反射效果。这样就能增强三维效果的真实性，其参数设置如图 5-37 所示。

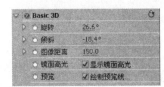

图 5-36 "透视"（Perspective）类视频特效　　图 5-37 "Basic 3D"视频特效参数设置

（1）"旋转"。控制水平旋转（绕图像的中心垂直轴旋转），将图像旋转180°可看见其背面，即图像前面的镜像图像。

（2）"倾斜"。控制垂直旋转（绕图像的中心水平轴旋转），效果类似于"旋转"。

（3）"图像距离"。指定图像距观察者的距离。

（4）"镜面高光"。添加镜面高光到旋转的图像表面。

（5）"预览"。预览生成的三维图像的线框轮廓

如图 5-38 所示是其效果对比，其中左图为原图，右图为效果。

图 5-38　效果对比

2．Bevel Alpha（倾斜 Alpha）

"Bevel Alpha"（倾斜 Alpha）视频特效效果可为图像的 Alpha 边界产生一种凿过的立体效果。假如片段中没有 Alpha 通道，或者其 Alpha 通道完全不透明，该效果将被应用到片段的边缘。使用这种效果产生的边缘比用 Bevel Edges 效果产生的边缘要更柔和一些，效果如图 5-39 所示。

3．Bevel Edges（倾斜边缘）

"Bevel Edges"视频特效效果同"Bevel Alpha"效果类似，也可在图像的边缘产生一种三维立体效果，参数的设置也完全相同。但是"Bevel Edges"视频滤镜的效果总是矩形的，带有非矩形 Alpha 通道的图像将不能产生正确的显示效果，所有边缘都具有相同的厚度。效果如图 5-40 所示。

图 5-39　"Bevel Alpha"视频特效效果图　　　　图 5-40　"Bevel Edges"视频特效效果图

4．Drop Shadow（产生阴影）

"Drop Shadow"视频特效效果可以在图像的后面添加一个阴影效果。其设置对话框如图 5-41 所示。

（1）"阴影色"。控制阴影的颜色。

（2）"透明度"。控制阴影的透明度。

（3）"方向"。控制阴影的方向。

（4）"距离"。控制阴影同源图像间的距离。

（5）"柔化"。表示阴影的柔和度。

（6）"只有阴影"。如果选择这一选项将只有阴影而没有源图像。

效果如图 5-42 所示。

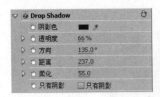

图 5-41 "Drop Shadow"视频特效设置

图 5-42 "Drop Shadow"视频特效效果图

4．Radial Shadow（放射阴影）

"Radial Shadow"视频特效效果类似"Drop Shadow"视频滤镜效果，可以在图像的后面添加一个阴影效果，只不过更加的灵活，可以很好地控制光源。其设置如图 5-43 所示。

（1）"光源"。用来控制光源的位置。

（2）其他参数参考"Drop Shadow"视频特效效果中的参数。效果如图 5-44 所示。

图 5-43 "Radial Shadow"视频特效设置

图 5-44 "Radial Shadow"视频特效效果图

5.5 应用实例——黑白电影效果

通过使用 Premiere，可以方便地将一些现在的视频文件制作成黑白电影，以达到怀旧的效果，在这里主要用的效果是"黑&白"（Black&White）和"噪波"（Noise）效果。其操作步骤如下：

步骤 1 新建项目。

启动 Premier Pro CS3，在弹出的对话框中选择"新建项目"，文件名为"黑白电影效果"，参数设置可参照上一实例。

步骤 2 导入素材。

首先双击项目窗口的空白处，打开"导入"对话框，找到并选取"原图.MPG"，再单击"打开"按钮，即可导入文件。然后将文件拖到"时间线"窗口视频 1 轨道上，如图 5-45 所示。

图 5-45 素材摆放

步骤 3 运用效果。

执行"效果"面板｜"视频特效"｜"Image Control"（图像控制）｜ "Black&White"（黑白）效果并施加给片段，效果如图 5-46 所示。

图 5-46 施加"黑与白"特效

执行"效果"面板｜"视频特效"｜"Noise&Grain"（蒙尘与划痕）｜"Noise"（噪波）效果并施加给该片段，选择"效果控制"面板，对"Noise"（噪波）效果进行设置，如图 5-47 所示。效果如图 5-48 所示。

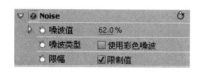

图 5-47 设置"Noise"特效 　　图 5-48 效果图

步骤 4 预览输出。

单击"监视器"窗口中的"播放"按钮，预览效果。然后，单击"文件"菜单｜"导出"｜"影片"命令，在弹出的"导出影片"对话框中输入"黑白影片效果"。再单击"保存"按钮。进行渲染输出。

5.6 渲染（Render）类特效

"渲染"（Render）类视频特效效果组中只有一个视频特效效果 Ellipse（椭圆），其设置如图 5-49 所示。

（1）"Center"（中心）。表示椭圆中心所在位置。

（2）"width"（宽度）。表示椭圆的宽度。

（3）"height"（高度）。表示椭圆的高度。

（4）"Thickness"（厚度）。表示椭圆边缘的宽度。

（5）"softness"（柔化）。表示椭圆边缘的柔和度。

（6）"Inside Color"（内边色）。表示椭圆内部的颜色。

（7）"Outside Color"（外边色）。表示椭圆外部的颜色。

图 5-49 "椭圆"视频特效设置

（8）"Composite"（合成于原始）。表示椭圆是否同源图像合成。如果选取则表示两者同时显示，不选取则只显示椭圆效果，如图 5-50 所示。最终效果如图 5-51 所示。

图 5-50　效果图 1

图 5-51　效果图 2

5.7　风格化（Stylize）类视频特效

"Stylize"（风格化）包括 13 种特效，主要模拟各种真实艺术手法对图像进行处理达到理想的艺术效果。打开"风格化"特效的方法为：执行"效果"面板 | "视频特效" | "Stylize"（风格化特效），即可打开视频特效列表，如图 5-52 所示。

1. Alpha Glow（Alpha 辉光）

"Alpha Glow"（Alpha 辉光）视频特效可以为图像的 Alpha 通道边缘添加一种颜色逐渐衰减或向另一种颜色过渡的彩色的辉光效果。其参数设置如图 5-53 所示。

图 5-52　"Stylize"特效列表

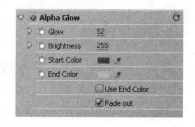

图 5-53　"Alpha Glow"参数设置

（1）"Glow"（辉光）。表示辉光从内向外延伸的长度。

（2）"Brightness"（亮度）。表示亮度水平。

（3）"Star Color"（起始色）。表示辉光开始时的颜色。

（4）"End Color"（结束色）。表示辉光结束时的颜色。

（5）"Use End Color"（使用结束色）。如果不选取，辉光的颜色将从开始到结束都是"Star Color"（起始色）中设置的颜色。

（6）"Fade out"（淡出）。如果选取，辉光将从内到外逐渐变淡。效果如图 5-54 所示。

2. Brush Strokes（笔触）

"Brush Strokes"（笔触）视频特效效果可以为图像添加画笔描边的效果。其设置参数如

图 5-55 所示。

图 5-54 "Alpha Glow"效果图

图 5-55 "Brush Strokes"参数设置

（1）"笔画角度"。表示画笔的方向。

（2）"笔触大小"。表示笔触的大小。

（3）"笔画长度"。表示笔触的长度。

（4）"笔画密度"。表示描边的密度。

（5）"随机笔画"。表示描边的随机性。

（6）"绘制面"。表示描边的方式。

（7）"与原始素材"。表示效果图像与源图像的融合程度，值为 100%只显示源图像。效果如图 5-56 所示。

图 5-56 "Brush Strokes"效果图

3．Color Emboss（彩色浮雕）

"Color Emboss"（彩色浮雕）视频特效效果主要是用来产生彩色浮雕的效果，参数设置如图 5-57 所示．

（1）"方向"。表示光源的方向。

（2）"起伏"。表示浮雕突起的高度。

（3）"对比度"。表示出现浮雕效果的程度，如果值过低，仅使明显的边出现效果。

（4）"与原始素材"。参考上一效果。

效果如图 5-58 所示。

图 5-57　"Color Emboss"参数设置

图 5-58　"Color Emboss"效果图

4. Emboss（浮雕）

"Emboss"（浮雕）视频滤镜效果也是用来产生浮雕的效果，同"Color Emboss"视频滤镜效果一样，只是没有颜色参数，功能一样。参数栏如图 5-59 所示。

5. Find Edges（查找边缘）

"Find Edges"视频特效效果可以对色彩变化较大的区域确定其边缘并进行强化。它的参数只有"反转"一项，勾选这一项，则背景为黑色。参数栏如图 5-60 所示。效果如图 5-61 所示。

图 5-59　效果图

6. Mosaic（马赛克）

"Mosaic"视频特效效果将采用马赛克图案图像进行填充。参数栏如图 5-62 所示。

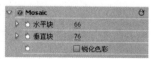

图 5-60　"Find Edges"参数设置　图 5-61　"Color Emboss"效果图　图 5-62　"Mosaic"参数设置

（1）"水平块"。表示水平方向马赛克的数量。

（2）"垂直块"。表示垂直方向马赛克的数量。

（3）"锐化色彩"。如果选取本选项，则为中心点的颜色，否则马赛克颜色为马赛克中颜色的平均值。效果如图 5-63 所示。

7. Posterize（海报）

"Posterize"（海报）视频特效用于调节图像中每个通道的色调级（或亮度值）数目，并将这些像素映射到最接近的匹配色调上，转换颜色色谱为有限数目的颜色色谱，并且会拓展片段像素的颜色，使其匹配有限数目的颜色色谱。

用户可以使用此效果在图像中创建很大的颜色平铺区域，可以使用该效果制作海报效果。在对话框中拖动滑块可以调节图像中颜色区域的大小和数目。效果如图 5-64 所示。

图 5-63　"Mosaic"效果图

图 5-64　"Posterizer"特效效果对比

8．Replicate（重复）

"Replicate"（重复）视频滤镜效果可将画面复制成同时在屏幕上显示多个相同的画面。参数栏如图 5-65 所示。

"Count"（计算）表示将图像分割的个数，设本参数为 n，则图像将被分割成 2^n 个，效果如图 5-66 所示。

图 5-65　"Replicate"参数设置

图 5-66　"Replicate"效果图

9．Roughen Edges（边缘粗糙）

"Roughen Edges"（边缘粗糙）视频特效效果主要用来制作图像的锯齿边框效果。参数栏如图 5-67 所示。

（1）"边缘类型"。可从下拉列表中选择任意一种，共 8 种，如图 5-68 所示。

图 5-67　"Roughen Edges"参数设置　　　　图 5-68　"边缘类型"下拉列表

（2）"边缘色"。表示毛糙边框的颜色。

（3）"边框"。表示边框的大小。

（4）"边缘锐化"。表示边缘的锐化程度。

（5）"不规则影响"。表示边缘的随机性和不规则程度。

（6）"比例"。表示边缘碎片的大小程度。

（7）"拉伸宽度或高度"。表示边框的宽度和高度。

（8）"偏移（紊乱）"。表示边框位置偏移量。

（9）"复杂度"。表示边缘的复杂程度。

（10）"演进"和"演进选项"。主要控制演化的效果。

效果如图 5-69 所示。

图 5-69 "Roughen Edges" 效果图

10. Solarize（曝光）

"Solarize"（曝光）视频特效效果主要用来制作类似于底片效果的图像。参数栏如图 5-70 所示。

"Threshold"（界限）：表示曝光的程度，取值范围为 0～100。效果如图 5-71 所示。

11. Strobe Light（闪光灯）

"Strobe Light"（闪光灯）视频特效效果能够以一定的周期或随机地对一个片段进行数值运算，从而产生一种闪烁的效果。参数栏如图 5-72 所示。

图 5-70 "Solavize" 参数设置   图 5-71 "Solarize" 效果图

（1）"闪光色"。表示闪光灯的颜色。

（2）"与原始素材混合"。表示效果图同源图的混合程度。

（3）"闪光长度"。表示闪光灯效果的持续时间。

（4）"闪光周期"。表示闪光灯效果的实现时间周期。

（5）"随机闪光灯"。表示随机闪光灯出现的几率。

（6）"闪光"。有两种参数值，表示闪光效果的作用域。

（7）"闪光操作"。表示闪光灯效果的类型。

效果如图 5-73 所示。

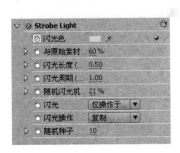

图 5-72 "Strobe Light"参数设置

图 5-73 "Strobe Light"效果图

12. Texturize（材质纹理）

"Texturize"（材质纹理）视频特效效果可将一个视频图像应用于当前图像上。例如将视频 2 应用于当前轨道，其参数栏如图 5-74 所示。

（1）"材质层"。表示要映射到当前图像的轨道。

（2）"照明方向"。表示光源的方向。

（3）"材质反差"。表示底纹效果的强度。

（4）"材质放置"。表示底纹的应用方式。

效果如图 5-75 所示。

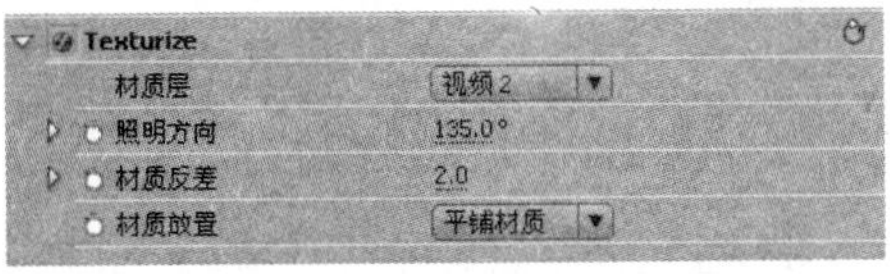

图 5-74 "Texturize"参数设置

图 5-75 "Texturize"效果图

13. Threshold（阈值）

"Threshold"（阈值）视频特效效果可将一个视频图像转化为基础的二进制黑白图像。具体参数如图 5-76 所示。

"电平"：表示将要转化的像素点的阈值，高于这个值为白色，低于这个值为黑色。效果如图 5-77 所示。

图 5-76　"Threshold"参数设置

图 5-77　"Threshold"效果图

5.8　变换（Transform）类视频特效

使用"变换"（Transform）类型特效可以让图像的形状产生二维或三维变化，它主要包括"摄像机视图"（Camera View）、"裁剪"（Crop）、"边缘羽化"（Edge Feather）、"水平翻转"（Horizontal Flip）、"滚动"（Roll）、"垂直翻转"（Vertical Flip）等类型。下面分别介绍这些类型的功能。

1．Camera View（摄像机视图）

"Camera View"（摄像机视图）特效可以模拟拍摄图像时，摄像机在不同角度下拍摄的视图效果。通常情况下，该效果是通过"设置"对话框来调整的。具体参数如图 5-78 所示。

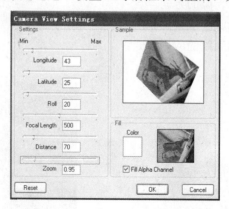

图 5-78　"Camera View"参数设置

应用素材特效前后的效果，如图 5-79 所示。

2．Crop（裁剪）

"Crop"（裁剪）特效可以根据用户的需要对素材的四周修剪。参数如图 5-80 所示。应用特效前后素材的效果，如图 5-81 所示。

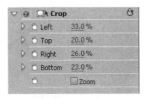

图 5-79 应用"Camera View"特效前后效果对比　　图 5-80 "Crop"参数设置

图 5-81 应用"Crop"特效前后效果对比

3. Roll（滚动）

"Roll"（滚动）特效可以让素材向上或向下、向左或向右做滚屏运动，参数设置如图 5-82 所示。效果如图 5-83 所示，片段预演时产生向上滚动的效果。

图 5-82 "Roll"参数设置　　　　图 5-83 应用"Rou"特效前后效果对比

4. Edge Feather（边缘羽化）

"Edge Feather"（边缘羽化）特效可以将素材的边缘进行羽化，产生渐变透明的效果，该特效仅有一项参数供用户调整，即 Amount，其主要功能为设置羽化的强度。效果如图 5-84 所示。

5. Horizontal Flip（水平翻转）

应用"Horizontal Flip"特效以后，素材会在水平方向上进行翻转，此特效没有参数可以控制，其效果如图 5-85 所示。

图 5-84　应用"Edge Feather"特效前后效果对比

图 5-85　应用"Horizontal Flip"特效前后效果对比

图 5-86　"Horizontal"
参数设置

6. Vertical Flip（垂直翻转）

应用 Vertical Flip 特效以后，素材会在垂直方向上进行翻转，此特效没有参数可以控制，其效果和 Horizontal Flip（水平翻转）类似。

7. Horizontal Hold（行同步）

"Horizontal Hold"（行同步）特效可以让素材在水平方向上产生倾斜，如图 5-86 所示。在它的"效果控制"面板中，单击"设置"按钮，弹出参数设置对话框，左右拖动 Offset 滑块就可以改变水平倾斜的方向和幅度。

8. Vertical Hold（帧同步）

"Vertical Hold"（帧同步）特效可以让素材在垂直方向上滚动，它没有参数可以控制。其效果如图 5-87 所示。

图 5-87　应用"Vertical Hold"特效前后效果对比

5.9 过渡（Transition）类视频特效

1．Block Dissolve（块溶解）

"Block Dissolve"（块溶解）视频效果可实现随机产生板块溶解图像的效果，如图 5-88 所示。具体参数如图 5-89 所示。

原图

图 5-88　"Block Dissolve"效果图

▽ ☑ **Block Dissolve**		↻
▷ ☑ 过渡完成度	39 %	◁ ◇ ▷
▷ ⚬ 块宽度	61.0	
▷ ⚬ 块高度	60.0	
▷ ⚬ 羽化	0.0	
⚬	☑ 柔化边缘（...	

图 5-89　"Block Dissolve"参数设置

（1）"过渡完成度"。表示两个轨道转场完成的程度，0 表示完全显示上面轨道的图像，100%表示完全显示下面轨道的图像。

（2）"块宽度"和"块高度"。两个参数共同决定块的大小。

（3）"羽化"。表示板块边缘的羽化程度。

2．Gradient Wipe（渐变擦除）

"Gradient Wipe"（渐变擦除）视频特效效果是根据两个轨道中图像的亮度来进行转场的效果，如图 5-90 所示。具体参数如图 5-91 所示。

（1）"完成过渡"。表示两个轨道转场完成的程度。

（2）"柔化过渡"。表示两个轨道转场时边缘柔化的程度。

图 5-90　"Gradient Wipe"效果图

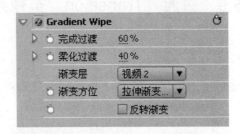

图 5-91　"Gradient Wipe"参数设置

（3）"渐变层"。表示对渐变层的选择。

（4）"渐变方位"。表示渐变层方位的设置。

3. Linear Wipe（线性擦除）

"Linear Wipe"（线性擦除）特效可以通过线性的方式从某个方向形成擦除效果，如图 5-92 所示。具体参数如图 5-93 所示。

图 5-92　"Linear Wipe"效果图

图 5-93　"Linear Wipe"参数设置

（1）"完成过渡"。控制转场完成百分比。

（2）"擦除角度"。指定转场擦除的角度。

（3）"羽化"。控制擦除边缘的羽化。

4. Radial Wipe（径向擦除）

"Radial Wipe"特效可以围绕指定点以旋转的方式擦除图像，达到切换转场的目的，如图 5-94 所示。具体参数如图 5-95 所示。

（1）"完成过渡"。控制转场完成百分比。

（2）"开始角度"。控制擦除的初始角度。

（3）"划变中心"。指定擦除中心的位置。

图 5-94 "Radial Wipe" 效果图

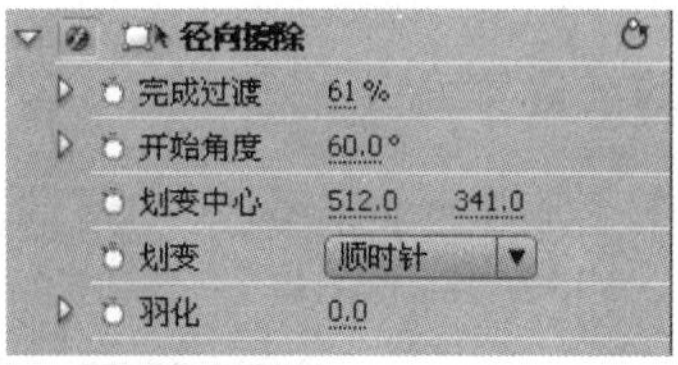

图 5-95 "Radial Wipe" 参数设置

（4）"划变类型"。设置擦除的类型。

（5）"羽化"。控制擦除边缘的羽化。

5．Venetian Blinds（百叶窗）

"Venetian Blinds"（百叶窗）特效可以通过分割的方式对图像进行擦除，像百叶窗闭合一样达到切换转场的目的，如图 5-96 所示。具体参数如图 5-97 所示。

图 5-96 "Venetian Blinds" 效果图

图 5-97 "Venetian Blinds" 参数设置

（1）"过渡完成"。控制转场完成百分比。

（2）"方向"。控制擦除的方向。

（3）"宽度"。设置分割的宽度。

（4）"羽化"。控制擦除边缘的羽化。

5.10 视频（Video）类特效

为适应不同的视频设备需要，在 Premiere 中可以使用"视频"（Video）类特效高速视频效果。此类特效只包括"时间码"（Timecode）一种类型。

"时间码"（Timecode）特效主要用于在层上显示时间码或帧数量信息。在影片中加入时间码，有利于配合其他制作方面的工作。

5.11 应用实例——动态镜框效果

在该实例中，主要通过一张白色的遮片，对其施加模糊、查找边缘、浮雕等多种特效制作一个漂亮镜框，再将该镜框施加给一对活泼可爱的小朋友，正在高兴地吹泡泡；同时赋予一定的运动效果，再加上如画的背景地衬托，使整个片段产生愉悦的效果。效果如图 5-98 所示。基本操作步骤如下：

片段的准备与编辑

步骤 1 进入 Premiere Pro CS3 工作界面，双击"项目"窗口导入素材"户外活动.mpg"和"背景.avi"。

图 5-98 动态镜框效果图

步骤 2 执行"文件"|"新建"|"彩色蒙版"命令，打开"颜色提取"对话框，将颜色设置为纯白色，单击"确定"按钮，为该片段命名为"白色遮片"。

步骤 3 在"时间线"窗口中，将"白色遮片"放入"视频 2"轨道。将"户外活动.mpg"文件放入"视频 1"轨道，调整两个片段的长度都为 12 秒，使其出点对齐，如图 5-99 所示。

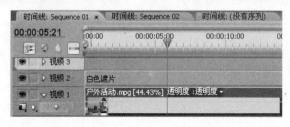

图 5-99 编辑出点

制作画框

步骤 4 在"时间线"窗口中，选中"白色遮片"片段，将"效果"面板|"视频特效"|"模糊&锐化"|"高斯模糊"赋予该片段，同时打开"效果控制"面板，设置其参数，如图 5-100 所示。

步骤 5 选中"白色遮片"片段，将"效果"面板|"视频特效"|"风格化"|"查找边缘"赋予该片段，其参数使用默认设置。

步骤 6 预演效果，可看到原来的纯白边缘出现了有层次的黑白过渡。

步骤 7 在"效果"面板中，选择"视频特效"|"生成"|"蜂巢图案"赋予该片段，其参数设置如图 5-101 所示。

图5-100 "高斯模糊"参数设置

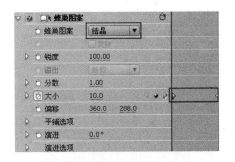

图5-101 "蜂巢图案"参数设置

其中，在"大小"参数前添加关键帧，当播放头在0秒的位置时，设置为10；当播放头在结束的位置时，设置为13。

步骤8 执行"效果"面板丨"视频特效"丨"风格化"丨"浮雕"赋予该片段，其参数使用默认设置。预演效果如图5-102所示。

步骤9 在"效果控制"窗口中，选择"蜂巢图案"特效，将其拖到"查找边缘"特效的前面，如图5-103所示。

图5-102 预演效果图

图5-103 调整特效的顺序

步骤10 选中"白色遮片"片段，将"效果"面板丨"视频特效"丨"键"丨"亮度键"赋予该片段，其参数设置如图5-104所示。

图5-104 "亮度键"参数设置

实现画框的运动

步骤11 执行"文件"丨"新建"丨"序列"命令，建立一个"序列2"，在"时间线"窗口的"序列2"中，将"背景.avi"拖到"视频1"轨道中，将"序列1"拖到"视频2"轨道中，实现嵌套序列，调整两片段的长度，使其出点对齐，如图5-105所示。

步骤 12 选中"序列1"(sequence 01),将"效果"面板|"视频特效"|"扭曲"|"变换"赋予该片段,其参数设置如图5-106所示。

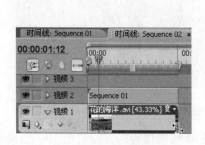

图5-105　片段编辑

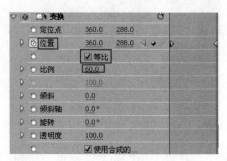

图5-106　"变换"参数设置

其中,在"位置"参数前面添加关键帧,当播放头在0秒的位置时,将该片段拖到"监视器"窗口的右下方;当播放头在结束时,在"监视器"窗口中,将其拖到左上方。

步骤 13 按键盘上的空格键,预演效果,保存文件。

在该实例中,特效的妙用表现得十分明显,特别是"高斯模糊"的运用是这一效果的实现基础,读者也可以用其他的特效来替换它,对此不妨试一下。

5.12　综合练习——液晶显示器

一段视频节目在液晶显示器的屏幕上播放,视频节目和显示器融为一体,以实现以假乱真的效果,如图5-107所示。基本操作步骤如下:

步骤 1 进入 Premiere Pro CS3 工作界面,双击"项目"窗口导入素材"液晶显示器.jpg"、"32.avi"和"03.jpg"。

步骤 2 在"项目"窗口中,将"液晶显示器.jpg"拖到"时间线"窗口的"视频1"轨道中,调整该片段的长度为7秒;将"32.avi"文件拖到"视频2"轨道中,选择 ▶ 工具,调整"32.avi"片段的长度为5秒13帧,使"32.avi"的出点与"液晶显示器.jpg"的出点对齐。

步骤 3 将"03.jpg"拖到"视频3"轨道中,设置片段的长度为2秒15帧,将其入点放置在时间线的9帧处,如图5-108所示。

图5-107　液晶显示器播放视频片段效果图

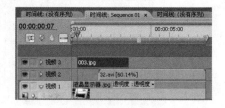

图5-108　片段在时间线中的放置

步骤 4 在"时间线"窗口中,选中"03.jpg"片段,将"效果"面板|"视频特效"|"扭曲"|"边角固定"赋予该片段,调整片段的4个角使其与"液晶显示器.jpg"中的显示屏对齐,其参数设置如图5-109所示。

步骤 5 选中"03.jpg"片段,执行"编辑"|"复制"命令,选中"32.avi"片段,执行"编辑"|"粘贴属性"命令,将"03.jpg"的特效属性赋予"32.avi"片段,此时两个片段的

特效设置完全一样。

图 5-109　参数设置

步骤 6　为"03.jpg"片段设置淡化值。单击"视频 3"轨道左侧的■按钮，展开视频轨道，利用关键帧，实现淡化效果，如图 5-110 所示。关于淡化操作在前面的章节中已经介绍过，在此不在赘述。实现两片段的淡化处理，使过渡更自然流畅。

图 5-110　调整淡化值

步骤 7　预演效果，保存文件。

在本练习中，主要练习使用了"边角固定"特效，最为关键的是"03.jpg"与"32.avi"两片段的调整要完全一致，以保证和显示器的屏幕大小的统一。

本 章 小 结

Premiere Pro CS3 提供了多种视频特效，根据作用不同分别放置在各文件夹中，本章主要介绍了除抠像和调色之外的其他特效，如扭曲类、透视类、渲染类、风格化类、转换类和视频类特效，希望读者掌握各种特效的类型、特点及其应用。

思 考 与 练 习

1．选择题

（1）Vertical Hold 特效的作用是（　　　）。

    A．在画面的水平方向进行画面卷动　　B．在画面的垂直方向进行画面卷动

    C．在画面的指定方向进行画面卷动　　D．以上皆错

（2）Adobe Premiere Pro 支持贝塞尔关键帧，以下对操作贝塞尔关键帧描述正确的是（　　　）。

    A．可以在"时间线"窗口随意改变关键帧插值类型

B．可以在效果控制窗口随意改变关键帧插值类型

C．可以在"时间线"窗口调节关键帧插制柄

D．可以在效果控制窗口调节关键帧插制柄

（3）视频特效主要作用在于（　　　）。

A．一般用于修补影像素材中的某些缺陷，或者使视频素材达到某种特殊的效果

B．是为了让一段视频素材以某种特殊的形式转换到另一段素材

C．让视频素材产生幻象变形的效果

D．使画面效果更平滑自然

（4）下面对 Mirror 特效的描述，哪一项是正确的（　　　）。

A．该特效是沿指定的方向和角度对图像进行镜像处理，仿佛是一条线将图像分割成两部分，将画面一边映射到另一边的效果

B．该特效是模拟通过变形透镜观看图像从而产生的扭曲效果

C．该特效是使图像的 4 个边角重新定位，从而产生一定的变形效果

D．该特效是使图像在水平和垂直方向上产生波浪形状的扭曲

2．思考题

利用前面学过的特效效果，请读者设计制作一段水中倒影的动态效果。

第6章 视频切换效果

本章学习目标

● 认识切换的含义及应用
● 掌握切换的添加及设置
● 熟练掌握切换的类型及各种效果

6.1 切换的添加与设置

"切换"一词来源于电影剪辑，是指将两个分离的片段连接在一起。切换分为硬切换和软切换两大类。硬切换是指从一个素材直接切换到另一个素材；软切换是指两个素材切换时之间加入了过渡效果。Premiere Pro CS3 提供了各种各样的过渡效果，每一种切换过渡经过特殊的参数设定，又能产生不同的效果。

6.1.1 切换的添加

Premiere 中，视频的切换和前面所讲的视频特效一样，都被镶嵌在特效面板中，若要找到所需的效果，执行"特效"面板|"视频转换"命令即可打开各种切换方式，如图 6-1 所示。

在本章的 6.2 节中将会介绍各种视频切换效果，但为了能够更好地理解和使用各种视频切换效果，下面让我们对视频切换的添加做一操作示范。

步骤 1 新建一个项目，导入素材"01"和"02"。

步骤 2 将素材分别拖到"时间线"窗口的"视频 1"轨道上，依次摆放。

步骤 3 执行"特效"面板|"视频切换效果"|"叠化"（Dissolve）|"叠化"（Cross Dissolve）命令，按住鼠标将其拖放到素材"01"和素材"02"相交的位置，鼠标右下角将会出现 图标，松开鼠标左键，切换效果就添加到了素材上，如图 6-2 所示。

图 6-1 各种视频切换效果

步骤 4 拖动时间线标尺上的播放头可以预览所添加的切换效果。

一般情况下，切换可以在同一轨道上的两段相邻素材之间使用，当然也可以在不同轨道相交错的两段素材之间添加切换，另外也可以对一段素材的始末两端添加切换，如图 6-3 所示。

图 6-2　"叠化"的添加

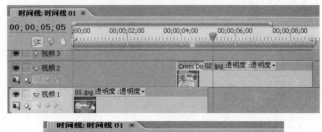

图 6-3　切换添加的不同位置

为片段添加切换后，可以改变切换的长度。最简单的方法是在"时间线"窗口中选中切换█并拖动切换的边缘即可。还可以在"特效控制"面板中对切换进行进一步的调整，双击切换即可打开相应的对话框。

6.1.2　改变切换的设置

切换包括多种设置，都能在"特效控制"面板中进行调节。这些控制包括轨道选择器、正向\反向选择器、边缘选择器（取决于切换类型）和反走样控制器等，如图 6-4 所示。

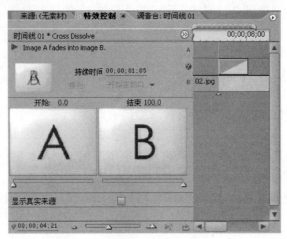

图 6-4　"切换设置"对话框

默认情况下，切换都是从 A 到 B 完成的。要改变切换的开始和结束状态，可拖动"开始"和"结束"滑块。按住 Shift 键并拖动滑块条两个参数值以相同数值变化。

选择"显示真实来源"选项，可以在"切换设置"对话框上方"开始"和"结束"窗口中显示切换的开始和结束帧画面，如图 6-5 所示。

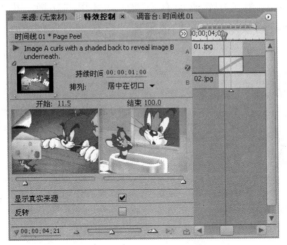

图 6-5　显示真实切换画面

在对话框上方单击 ▶ 按钮，可以在小视窗中预览切换效果。对于某些有方向性的切换，可以在上方小视窗中单击箭头改变切换方向，如图 6-6 所示。如果选择"反转"选项，可改变切换顺序和切换方向。例如由 A 到 B 的切换变为由 B 到 A，当前设置为左上方向右下方切换，变成右下方切换向左上方切换。

某些切换，具有位置的性质，即出入屏的时候，画面从屏幕的哪个位置开始。这时候可以在切换的开始和结束显示框中调整位置，如图 6-7 所示。

图 6-6　切换方向设置　　　　　图 6-7　切换位置设置

对话框上方的"持续时间"栏中可以输入切换的持续时间，这和拖动切换边缘改变切换长度是相同的。

在"排列"下拉列表中提供了 4 种切换对齐方式。

（1）"居中在切口"。在两段影片之间加入切换。

（2）"开始在切口"。以片段 B 的入点位置为准建立切换。

（3）"结束在切口"。以片段 A 的出点位置为准建立切换。

（4）"自定义开始"。当游标移动到切换的边缘的开始位置拖动可改变切换的长度。

对于不同的切换，可能有不同的参数设置，这些参数将根据具体的切换进行介绍。

6.2 3D 运动（3D Motion）切换效果

切换面板 3D Motion 文件夹中包含所有三维运动效果的切换，共 10 个切换，如图 6-8 所示。通常情况下，这种转场效果是为了加强某种视觉效果，表现节奏或者表现同一时间不同空间中所发生的事情。

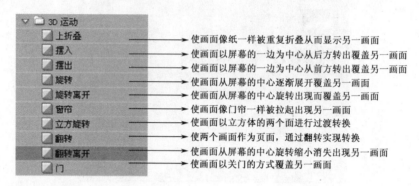

图 6-8　3D Motion 的 10 个切换

6.2.1　Cube Spin（立体旋转）

"Cube Spin"（立体旋转）切换可以使片段 A 和 B 分别以立方体的两个面进行过渡转换。效果如图 6-9 所示。

图 6-9　"Cube Spin"切换效果图

6.2.2　Curtain（窗帘）

"Curtain"（窗帘）使片段 A 像门帘一样被拉起，显示出片段 B。效果如图 6-10 所示。

6.2.3　Doors（关门）

"Doors"（关门）使片段 B 像关门一样覆盖片段 A，片段 B 显示出来。效果如图 6-11 所示。

图 6-10 "Curtain"切换效果图

图 6-11 "Doors"切换效果图

6.2.4 Flip Over（翻页）

"Flip Over"（翻页）使片段 A 和片段 B 分别作为一页纸的两面，通过旋转该页面的方式将片段 B 逐渐显示出来。

在切换控制对话框中单击"自定义"按钮，打开"定制"对话框，如图 6-12 所示。

参数含义如下：

（1）"Bands"。输入翻转的片段数量。

（2）"Fill Color"。设置空白区域的颜色。

运用"Flip Over"切换效果如图 6-13 所示。

图 6-12 "定制"对话框

图 6-13 "Flip Over"切换效果图

6.2.5　Fold Up　（折叠）

"Fold Up"（折叠）效果如图 6-14 所示。

图 6-14　"Fold Up"切换效果图

6.2.6　Spin（旋转）

"Spin"（旋转）使片段 B 从屏幕中心逐渐展开并将片段 A 画面覆盖，从而显示出来。效果如图 6-15 所示。

6.2.7　Spin Away（旋转离开）

"Spin Away"（旋转离开）使片段 B 从屏幕中心旋转出现逐渐将片段 A 画面覆盖，从而显示出来。效果如图 6-16 所示。

图 6-15　"Spin"切换效果图

图 6-16　"Spin Away"切换效果图

6.2.8　Swing In（摆入）

"Swing In"（摆入）使片段 B 以屏幕的一边为中心从后方绕着转入过渡到片段 A 画面，从而显示出来。效果如图 6-17 所示。

图 6-17　"Swing In"切换效果图

6.2.9　Swing Out（摆出）

"Swing Out"（摆出）使片段 B 以屏幕的一边为中心从前方绕着转入过渡到片段 A 画面，从而显示出来。效果如图 6-18 所示。

图 6-18　"Swing Out"切换效果图

6.2.10　Tumble Away（翻转离开）

"Tumble Away"（翻转离开）使片段 A 在屏幕的中心旋转着逐渐缩小消失将片段 A 逐渐显示出来。效果如图 6-19 所示。

图 6-19　"Tumble Away"切换效果图

6.3 划像（Iris）切换效果

切换面板划像（Iris）文件夹中包含 7 个切换，如图 6-20 所示。这类切换效果使两个画面直接交替切换，一个画面以某种方式出现的同时，另一个画面开始出现。这种转场比较自然、流畅，常用来表现倒叙、回忆、幻想等，达到深化影片意境和表达人物情绪的作用。

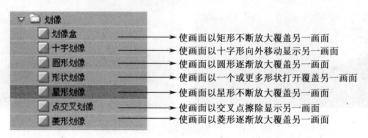

图 6-20　"Iris"转场类型

因为切换效果的操作比较简单，从这里开始我们有重点地介绍几种典型效果。

6.3.1　Iris Round（圆形划像）

"Iris Round"（圆形划像）转场使片段 B 以圆形在屏幕上逐渐放大从而将片段 A 覆盖，其效果如图 6-21 所示。在该效果中圆形出现了边框属性，下面让我们来学习一下这种切换类型的使用。

图 6-21　"Iris Round"切换效果图

操作步骤如下：

步骤 1　新建一个项目，导入两段素材。

步骤 2　将两段素材分别拖到时间线"视频 1"轨道上依次摆放。

步骤 3　执行"效果"面板I"视频切换效果"I"划像"I"圆形划像"命令将其拖到两片段的交叉处，加入切换效果，如图 6-22 所示。

步骤 4　双击切换效果 圆形划像 ，打开属性设置对话框，具体的参数设置如图 6-23 所示。在该对话框中可以进行更多的设置，其功能如下：

（1）"边框"。可以为切换效果设置一个边缘，并调整边缘的宽度。

（2）"边色"。设置边缘的颜色。

（3）"抗锯齿品质"。在抗锯齿质量中可以选择产生一个锐利或柔化的边缘。

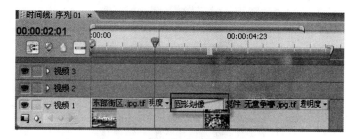

图 6-22　加入切换效果

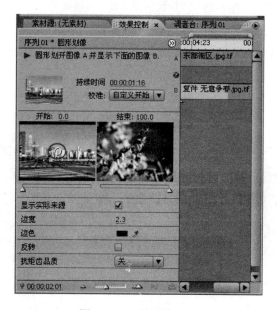

图 6-23　具体参数设置

另外，圆形的出现点位置也可通过对话框的开始画面的小圆圈进行调整。

步骤 5　拖动切换效果 圆形划像 ，调整它的长度，使之与片段 1 的长度相等，如图 6-24 所示。

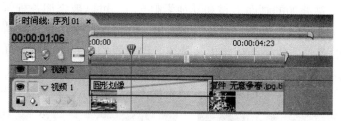

图 6-24　调整切换时间

步骤 6　按键盘上的空格键，预览效果。

6.3.2　Iris Shape（形状划像）

"Iris Shape"（形状划像）使片段 B 呈规则形状从片段 A 中展开。双击切换打开其设置对话框，单击"自定义"按钮，打开"形状划像设置"对话框，如图 6-25 所示。

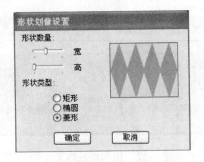

图 6-25 "形状划像设置"对话框

其参数含义如下：

（1）"形状数量"。拖动滑块调整水平和垂直方向规则形状的数量。

（2）"形状类型"。选择形状，矩形、椭圆和菱形。

"形状划像"切换效果如图 6-26 所示。

图 6-26 "形状划像"切换效果图

6.4 应用实例——两画面的画中画效果

所谓画中画效果，即在一个背景画面上叠加一幅或多幅小于背景尺寸的其他画面，（包括静态图片或视频），被叠加的画面素材和其他素材一样，可以被添加各种特效和设置运动等操作，画中画效果一般可分为两画面和多画面效果，我们在前面所讲视频特效时制作的多面透视效果就是典型的多画面效果，在此不再赘述。现在我们主要介绍两画面的画中画效果。在本例中，我们用两种方法来实现该效果。

方法一：利用视频"划像"切换实现。效果如图 6-27 所示。具体操作步骤如下：

图 6-27 画中画效果图

步骤 1 新建一个名为"画中画 1"的项目文件,导入素材"九寨沟风光-五花海.avi"和"猫头鹰.avi"两个文件,分别将两个素材拖到视频轨道上,如图 6-28 所示。

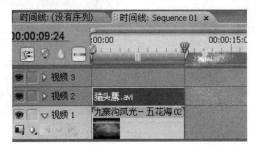

图 6-28　导入素材并在"时间线"窗口排列好

步骤 2 执行"效果"面板l"视频切换效果"l"划像"l"划像盒"将其拖到"猫头鹰.avi"片段上,加入切换效果。然后进入"特效控制"面板,将它的持续时间调整到和"猫头鹰.avi"等长,还可以在面板的小窗口中移动画面的开始位置(如图中标志所示),以及通过调整边框宽度给画面添加边框和颜色,如图 6-29 所示。

图 6-29　调整切换的持续时间

步骤 3 还可以将上面的画面大小固定而不是让它逐渐出现,可以通过"效果控制"面板调节素材的"开始"和"结束"的数值来实现,如图 6-30 所示。

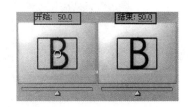

图 6-30　调节"开始"和"结束"的数值

步骤 4 预演效果,保存文件。

方法二:利用"运动"实现画中画效果。具体操作步骤如下:

步骤 1 接方法一"步骤 1"的操作,选择"猫头鹰.avi",打开"效果控制"面板中的"运动"特效,调整"位置"和"比例"参数,如图 6-31 所示。

步骤 2 利用同样的方法也可以简单地实现多个画面的平铺效果,如图 6-32 所示。当然可以通过面板中的参数的不同设置来改变前面画面的位置。实际操作中,甚至还会给画面设置运动,创建运动的画中画效果,读者可以动手尝试。

由上可知,利用切换创建画中画效果时,会将画面尺寸进行裁切,除非它充满整个屏幕,而利用运动面板中的参数设置创建画中画只是将画面缩小,并不会裁切画面内容。

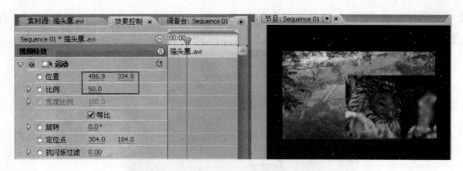

图 6-31　利用"运动"实现画中画效果

图 6-32　多个画面平铺效果图

6.5　卷页（Page Peel）切换效果

切换面板卷页（Page Peel）文件夹中包含 5 个切换，如图 6-33 所示。这类切换效果是在前一个镜头结束时通过翻转或滚动等其他方式实现与后一个镜头的转换。这种转场主要用于表现时间或空间的转换，表现性比较强。

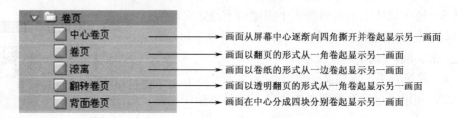

图 6-33　"卷页"类切换效果类型

6.5.1　Page Peel（卷页）

"Page Peel"（卷页）切换效果是片段 A 像纸张一样被翻面卷起显示片段 B，效果如图 6-34 所示。在切换设置对话框中的 ◩ 可设置上、下、左、右 4 个卷页方向。

6.5.2　Peel Back（背面卷页）

"Peel Back"（背面卷页）切换使片段 A 在正中心被分为 4 块分别卷起显示片段 B，如

图 6-35 所示。

图 6-34 "卷页"切换效果图

图 6-35 "背面卷页"切换效果图

6.6 叠化（Dissolve）切换效果

切换面板叠化（Dissolve）文件夹中包含 7 个切换，如图 6-36 所示。这类切换效果切换节奏较慢，经常应用在影视剧中传达一种关于时间、空间的转换或者人物思维情形、回忆时光的情绪体现等。

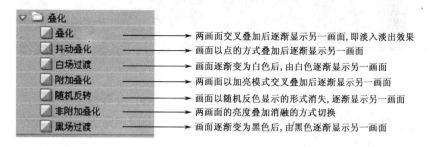

图 6-36 "叠化"类切换效果类型

6.6.1 Dissolve（叠化）

"Dissolve"（叠化）切换使片段 A 淡化为片段 B。该切换是标准的淡入淡出切换。效果如图 6-37 所示。

图 6-37 "叠化"切换效果图

6.6.2 Random Invert（随机翻转）

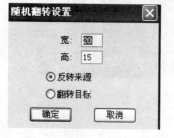

图 6-38 "随机翻传设置"对话框

"Random Invert"（随机翻转）切换使片段 A 以随机块过渡到片段 B，在随机块中，显示反色效果。双击效果，在其设置对话框中单击"自定义"按钮，打开"随机翻转设置"对话框，如图 6-38 所示。

各参数含义如下：

（1）"宽"。图像水平随机块数量。

（2）"高"。图像垂直随机块数量。

（3）"反转来源"。显示素材即片段 A 反色效果。

（4）"翻转目标"。显示作品即片段 B 反色效果。

"随机翻转"切换效果如图 6-39 所示。

图 6-39 "随机翻转"切换效果图

6.7 拉伸（Stretch）切换效果

切换面板拉伸（Stretch）文件夹中包含 4 个切换，如图 6-40 所示。这类切换效果主要以素材的伸展来达到画面切换的目的。

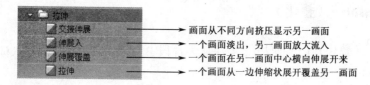

图 6-40 "拉伸"类切换类型

在该类型的切换效果中，我们主要介绍"拉伸"切换这一种类型，其他类型希望读者在实际操作中尝试总结。

"拉伸"转场切换使片段 B 从一边伸缩状伸展开来覆盖片段 A，效果如图 6-41 所示。

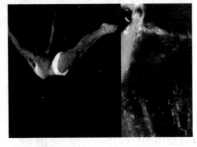

图 6-41　"拉伸"切换效果图

6.8　擦除（Wipe）切换效果

切换面板擦除（Wipe）文件夹中包含 17 个切换，如图 6-42 所示。这类切换效果可以将两个画面设置为互相擦去的效果，它的使用范围十分广泛，但它们有一个共同的特性是从一个画面到另一个画面的过程呈现像指南针一样旋转的状态。

6.8.1　Clock Wipe（时钟擦除）

"Clock Wipe"（时钟擦除）使片段 A 以时钟旋转方式过渡到片段 B，效果如图 6-43 所示。

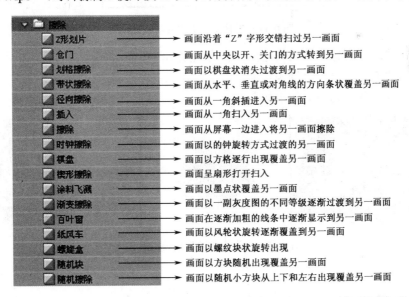

图 6-42　"擦除"类切换类型

图 6-43   "时钟擦除"切换效果图

6.8.2   Gradient Wipe（渐变擦除）

"Gradient Wipe"（渐变擦除）切换用一幅灰度图像制作渐变切换。在渐变切换中，图像 B 充满灰度图像的黑色区域，然后通过每一个灰度级开始显现进行切换，直到白色区域完全透明。

渐变擦除的使用方法如下：

（1）将"渐变擦除"应用到"时间线"窗口中轨道上的素材，弹出"渐变擦除设置"对话框，如图 6-44 所示。

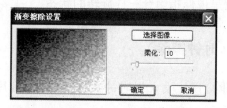

图 6-44   "渐变擦除设置"对话框

（2）单击"选择图像"按钮，选择要作为灰度图的图像。

（3）调节"柔化"值，直到满意为止，单击"确定"按钮退出。

应用"渐变擦除"切换的效果如图 6-45 所示。

图 6-45   "渐变擦除"切换的效果图

6.9   应用实例——倒计时效果

本实例是使用切换特效制作倒计时效果。在制作效果之前，需要用 Photoshop 制作倒计时的图片，然后使用"时钟擦除"切换按顺序擦除图片，进而实现倒计时效果。

操作步骤如下：

步骤 1 进入 Photoshop CS 工作界面，新建一个 720×576 像素，分辨率为 72 像素/英寸的图像。

步骤 2 利用油漆桶工具将背景填充为粉色，新建一个图层，绘制一个十字形状，填充颜色为黑色，如图 6-46 所示。

步骤 3 新建一个图层，在图层的画布中心输入数字 1，设置颜色为白色，如图 6-47 所示。

图 6-46　绘制十字形　　　　　　图 6-47　输入数字 1

步骤 4 将文件保存为 1.psd，依据同样的方法，再制作 2～9 共 8 个文件，如图 6-48 所示。

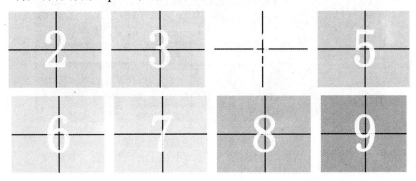

图 6-48　数字图片效果图

步骤 5 启动 Premiere Pro CS3，新建一个项目，在"装载预置"选项卡中，选择 DV-PAL 下的 Standard 48kHz，将项目命名为"倒计时效果"，然后单击"确定"按钮，保存设置新建一个项目。

步骤 6 双击"项目"窗口的空白处，将制作好的 Photoshop 素材导入"项目"窗口中。

步骤 7 将"项目"窗口中的 9.psd 文件拖到"视频 2"轨道中，右击它，在右键菜单中选择"速度/持续时间"，设置该片段的时间为 2 秒。

步骤 8 将"项目"窗口中的 8.psd 文件拖到"视频 1"轨道中，将它的入点放置在时间线标尺的 1 秒的位置，右击它，在右键菜单中选择"速度/持续时间"，设置该片段的时间为 2 秒。

步骤 9 选择"效果"面板|"视频切换效果"|"擦除"|"时钟擦除"命令，将其拖到片段 9.psd 的出点处，选择 ↖ 工具调整"时钟擦除"切换的长度为 1 秒，如图 6-49 所示。

步骤 10 将"项目"窗口中的 7.psd 文件拖到"视频 2"轨道中 9.psd 片段的后方，右击它，在右键菜单中选择"速度/持续时间"，设置该片段的时间为 2 秒。

步骤 11 选择"效果"面板|"视频切换效果"|"擦除"|"时钟擦除"命令，将其拖到片段 7.psd 的入点处，选择 ↖ 工具调整"时钟擦除"切换的长度为 1 秒。

步骤 12 按照同样的方法，分别将其他的片段进行摆放和转场设置，效果如图 6-50 所示。

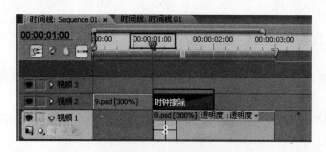

图 6-49　片段的摆放以及切换的施加位置　　　　　　　图 6-50　效果图

步骤 13　将一段电影片段拖到"视频 1"轨道中的 2.psd 片段的后方，预示着影片播放开始，从而体现出倒计时效果的作用所在。

步骤 14　最后，将一段倒计时效果的音乐文件 clock.mpa 拖到音频轨道。整个时间线效果如图 6-51 所示。

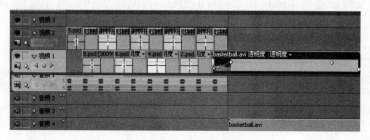

图 6-51　时间线中片段摆放效果图

步骤 15　预演效果，保存文件。

6.10　滑动（Slide）切换效果

切换面板滑动（Slide）文件夹中包含 12 个切换，如图 6-52 所示。这类切换效果是以画面的滑动为主来进行画面的转换。

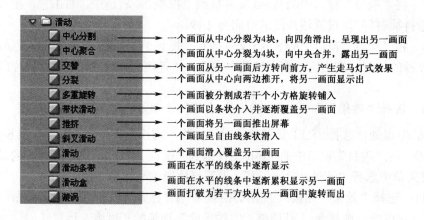

图 6-52　"滑动"类切换类型

6.10.1 Multi-Spin（多重旋转）

"Multi-Spin"（多重旋转）使片段 B 被分割成若干个小方格旋转铺入。在其设置对话框中单击"自定义"按钮，弹出"多重旋转设置"对话框，如图 6-53 所示。

各参数含义如下：

（1）"水平"。输入水平方向的方格数量。

（2）"垂直"。输入垂直方向的方格数量。

图 6-53　"多重旋转设置"对话框

应用"多重旋转"切换的效果如图 6-54 所示。

图 6-54　"多重旋转"切换的效果图

6.10.2 Swirl（旋涡）

"Swirl"（旋涡）使片段 B 打破为若干方块从片段 A 中旋转而出。在其设置对话框中单击"自定义"按钮，弹出"漩涡设置"对话框，如图 6-55 所示。

各参数含义如下：

（1）"水平"。输入水平方向产生的方格数量。

（2）"垂直"。输入垂直方向产生的方格数量。

（3）"比率"。输入旋转度数。

图 6-55　"旋涡设置"对话框

应用"旋涡"切换的效果如图 6-56 所示。

图 6-56　"旋涡"切换的效果图

6.11 特殊效果（Special Effect）切换效果

切换面板特殊效果（Specital Effect）文件夹中包含 3 个切换，如图 6-57 所示。

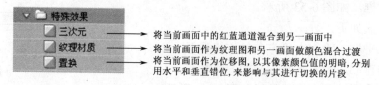

图 6-57 "特殊效果"切换类型

6.11.1 Three-D（三次元）

"Three-D"（三次元）切换使片段 A 中的红蓝通道混合到片段 B 中。该特效一般应用在一些热闹的大型活动上，主要为了烘托气氛。效果如图 6-58 所示。

图 6-58 "三次元"切换效果图

6.11.2 Displace（置换）

"Displace"（置换）切换将当前片段作为位移图，以其像素颜色值的明暗，分别用水平和垂直错位，来影响与其进行切换的片段。

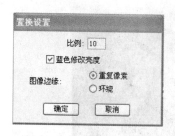

图 6-59 "置换设置"对话框

Premiere Pro CS3 将位移图放在与其切换的图像上，并指定哪个颜色通道基于水平和垂直位置，并以像素为单位指定最大位移量。对应指定的通道，位移图中的每个像素的颜色值用于计算图像中对应像素的位移。

置换切换的操作步骤如下：

步骤 1 双击"置换"切换，打开其设置对话框，在对话框中单击"自定义"按钮，弹出"置换设置"对话框，如图 6-59 所示。

设置参数如下：

（1）"比例"。输入最大的位移量。

（2）"蓝色修改亮度"。以蓝色模式改变图像亮度。

（3）"图像边缘"。选择使用位移图后图像边缘像素的处理方法。选择"重复像素"，重复图像边缘像素，"环绕"使用图像填充边缘。

步骤2 设置完毕，单击"确定"按钮，退出。

"置换"切换效果如图 6-60 所示。

图 6-60 "置换"切换的效果图

6.12 缩放（Zoom）切换效果

切换面板缩放（Zoom）文件夹中包含 4 个切换，如图 6-61 所示。这类切换效果是使用广泛的一类转换，它在摄影上又被称为"调整镜头"，或者称做"推拉镜头"等。

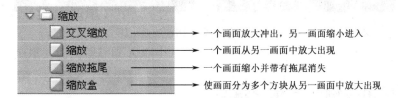

图 6-61 "缩放"类切换的类型

6.12.1 Zoom Trails（缩放拖尾）

"Zoom Trails"（缩放拖尾）切换使片段 A 缩小并带有拖尾消失。效果如图 6-62 所示。

图 6-62 "缩放拖尾"切换的效果图

6.12.2 Zoom Boxes（缩放盒）

"Zoom Boxes"（缩放盒）切换使片段 B 分为多个方块从片段 A 中放大出现。在其设置对话框中单击"自定义"按钮，弹出"缩放盒设置"对话框，如图 6-63 所示。

图 6-63　"缩放盒设置"对话框

"形状数量"参数的含义是：拖动滑块，设置水平和垂直方向的方块数量。

应用"缩放盒"切换的效果如图 6-64 所示。

图 6-64　"缩放盒"切换的效果图

6.13　应用实例——精彩瞬间

本实例运用切换效果向你展现一组紧张而激烈的体育运动场面，同时使用多个滤镜特效，给画面提供了丰富的色彩，这样的效果让你感受到体育运动所带来的刺激与震撼。

操作步骤如下：

步骤 1　新建一个项目，在"装载预置"选项卡中，选择 DV-PAL 下的 Standard 48kHz，将项目命名为"精彩瞬间"，然后单击"确定"按钮，保存设置新建一个项目。

步骤 2　选择"文件"|"输入"命令，将所需要的"篮球.jpg"、"橄榄球.jpg"足球.jpg"、"跳水.jpg"、"攀岩.jpg"和"游泳.jpg"素材分别导入"项目"窗口中。

步骤 3　在"时间线"窗口中，将"篮球.jpg"素材拖到"视频 1"轨道上，选中"篮球.jpg"，单击鼠标右键，执行"画面大小与当前画幅比例匹配"命令使当前画面按比例放大；然后执行"素材"|"速度/持续时间"命令，设置该素材的时间长度为 3 秒。

步骤 4　将"项目"窗口中的"橄榄球.jpg"素材拖到轨道上，依次放在"篮球.jpg"的后面，选中"橄榄球.jpg"，单击鼠标右键，执行"画面大小与当前画幅比例匹配"命令使当前画面按比例放大；然后执行"素材"|"速度/持续时间"命令，设置该素材的长度为 2 秒 16。

步骤 5 选择"效果"面板|"视频切换效果"|"缩放"|"交叉缩放"命令,将其拖到两素材的相交的位置,双击"交叉缩放"切换,打开"交叉缩放"设置对话框,设置参数如图 6-65 所示。

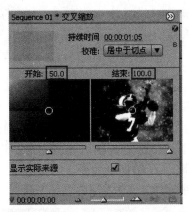

图 6-65 "交叉缩放"设置参数

步骤 6 将"项目"窗口中的"足球.jpg"素材拖到轨道上,依次放在"橄榄球.jpg"的后面,选中"足球.jpg",单击鼠标右键,执行"画面大小与当前画幅比例匹配"命令使当前画面按比例放大;然后执行"素材"|"速度/持续时间"命令,设置该素材的长度为 3 秒 05。

步骤 7 选择"效果"面板|"视频切换效果"|"叠化"|"附加叠化"命令,将其拖到两素材的相交位置,如图 6-66 所示。

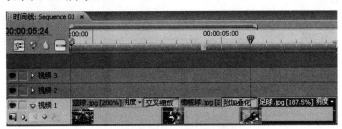

图 6-66 施加"附加叠化"切换

步骤 8 将"项目"窗口中的"跳水.jpg"素材拖到轨道上,依次放在"足球.jpg"的后面,选中"跳水.jpg",单击鼠标右键,执行"画面大小与当前画幅比例匹配"命令使当前画面按比例放大;然后执行"素材"|"速度/持续时间"命令,设置该素材的长度为 2 秒 24。

步骤 9 选择"效果"面板|"视频切换效果"|"拉伸"|"伸展入"命令,将其拖到两素材的相交位置。

步骤 10 在"时间线"窗口中,选取"跳水.jpg",选择"效果"面板|"视频特效"|"生成"|"镜头光晕"命令,将其赋予"跳水.jpg",在自动打开的"特效控制面板"|"镜头光晕"对话框中设置各参数,如图 6-67 所示。

步骤 11 将"项目"窗口中的"攀岩.jpg"素材拖到轨道上,依次放在"跳水.jpg"的后面,选中"攀岩.jpg",单击鼠标右键,执行"画面大小与当前画幅比例匹配"命令使当前画面按比例放大;然后执行"素材"|"速度/持续时间"命令,设置该素材的长度为 3 秒。

步骤 12 选择"效果"面板|"视频切换效果"|"叠化"|"附加叠化",将其拖到两素材的相交位置。

图 6-67　"镜头光晕"设置对话框

步骤 13　将"项目"窗口中的"游泳.jpg"素材拖到轨道上，依次放在"攀岩.jpg"的后面，选中"游泳.jpg"，单击鼠标右键，执行"画面大小与当前画幅比例匹配"命令使当前画面按比例放大；然后执行"素材"|"速度/持续时间"命令，设置该素材的长度为 3 秒。

步骤 14　选择"效果"面板|"视频切换效果"|"缩放"|"缩放拖尾"命令，将其拖到两素材的相交位置，如图 6-68 所示。

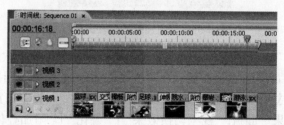

图 6-68　施加"缩放拖尾"切换

步骤 15　双击"缩放拖尾"切换，打开其设置对话框，各参数设置如图 6-69 所示。

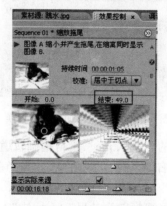

图 6-69　"缩放拖尾"切换参数设置

步骤 16　按空格键预演，观看预演效果，保存文件。

6.14　综合练习 1——特殊切换效果应用

6.14.1　操作目的

本练习的思路是在两段素材切换过程中应用 Premiere Pro 提供的切换效果制作我们自己

创作的动态切换效果。片段以锯齿旋转实现转换，以所制作的图像为依据产生转换，是应用非常灵活的转换方式，一切秘密都在你所制作的图像中。

6.14.2 操作步骤

制作切换所使用的图像

步骤 1 进入 Photoshop CS 工作界面，选择渐变工具 ，制作出辐射状渐变的图像，如图 6-70 所示。

步骤 2 选择"滤镜"|"扭曲"|"旋涡"命令，打开"旋涡"对话框，将"角度"值设为 336，如图 6-71 所示。

步骤 3 选择"滤镜"|"旋涡"命令，再次对图像施加"旋涡"滤镜，以强化旋转效果，产生如图 6-72 所示的图像。

图 6-70　辐射状渐变的图像

步骤 4 选择"文件"|"保存"命令，将图像保存为"遮罩.jpg"。

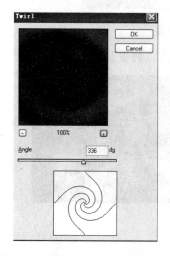

图 6-71　设置"旋涡"滤镜参数

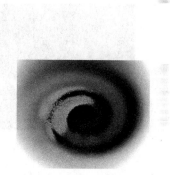

图 6-72　扭曲的效果

应用切换

步骤 5 启动 Premiere Pro CS3，新建一个项目，在"装载预置"选项卡中，选择 DV-PAL 下的 Standard 48kHz，将项目命名为"特殊效果"，然后单击"确定"按钮，保存设置新建一个项目。

步骤 6 选择"文件"|"输入"命令，将所需要的"m1.avi"和"m2.avi"素材导入"项目"窗口中。

步骤 7 在"时间线"窗口中，将"m1.avi"素材拖到"视频 1"轨道上，将"m2.avi"素材拖到"视频 2"轨道上。选择"素材"|"速度/持续时间"命令，分别设置两段素材的时间长度，"m2.avi"的长度稍长于"m1.avi"。

步骤 8 选中"m2.avi"后，执行"效果"面板|"视频切换效果"|"擦除"|"渐变擦除"命令将其拖到"m2.avi"片段的入点处，同时打开了"渐变擦除"设置对话框，单击"选择

图像"按钮，选择前面制作的"遮罩.jpg"，如图 6-73 所示。单击"确定"按钮退出。

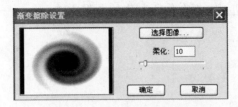

图 6-73　"渐变擦除设置"对话框

步骤 9　在"时间线"窗口中，选择 工具，调整"渐变擦除"切换的长度，使之与"m1.avi"等长，如图 6-74 所示。

图 6-74　设置切换的长度

步骤 10　按空格键预演，观看预演效果，保存文件。效果如图 6-75 所示。

图 6-75　效果图

6.14.3　小结

在这一练习中，主要运用了"渐变擦除"切换，该切换依据所选择图像的灰度变化，由黑向白逐渐实现转换，其边缘的虚化程度可以进行调整，在该切换中，关键是渐变灰度图的制作，用户选择像 Photoshop 等一些图像制作软件来制作是一个比较好的方法。

6.15　综合练习 2——动态的擦除效果

一幅蒙尘的图像经过上下擦除，露出了美丽的画面，如图 6-76 所示。这一效果是不是很奇妙呢？实际上，利用本练习介绍的技巧，可以实现很多动画效果的制作。在本练习中，需要掌握使用 Photoshop 制作笔画的方法以及擦除切换和轨道遮罩特效的使用方法。

操作步骤如下：

制作擦除所用的图像

步骤 1 进入 Photoshop CS 工作界面，新建一个 720×576 像素，分辨率为 72 像素/英寸，背景色为黑色的新图像。

步骤 2 选择画笔工具 ，设置画笔的参数，如图 6-77 所示。

图 6-76 效果图

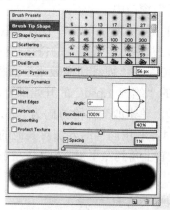

图 6-77 画笔参数设置

步骤 3 在新图像中，画出如图 6-78 所示的图形，对此图形的要求不严格，有抖动感最好。

步骤 4 选择"文件"|"保存"命令，将这一图像命名为"笔画 1.psd"。

步骤 5 仍然使用画笔工具，画第二个笔画，画出如图 6-79 所示的图形，将其保存为"笔画 2.psd"。

图 6-78 画线条

图 6-79 加画线条

步骤 6 仍然使用画笔工具，在新图像中继续添加线条，分别保存为"笔画 3.psd"、"笔画 4.psd"笔画，一直到"笔画 11.psd"，最终画出如图 6-80 所示的图形。

图 6-80 最终线条图

在 Premiere 中制作擦除笔画

步骤 7 启动 Premiere Pro CS3，新建一个项目，在"装载预置"选项卡中，选择 DV-PAL 下的 Standard 48kHz，将项目命名为"动态擦除效果"，然后单击"确定"按钮，保存设置新建一个项目。

步骤 8 双击"项目"窗口的空白处，将制作好的 Photoshop 素材以及"可爱的小狗.tga"导入"项目"窗口中。

步骤 9 将"项目"窗口中的"笔画 1.psd"到"笔画 11.psd"文件按顺序拖到"视频 1"轨道中，并将每一张图片的持续时间设置为 1 秒。

步骤 10 在"视频切换效果"面板中，将"擦除"中的"擦除"切换效果拖到"视频 1"轨道中的"笔画 1.psd"的开始部分，单击切换效果，打开"特效控制"面板，设置持续时间为 1 秒，单击改变擦除方向为"从右上角到左下角"，如图 6-81 所示。

步骤 11 利用同样的方法对其他的图片加入同样的"擦除"切换，所不同的是擦除方向应该在"从右上角到左下角"与"从左下角到右上角"交叉出现。切换添加后的效果如图 6-82 所示。

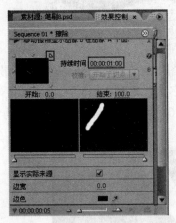

图 6-81 设置"擦除"切换的参数

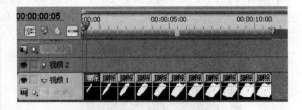

图 6-82 每个片段在"时间线"中切换添加后的效果图

制作动态擦除画面效果

步骤 12 选择"文件"|"新建"|"序列"，新建一个时间线序列，将其命名为"合成"，如图 6-83 所示。

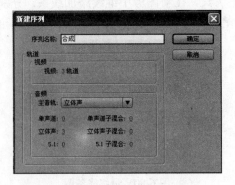

图 6-83 "新建序列"对话框

步骤 13 将"可爱的小狗.tga"片段拖到"合成"序列中的"视频 1"轨道中,在"项目"窗口中选择序列 1,并将其命名为"笔画"。将"笔画"拖到"合成"序列中的"视频 2"轨道中,实现了时间线的嵌套,如图 6-84 所示。

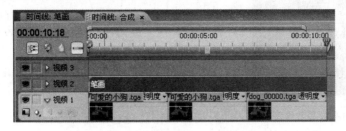

图 6-84　放置素材到视频轨道

步骤 14 设置"可爱的小狗.tga"片段的画面显示比例及时间长度。

步骤 15 选择"效果"面板|"视频特效"|"键控"|"轨道蒙版键"命令,将其拖到"可爱的小狗.tga"片段上,在"特效控制"面板中设置其参数,如图 6-85 所示。

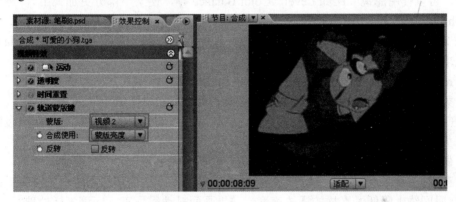

图 6-85　设置"轨道蒙版键"参数

步骤 16 选择"效果"面板|"视频特效"|"模糊与锐化"|"快速模糊"命令,将其赋予"笔画"片段,在"特效控制"面板中设置其参数,如图 6-86 所示。

步骤 17 预演效果,保存文件。

到此为止,就完成了动态擦除效果的制作。这一实例关键在于利用图像之间的变化,应用切换实现了变化的动画效果,进而产生了上下擦除效果。但在制作这些图像时应该注意,后一幅图像必须在前一幅图像基础上的修改,否则会很难保持一致性。

图 6-86　设置"快速模糊"参数

6.16　知识拓展问与答

1. 日常生活中,我们剪辑一段比较长的片段时,为了防止硬切造成的画面跳动,通常都用叠化遮掩一下,这种效果在 Premiere 里是如何实现的呢?

答:使用"视频切换效果"中的"叠化"文件夹中的"叠化"切换。

图 6-87　16:9 的宽银幕效果图

2．如果前期拍摄的素材不是 16:9 的，怎样制作 16:9 的宽银幕效果？

答：在 Premiere 中可以使用在上下建立遮罩，或者使用变形滤镜将视频压扁一些的方法来模拟，两种方法都会对素材造成一定的损失，前者会遮挡一部的素材，后者会使素材产生一点变形。可以根据具体情况，灵活使用其中一种，或者综合使用。16:9 的宽银幕效果如图 6-87 所示。

3．制作动态遮罩有哪些方法？

答：主要有 3 种方法。

方法 1：导入 Photoshop 中一帧帧地做。这是最基础的一种方法，虽然麻烦一些，但是绝对有效且效果不错。

方法 2：它是一种折中的方法，使用 Premiere 和 Photoshop 配合来处理，对于有明显区别的部分，可以使用滤镜（比如 Level、Color Balance 等，使某一部分更加突出），然后输出到 Photoshop 中修改。

方法 3：它是一种最快捷的方法，使用抠像软件，比如 Mokey 等，轻松生成 Matte。不过要精益求精还是要使用 Photoshop 来修改一下。

4．Premiere 时间轴的时间标尺上方有一条红线代表什么？

答：黄线是代表工作范围，红线是代表这段素材不能实时播放。

5．在 Premiere 中，用一张图片做背景，并让图片以部分画面缓慢移动，就像缓慢转移摄像机镜头拍摄到的画面，应该怎么做？

答：做一幅大一些的图，然后用滤镜"扭曲"下的"偏移"命令，设置关键帧，让所设框的位置在起点和终点不一样，就产生了镜头摇移的效果了，偏移的意思就是镜头摇移。

6．在时间线上降低了素材的播放速度，结果画面抖动得厉害，应该怎样处理？

答：在 Premiere 中只要视频素材的速度低于 100，即被拉长以后，它就会出现抖动现象，这是因为 PR 的默认设置为不添加过渡帧，可以在素材上单击鼠标右键，选"场选项"，选中"交错相临帧"命令即可，这样就不抖了。

7．想对影片的不同部分应用不同的滤镜效果，是否应该用剃刀工具分割影片素材？

答：一般不要分割素材，尽量使用 Sub Clips（子素材）。在 Source Window（来源窗口）中设置出点和入点（Mark in 和 Mark out）。右键单击鼠标，在菜单中选择 Create Sub-Clip（制作附加素材）并命名。子素材将出现在 Project（项目）窗口中。用同样的方法定义其他子素材。这是非线性编辑的一种高级技术。

8．怎样从黑屏（场）淡入淡出？

答：如果轨道上没有素材和转场，Premiere 在时间线轨道上实际是黑屏。在视频轨道要想淡入的素材开头使用一个叠加切换，这样可以从黑色淡入到素材。确保切换的方向指向素材。在试图淡出的素材结尾部分使用同样的方法，不同的是确保切换的方向远离素材。

本 章 小 结

本章主要介绍了视频切换效果的添加与设置，各种视频切换的效果，例如叠化、卷页、擦除、缩放以及一些特殊效果，希望读者熟练掌握各种切换的效果以及设置，能根据需要灵活应用。

思考与练习

1. 选择题

（1）下列属于 Premiere Pro 切换方式的有（　　）。

    A. 色阶（Levels）　　　　　　　　　　B. 快速模糊（Fast Blur）

    C. 叠化（Cross Dissolve）　　　　　　D. 时钟擦除（Clock Wipe）

（2）对于 Premiere Pro 序列嵌套描述正确的有（　　）。

    A. 序列本身可以自嵌套

    B. 对嵌套素材的源序列进行修改，都会影响到嵌套素材

    C. 任意两个序列都可以相互嵌套，即使有一个序列为空序列

    D. 套可以反复进行。处理多级嵌套素材时，需要大量的处理时间和内存

（3）Premiere Pro 提供了几种音频的切换方式？（　　）

    A. 1　　　　　　B. 2　　　　　　C. 3　　　　　　D. 4

（4）在两个素材衔接处加入切换效果，两个素材应如何排列？（　　）

    A. 分别放在上下相邻的两个视频轨道上　　B. 两段素材在同一轨道上

    C. 可以放在任何视频轨道上　　　　　　　D. 可以放在用户音频轨道上

（5）关于 Premiere Pro 下的系统默认切换方式描述正确的有（　　）。

    A. 初始状态下，默认的切换方式是 Cross Dissolve（叠化）

    B. 初始状态下，默认的切换方式是 Additive Dissolve（附加叠化）

    C. 默认的切换方式可以通过 Set Default Transition（设置默认切换）命令设置

    D. 默认的切换方式是无法改变的

（6）如果加入切换的影片出点和入点没有可扩展区域，已经到头，那么（　　）。

    A. 系统会自动在出点和入点处根据切换的时间加入一段静止的画面来过渡

    B. 系统会自动在出点和入点处以入点为准根据切换的时间加入一段画面来过渡

    C. 系统会自动在出点和入点处以出点为准根据切换的时间加入一段画面来过渡

    D. 系统会自动在出点和入点处根据切换的时间加入一段黑场来过渡

2. 思考题

自己准备素材，利用切换，制作一段"运动的图片"片段。形式可以是风光片、人物片、故事片或活动片。

第 7 章　Premiere Pro CS3 的运动效果

本章学习目标

- 掌握运动效果的添加及设置
- 理解掌握常用运动效果的制作

Premiere Pro CS3 可以在影片和静止图像中产生运动效果，类似于使用摄像机。可以通过为对象添加运动效果，改变对象在影片中的位置、旋转及缩放等参数来实现。

7.1　添加运动效果

如果用户需要在 Premiere 中实现片段的运动效果，就需要在该片段上添加一条运动路径。这里所说的路径是由多个结点及连接这些结点的连线组成，当用户定义好路径后，片段将沿着这些结点和连线的方向运动，例如拉近或推远等。下面将介绍在素材上添加运动的基本方法。

7.1.1　快速添加运动效果

在 Premiere 中，所有的运动效果可在"特效控制"面板中的"运动"选项来设置。在该窗口中，可以定义片段运动的各种参数，如图 7-1 所示。注意只要将素材拖到"时间线"窗口中视频轨道上，都可打开该窗口。

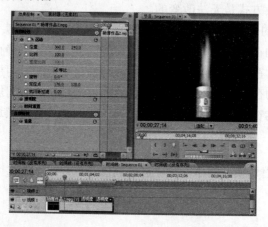

图 7-1　"运动设置"对话框

在"运动设置"对话框中单击 按钮，可显示出时间线，以便于动画设置。

单击"运动"|"位置"左侧的按钮 ，在当前位置添加一个关键帧。然后将播放头 移动到另一位置，在"监视器"窗口中，将该片段移动到另一位置，从而创建出一段运动路径，如图 7-2 所示。

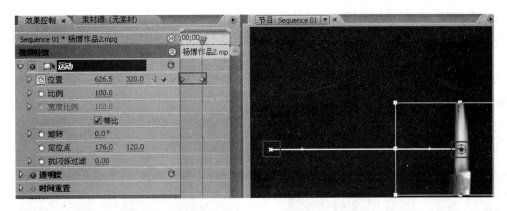

图 7-2　创建关键帧，定义片段的运动路径

最后，预演效果，可看到片段的运动效果。

7.1.2　定制素材的运动路径

上一小节中，介绍了快速添加路径的一般方法，在 Premiere 中，这属于一种简单的运动效果，即直线运动。该路径只有两个结点（关键帧），随着结点位置的不同，片段的运动方位和角度也将发生变化。用户可以在"特效控制"|"运动"面板右侧的时间线上选中要移动的关键帧，当"监视器"窗口中的片段变为有控制外框的状态时，将其拖到可改变结点的位置，如图 7-3 所示。

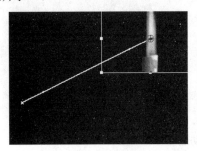 

图 7-3　从不同的方位调整运动路径

如果需要得到片段沿平滑曲线运动的效果，则需要在运动路径上添加多个关键帧，并调整关键帧的位置。具体方法是：在素材窗口的"时间线"上，将时间帧放置到需要设置关键帧的位置，单击　按钮创建一个关键帧，并调整它的位置。如图 7-4 所示是平滑曲线运动路径。

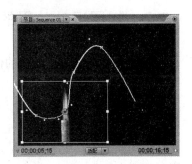

7.1.3　设置素材的运动速度

在 Premiere 中，改变素材的运动速度包括两种情况，第一种情况是素材整体过程播放速度的改变；第二种情况是素材局部播放速度的改变。

图 7-4　平滑曲线运动路径

其实素材整体过程播放速度的改变方法有很多。

首先，用户可以在"时间线"窗口中直接拖动素材的边缘来更改素材的长度，如图 7-5 所示。

其次，用户可通过单击工具箱中的"比例缩放工具" ![工具图标] 来更改素材的长度，达到改变运动速度的目的，如图 7-6 所示。

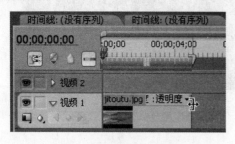
图 7-5　直接改变播放速度

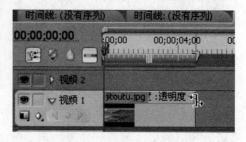
图 7-6　使用比例缩放工具

第二种情况是素材局部播放速度的改变，可通过调整两关键帧之间的距离来实现，其基本原理是通过缩短或加长两关键帧之间的时间差来加快或减慢速度，同样的情况，时间短运动速度快，反之则时间长速度慢。图 7-7 中左图的运动速度一定会快于右图的运动速度。

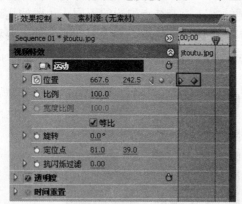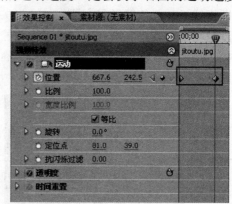
图 7-7　运动速度对比

7.2　常用运动效果的实现

在 Premiere 中，除了上述的位置运动外，还经常使用素材的旋转、缩放等效果。

7.2.1　旋转动画效果

在视频编辑中，旋转效果是指一段素材以旋转的方式进入舞台，其主要依靠设置素材的角度参数来实现。

在制作该效果时，通过在"特效控制"|"运动"面板的"旋转"选项的右侧创建几个关键帧，以便于设置素材在不同播放时间上处于不同的角度，如图 7-8 所示。

下面以一个实例来介绍旋转效果的制作方法。

步骤1 选取一段素材，将其放在"时间线"窗口的"视频1"轨道上，并选中这段素材。

步骤2 切换到"特效控制"面板，展开其中的"运动"选项，并在"旋转"选项右侧的"时间线"窗口中创建4个关键帧，如图7-9所示。

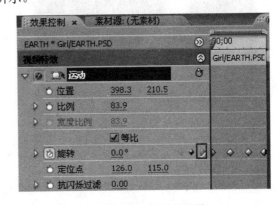

图7-8 创建关键帧　　　　　　　　　图7-9 创建关键帧

步骤3 连续单击"旋转"选项右侧的 ▶ 按钮，将播放头放置在第一个关键帧上，此时设置其角度为0°，表示素材处于水平静止状态，如图7-10所示。

步骤4 再单击"旋转"选项右侧的 ▶ 按钮，将播放头放置在第二个关键帧上，此时设置其角度为90°，表示素材将从第一帧开始逐渐旋转90°，如图7-11所示。

图7-10 静止角度　　　　　　　　　图7-11 旋转90°

步骤5 使用相同的方法，将播放头移动到第三个关键帧，将"旋转"角度设置为180°，效果如图7-12所示。

步骤6 将播放头移动到第四个关键帧，将"旋转"角度设置为270°，按Enter键确认输入，此时效果如图7-13所示。

步骤7 预演效果。

通过这样的设置，就制作出了一个均匀旋转的动画效果。如果需要制作素材的骤然旋转效果，只要在"特效控制"面板中将两个关键帧之间的距离缩小即可。

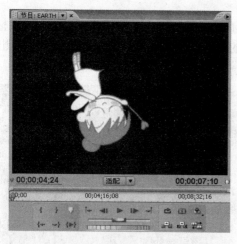

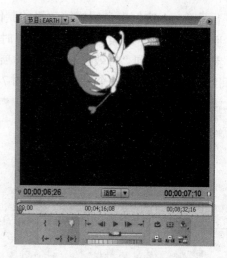

图 7-12　第三个关键帧素材的状态　　　　图 7-13　　第四个关键帧素材的状态

7.2.2　缩放动画效果

缩放效果也需要在"特效控制"面板中实现，它主要通过调整"比例"的值，使得素材在不同的关键帧上显示不同的比例，从而形成效果。

实际上，"比例"参数的设置方法与"旋转"参数的设置方法完全一样。输入的数字就是放大的百分比，大于 100 的参数值表示放大该帧，反之则缩小该帧。

关于缩放效果的操作步骤如下：

步骤 1　在"时间线"窗口的"视频 1"轨道上添加一段素材，并选中这段素材。

步骤 2　切换到"特效控制"面板，展开其中的"运动"选项，在"比例"选项右侧的"时间线"窗口中创建 3 个关键帧，如图 7-14 所示。

步骤 3　连续单击"比例"选项右侧的 按钮，将播放头放置在第一个关键帧上，此时设置其比例为 20，从而缩小"飞机"素材，如图 7-15 所示。

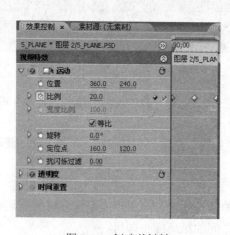

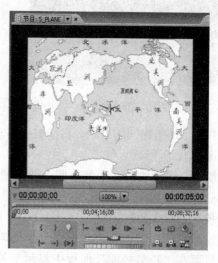

图 7-14　创建关键帧　　　　　　图 7-15　第一个关键帧素材的状态

步骤 4 再单击"比例"选项右侧的 ⬡ 按钮，将播放头放置在第二个关键帧上，此时设置其比例为 100，表示素材将从第一帧开始逐渐放大到 100%，如图 7-16 所示。

步骤 5 使用相同的方法，将播放头移到第三个关键帧，将"比例"设置为 180，效果如图 7-17 所示。

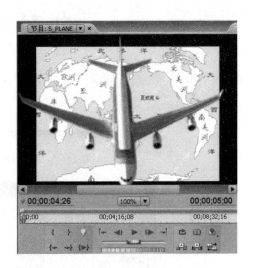

图 7-16 第二个关键帧素材的状态   图 7-17 第三个关键帧素材的状态

步骤 6 预演效果。

此时，画面逐渐放大，当充满整个屏幕后，则会产生局部放大的效果。

7.2.3 制作并使用具有 Alpha 通道的素材

如要要创建文本或者徽标的运动效果，则希望文本或徽标能够非常清晰地显示出来，并通过背景来显示背景视频轨道。创建这种效果的最好方法是使用 Alpha 通道。

所谓 Alpha 通道，从本质上讲，它是额外的灰度图像层，Premiere 将其转换为不同的透明级别。如果查看文本的 Alpha 通道，则它可能作为黑色背景上的纯白色文本出现。当 Premiere 使用 Alpha 通道来创建透明性时，可以将彩色文本安排 Alpha 通道的白色区域内，将背景视频轨道安排在黑色区域内。

下面介绍如何应用"运动"设置得到一个具有 Alpha 通道的视频剪辑。具体操作步骤如下：

制作特殊素材

步骤 1 启动 Photoshop 软件，新建一个长度和宽度分别为 720 像素和 576 像素的空白文件。然后，在工具箱上单击"字体"按钮，在编辑区域正中央创建"别样的天空"字样，如图 7-18 所示。

步骤 2 选中该图层，单击"图层样式"按钮 ⬡，选择"混合选项"命令，打开"图层样式"对话框，设置参数，为图层添加样式，如图 7-19 所示。此时的字体产生了一定的凸起效果。

步骤 3 在图层面板中选择"背景"层，选择右键菜单中的"删除图层"命令，将其删除，此时的编辑区域将完全透明，如图 7-20 所示。

图 7-18　创建字体

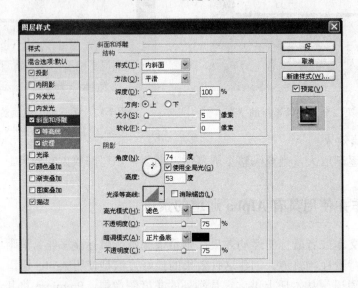

图 7-19　"图层样式"对话框

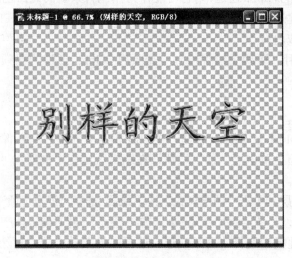

图 7-20　删除背景层

步骤4 最后将文件保存为"别样的天空.psd"格式的文件，此时完成了具有 Alpha 通道的素材制作。

应用效果

步骤5 新建一个 Premiere 项目文件，双击"项目"窗口，将制作的素材导入窗口中。可以将"别样的天空.psd"和"背景.jpg"两个素材导入其中，如图 7-21 所示。

图 7-21　导入素材

步骤6 在"项目"窗口中选择"背景.jpg"并将其拖到"时间线"窗口的"视频 1"轨道上，将"别样的天空.psd"拖到"视频 2"轨道上，如图 7-22 所示。

此时，系统将自动识别图层上的 Alpha 通道，并进行相应的处理，使透明的部分产生出背景层的画面，如图 7-23 所示。

图 7-22　放置素材　　　　　　　　　图 7-23　透明效果

步骤7 此时的效果看起来比较平淡，可在字体上添加一些运动效果，关于这些效果的制作可参阅前面介绍过的内容。

7.3　运动效果的应用实例——一叶知秋

一片落叶冲入镜头，旋转着飘向地面，镜头随之拉近。在本实例中，主要通过设置背景的运动和落叶的运动，模拟一种摄像机的推、拉、摇等镜头处理。

操作步骤如下：

使背景产生镜头拉近的效果

步骤1 新建一个项目，在"装载预置"选项卡中，选择 DV-PAL 下的 Standard 48kHz，将项目命名为"一叶知秋",然后单击"确定"按钮,保存设置新建一个项目。

步骤2 选择"文件"|"输入"命令,将所需要的"背景.jpg"和"落叶.psd"素材导入"项目"窗口中。

步骤3 在"时间线"窗口中,将"背景.jpg"素材拖到"视频1"轨道上。选中该素材,选择"素材"|"速度/持续时间",设置该素材的时间长度为5秒。

步骤4 打开"特效控制"面板,展开"运动"选项,分别为"比例"和"旋转"两参数添加关键帧,各参数分别为:当播放头处于0秒的位置时,"比例"和"旋转"参数采取默认值;当播放头处于2秒的位置时,"比例"设置为"111","旋转"设置为"−4";当播放头处于5秒的位置时,"比例"设置为"125","旋转"设置为"4",如图7-24所示。

图7-24 添加关键帧

友情提示:通过"比例"数值的调整,使镜头产生了拉伸感,而"旋转"数值的调整使镜头有了一种不稳定的摇晃感,增强了镜头效果的真实感。

制作落叶的运动效果

步骤5 在"时间线"窗口中,将"落叶.psd"素材拖到"视频2"轨道上,调整其入点和出点与"背景.jpg"片段的入点和出点对齐。

步骤6 选中"落叶.psd"该素材,打开"特效控制"面板,展开"运动"选项,分别为"位置"、"比例"和"旋转"3个参数添加关键帧,各参数分别为:当播放头处于"0"秒的位置时,"比例"设置为"165","旋转"设置为"−50","位置"设置为"435.8,452.7";当播放头处于"1秒10帧"的位置时,"比例"设置为"100","旋转"设置为"54","位置"设置为"126.9,305.2";当播放头处于"3秒10帧"的位置时,"比例"设置为"50","旋转"设置为"−56","位置"设置为"566.5,266.3";当播放头处于"5秒"的位置时,即最后的关键帧,"比例"设置为"23","旋转"设置为"−33","位置"设置为"329.7,218.3",如图7-25所示。

图7-25 添加关键帧

步骤 7 按空格键，预览效果，若效果满意，保存文件。

7.4 综合练习 1——信息时空

7.4.1 操作目的

在浩瀚的太空中，"信息时空"4 个字从地球画面上由远及近迎面而来，似乎在向宇宙宣布"地球正处于信息时代"。通过对一片段施加星光特效从而产生一种空间感，使用运动效果，使字幕产生由远及近的效果。通过本练习，进一步理解和应用运动效果。

7.4.2 操作步骤

片段的引入和编辑

步骤 1 启动 Premiere Pro CS3 ，新建项目文件"信息时空"，参数设置如图 7-26 所示。

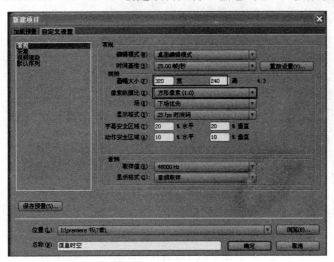

图 7-26 "项目"参数设置

步骤 2 双击项目窗口，导入素材"地球.avi"文件，并将该文件拖入"时间线"窗口的"视频 1"轨道中。

步骤 3 选择工具箱中的"比例缩放工具" ，调整"地球.avi"片段的出点，其长度设置为 6 秒。

步骤 4 选中"地球.avi"片段，执行"效果"面板|"视频特效"|"生成"|"镜头光晕"命令，将其赋予该片段，调整镜头光晕的位置于左上角，其他参数采用默认值。

步骤 5 利用同样的方法，分别添加其他方位的另外 3 个光晕点，效果如图 7-27 所示。

字幕的制作和编辑

步骤 6 选择"文件"|"新建"|"字幕"命令，打开"字幕"设置对话框，选择文字

工具 **T**，在字幕窗口安全区域内单击鼠标左键输入文字"信"，其参数设置如图 7-28 所示。这里的填充颜色可通过双击颜色块，打开颜色设置对话框，参数设置如图 7-29 所示。

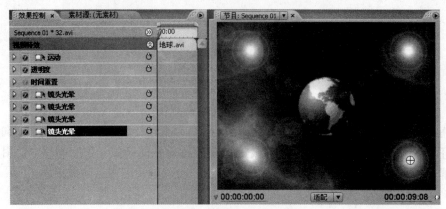

图 7-27　添加光晕效果图

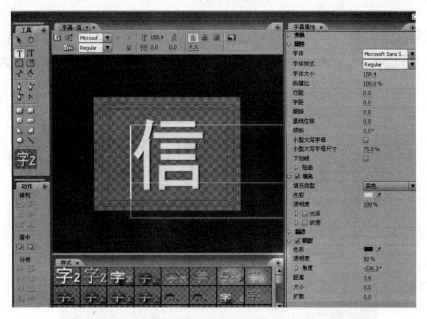

图 7-28　字幕属性设置

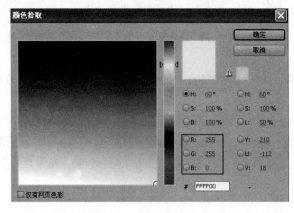

图 7-29　颜色参数设置

步骤 7 单击字幕属性设置对话框右上角的 ⊠ 图标，关闭该对话框，字幕文件会自动加到"项目"窗口中。

步骤 8 利用同样的方法制作出字幕"息"、"时"、"空"。

步骤 9 将"项目"窗口中的"信"和"息"文件拖入"时间线"窗口的"视频 2"轨道和"视频 3"轨道中，调整它们的长度与"地球.avi"的长度相同。

步骤 10 执行"序列"|"添加轨道"，为"时间线"窗口增加两条视频轨道。

步骤 11 运用上述方法，将"时"和"空"文件拖入"时间线"窗口的"视频 4"轨道和"视频 5"轨道中，调整它们的长度与"地球.avi"的长度相同，如图 7-30 所示。

图 7-30　文件的摆放

赋予字幕运动效果

步骤 12 选中"信.prtl"文件，打开"效果控制"面板|"运动"，在"位置"和"比例"两参数前单击 ⊙ 按钮添加关键帧，当播放头在 0 秒的位置时，"位置"参数保持不变，"比例"参数设置为 0；当播放头在 6 秒的位置时，"位置"参数设置为（-160，-120），"比例"参数设置为 100。

步骤 13 选中"息.prtl"文件，打开"效果控制"面板|"运动"，在"位置"和"比例"两参数前单击 ⊙ 按钮添加关键帧，当播放头在 0 秒的位置时，"位置"参数保持不变，"比例"参数设置为 0；当播放头在 6 秒的位置时，"位置"参数设置为（480，-120），"比例"参数设置为 100。

步骤 14 选中"时.prtl"文件，打开"效果控制"面板|"运动"，在"位置"和"比例"两参数前单击 ⊙ 按钮添加关键帧，当播放头在 0 秒的位置时，"位置"参数保持不变，"比例"参数设置为 0；当播放头在 6 秒的位置时，"位置"参数设置为（-160，360），"比例"参数设置为 100。

步骤 15 选中"空.prtl"文件，打开"效果控制"面板|"运动"，在"位置"和"比例"两参数前单击 ⊙ 按钮添加关键帧，当播放头在 0 秒的位置时，"位置"参数保持不变，"比例"参数设置为 0；当播放头在 6 秒的位置时，"位置"参数设置为（480，360），"比例"参数设置为 100。

步骤 16 预演效果，看到 4 个文字从 4 个不同方向飞速飞出，保存文件。

7.4.3　小结

在这一实例中，重点掌握对 4 个文字片段运动路径的变化以及开始部分位置与字体属性设置的统一问题。灵活掌握和应用运动将大大丰富我们的节目制作空间，提高节目质量，达到出神入化的效果。

7.5　综合练习2——拥抱激情

在第6章中，我们介绍过一个名为"精彩瞬间"的实例，在此我们将该例子补充完整，给它添加一个片头字幕"拥抱激情"，如雷霆火焰般的4个字由近至远，翻滚着呼啸而去，又由远及近，呼啸而来。希望读者能够掌握这种片头字幕的制作方法。

图7-31　导入文件

操作步骤如下：

步骤1　新建一个项目，在"装载预置"选项卡中，选择 DV-PAL 下的 Standard 48kHz，将项目命名为"精彩瞬间"，然后单击"确定"按钮，保存设置新建一个项目。

步骤2　选择"文件" | "输入"命令，将所需要的"精彩瞬间.proj"导入"项目"窗口中，如图7-31所示。

步骤3　将"精彩瞬间"序列文件拖入"时间线"窗口的"视频1"轨道中，在此实现的是一个序列嵌套效果。

步骤4　制作片头字幕。选择"文件" | "新建" | "字幕"命令，打开"字幕"设置对话框。选择文字工具**T**，在字幕窗口安全区域内单击鼠标左键输入文字"拥抱激情"，设置其参数，如图7-32所示。这里的填充颜色可通过双击颜色块，打开颜色设置对话框，设置参数，双击"渐变开始颜色块"，"R"设置为255，"G"设置为255，"B"设置为0，单击"确定"按钮退出。双击"渐变结束颜色块"，"R"设置为255，"G"设置为0，"B"设置为0，单击"确定"按钮退出。

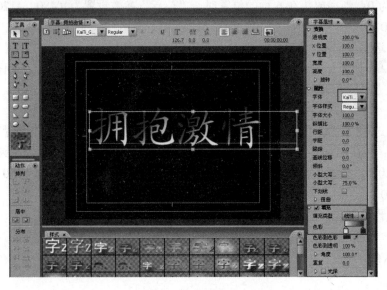

图7-32　字幕属性设置

步骤 5 将"拥抱激情"字幕文件拖放到"时间线"窗口的"视频 2"轨道上，并设置它的入点在 1 秒的位置，出点与"视频 1"轨道上的素材对齐，如图 7-33 所示。

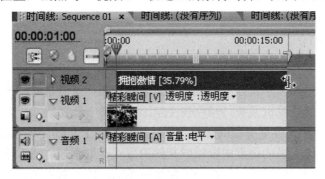

图 7-33 设置素材的入、出点

步骤 6 选中"拥抱激情"字幕文件，打开"效果控制"面板I"运动"设置，分别为"比例"和"旋转"两个参数添加关键帧，当播放头放置在 0 秒的位置时，设置"比例"参数为 500；当播放头放置在 2 秒的位置时，设置"比例"参数为 100；当播放头放置在 5 秒 15 帧的位置时，设置"比例"参数为 500，"旋转"参数设置为 360；当播放头放置在 11 秒的位置时，设置"比例"参数为 100，"旋转"参数设置为 360；当播放头放置在片段 15 秒 19帧的位置时，设置"比例"参数为 500，"旋转"参数设置为 360。

步骤 7 预演效果，保存文件。

7.6 知识拓展

本书学习的 Prmeiere Pro CS3 是一款优秀的非线性编辑软件，我们学习的也是非线性编辑技术，但是从影视编辑技术的发展历史看，我们需要了解"线性编辑"。

7.6.1 线性编辑

线性编辑（Linear Editing）是相对于非线性编辑的传统影视编辑技术。线性编辑系统由一台放像机、一台录像机和编辑控制器组成，也可以由多台录、放像机和特技设备组成。通过放像机选择一段合适的素材，然后把它记录到录像机中的磁带上，再寻找下一个镜头，然后再记录，如此反复，直到把所有的素材都按顺序编成新的连续画面。如果有不需要的画面，通常用插入编辑的方式对某一段进行同样长度的替换，但是要去除、缩短加长中间的某一段是不可能的。这种编辑方式称为线性编辑。通常完成一个视频的剪辑要反复更换录像带，寻找需要的部分，整个制作过程非常烦琐，而且磁带通常使用模拟方式存储，经过多次的重复编辑还会降低视频质量。

传统的线性编辑在编辑时必须顺序寻找所需要的视频画面。用传统的线性编辑方法在插入与原画面时间不等的画面，或删除节目中某些片段时都要重新编辑；而且每编辑一次视频质量都要有所下降。

7.6.2 非线性编辑

1．非线性编辑简介

非线性编辑（Non-linear Editing）是相对于前面的线性编辑而言的，简称非编。非线性的含义是指素材的长短和顺序可以不按制作的先后和长短而进行任意编排和剪辑。非线性编辑系统实际上是扩展的计算机系统，一台高性能计算机和一套视频、音频输入/输出卡（即非线性编辑卡），配上一个大容量磁盘或磁盘阵列便构成了一个非线性编辑系统的基本硬件。非线性编辑系统直接从计算机的硬盘中以帧或文件的方式存取素材，进行编辑。它是以计算机为平台的专用设备，可以实现多种传统视频制作设备的功能，对素材可以随意地改变顺序，随意地缩短或加长某一段，添加各种效果等。非线性编辑使用数字化的存储方式则使文件剪辑、复制等操作不再出现模拟存储的损耗。使用非线性编辑系统，可以尽情发挥想象力，不再受线性编辑系统的束缚。

非线性编辑的应用领域很广，随着计算机技术的飞速发展，非线性编辑技术也在不断地更新和进步。它对传统的影视广告制作业产生了极大的影响，从商业简报、教学资料片、产品演示宣传、企业专题片、网页动画到大型的电影和电视剧都有非线性编辑的应用。

非线性编辑设备依据最终输出对象和应用领域的不同有很大差别，一套简单的非线性编辑系统可以由一台普通电脑、一块视频捕捉卡和非线性编辑软件（比如 Premiere Pro CS3）所组成。还可以使用更为快速的 SGI 工作站、实时非编卡和专业级非编软件。不同的非编系统之间价格差别很大，从几千元到上百万元不等。

2．非线性编辑的特点

（1）非线性编辑系统使用实时视音频采集回放卡来记录素材，可使编辑"特技"字幕的制作全部实时。

（2）节目创作人员可以非常方便地将图象文字、声音、特技动画等完全融入到自由化的创作环境中，在一个系统中以全数字化的方式完成制作。

（3）专业级的非线性编辑系统处理速度高，对数据的压缩小，因此视频和伴音的质量高。此外，高处理速度还使得专业级的特技处理功能更强。

（4）非线性编辑系统是建立在计算机基础上的，所以联网方便，可以轻松实现素材资源的共享。

（5）非线性编辑系统随着大容量硬盘系统和蓝光光盘系统的应用，大大方便了编辑。

本 章 小 结

本章主要介绍了如何给素材添加运动效果，如何设置运动路径，如何使素材产生位置、旋转和缩放等各种不同的运动效果。希望读者在理解的基础将其熟练掌握。

思考与练习

1. 填空题

（1）在 Premiere 中，除了位置运动外，还经常使用素材的_____、_____等运动效果。

（2）当 Premiere 使用 Alpha 通道来创建透明性时，可以将彩色文本安排 Alpha 通道的_____区域内，将背景视频轨道安排在_____区域内。

（3）_____的含义是指素材的长短和顺序可以不按制作的先后和长短而进行任意编排和剪辑。

2. 选择题

（1）下面哪项内容不属于运动（Motion）效果参数设置项？（　　）

    A．位置（Position）　　　　　　B．不透明度（Opacity）

    C．定位点（Anchor Point）　　　D．旋转（Rotation）

（2）选择以下描述错误的选项（　　）。

    A．要让画面产生运动，首先必须给素材创建运动效果

    B．在 Premiere Pro 中，可以为除字幕以外的所有视频设置运动效果

    C．素材画面的运动实际上是给它指定一个回放的位置和轨迹，从而达到使其产生运动的目的

    D．旋转（Rotation）设置画面旋转时，它的旋转轴心受定位点（Anchor Point）位置的影响，当 Anchor Point 改变位置时，旋转是以 Anchor Point 所在位置为圆心旋转的

3. 思考题

在 Premiere Pro 中怎样改变素材的运动速度？

第 8 章　Premiere 的字幕制作

本章学习目标

- 了解创建各种字幕的工作过程
- 掌握字幕编辑窗口以及字幕属性的设置与使用方法
- 能够熟练制作各种字幕

字幕是影视作品中的重要组成部分，不仅用于传递信息，而且能够对作品的艺术效果起到良好的烘托作用。由于字幕使用非常广泛，Premiere Pro CS3 中专门提供了字幕编辑窗口。这样，用户就可以根据需要，在适当的地方使用 Premiere 制作各种效果的字幕。

本章将详细介绍字幕编辑窗口和字幕菜单的使用，通过实例介绍各种风格的字幕的制作过程和步骤。

8.1　创建字幕

字幕编辑窗口包含制作字幕文件的一些常用的工具，是制作字幕的场所。与字幕编辑窗口成对出现的还有"字幕"菜单。利用这些工具及"字幕"菜单的命令就可以随心所欲地制作出多姿多彩的字幕。

新建一个字幕素材方法如下：

（1）选择"文件"｜"新建"｜"字幕"命令，弹出"新建字幕"对话框，输入字幕名称单击"确定"按钮即可，同时在菜单栏中的"字幕"菜单中的命令选项被激活。

（2）在"项目"窗口底部的工具栏上单击"新建分类"命令，在弹出的菜单中选择"字幕"命令；或者在"项目"窗口的空白处单击鼠标右键，执行"新建分类"菜单下面的"字幕"命令，弹出"新建字幕"对话框，如图 8-1 所示。

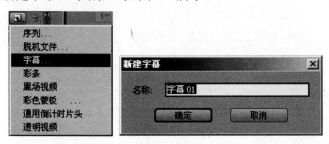

图 8-1　"新建字幕"对话框

（3）在"字幕"菜单中选择"新建字幕"命令，在它的二级菜单选项中可以选择所要创建的字幕类型，包括默认静态字幕、默认滚动字幕、默认游动字幕等，如图 8-2 所示。

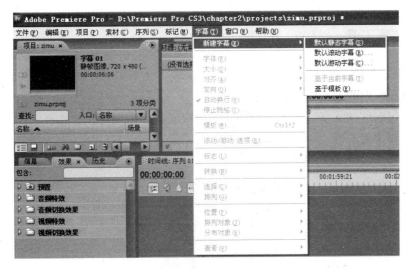

图 8-2　新建字幕

通过上述方法，新建了一个字幕素材后，Premiere Pro CS3 自动弹出"字幕编辑器"窗口，如图 8-3 所示。字幕编辑器包括：1 字幕工具、2 字幕动作、3 选项设置区、4 工作区、5 字幕样式和 6 字幕属性。

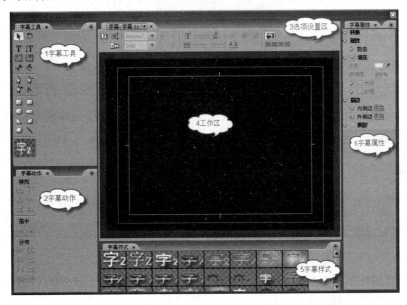

图 8-3　"字幕编辑器"窗口

8.2　字幕编辑窗口的使用

"字幕编辑器"窗口是制作字幕的场所，提供了各种工具和参数设置，只有掌握了该窗口的使用和设置方法，才能真正掌握字幕的制作技术。

8.2.1　字幕工具

"字幕编辑器"窗口的左边为"字幕工具"面板，该面板非常重要。绝大多数的字幕对象就是使用该面板中的工具创建和编辑的。

字幕工具可以创建文字字幕和各种图形。可以通过单击鼠标左键选择它们，掌握这些工具是进行字幕制作的基础。

"字幕工具"面板如图 8-4 所示。

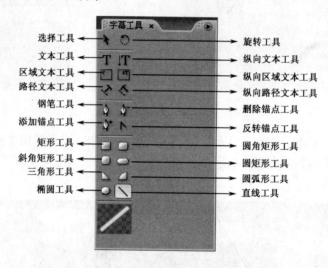

图 8-4　"字幕工具"面板

（1）　。选择工具。选择某个对象，使用这个工具可以选中字幕编辑窗口中的文字和图形对象。使用鼠标单击工作区中的某个对象来进行选择，选择后即可对其进行大小、位置、旋转等操作。按下 Shift 键的同时，单击对象，可以选择多个对象，也可以按住鼠标左键拉出方框，进行框选，即框中的对象全被选中。

在使用选择工具时，需要注意鼠标的 3 种状态：

● 　。当鼠标呈现这种状态时，按住鼠标左键，可以改变所选对象的位置。

● 　、　、　。当鼠标放置在所选对象的控制点上，变成横向箭头、竖向箭头和斜向箭头时，表示按住鼠标左键可以改变所选对象的大小。

● 　。当鼠标放置在所选对象的控制点上，变成旋转箭头，表示可以按住鼠标左键对所选对象进行旋转操作。

（2）　。旋转工具。对当前所选择的对象进行旋转调整，这时鼠标放置在所选对象的任何位置拖动鼠标都会进行旋转。

（3）　。这两个工具表示输入横排文字和输入竖排文字，或者对已经存在的横排文字和竖排文字进行修改。操作时，在字幕编辑窗口中准备输入文字的地方单击，出现文字输入框（虚线的方框），可以在输入框中输入文字或者编辑文字，输入完毕，在输入框外单击，所有的设置将全部应用到文字上。

（4）　。这两个工具为横向区域文本工具和纵向区域文本工具。该工具可以在工作区内拖出一个文本输入区域，该区域可以限制文本输入的范围，其中一个为输入横向文本，另一个为输入纵向文本，如图 8-5 所示。

（5）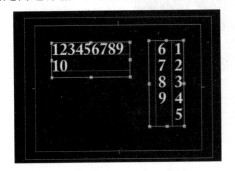为横向路径文本工具和纵向路径文本工具。使用该工具可以使文字按照路径的走向进行输入，如图 8-6 所示。

 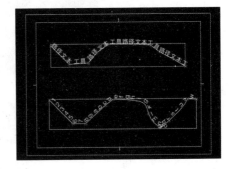

图 8-5　横向区域文本工具和纵向区域文本工具对比　　图 8-6　横向路径文本工具和纵向路径文本工具对比

（6）。钢笔工具。可以在字幕显示区域内绘制任意的曲线路径。

（7）。删除锚点工具。使用钢笔工具时，是将绘制的锚点连接起来构成曲线，使用删除锚点工具可以删除曲线上的锚点，改变曲线形状。

（8）。添加锚点工具。与删除锚点工具相反，可以在绘制的曲线上添加锚点，改变曲线的形状。

（9）。转换锚点工具。用于反转锚点的属性来调节锚点。

（10）。矩形工具。在字幕工作区内绘制矩形或者正方形，按住 Shift 键进行绘制时，绘制的为正方形。绘制的矩形或者正方形可以是空心的，也可以是填充的，可以在字幕属性中进行设置。

（11）。圆角矩形工具。在字幕工作区内绘制圆角矩形，其属性同样可以在字幕属性中进行设置。

（12）。斜角矩形工具。在字幕工作区内绘制斜角矩形。

（13）。圆矩形工具。在字幕工作区内绘制圆矩形。

矩形工具、圆角矩形工具、斜角矩形工具和圆矩形工具在字幕工作区内绘制的效果如图 8-7 所示。

（14）。三角形工具。在字幕工作区内绘制三角形。

（15）。圆弧工具。在字幕工作区内绘制圆弧。

（16）。椭圆工具。在字幕工作区内绘制椭圆或者圆形，按住 Shift 键进行绘制时，绘制的为圆形。

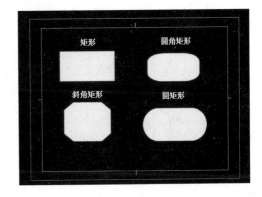

图 8-7　绘制效果图

注意：以上几个绘制图形的工具可以绘制空心的图形，也可以是填充的，其属性可以在字幕属性中进行设置。

（17）。直线工具。在字幕工作区内绘制直线。

三角形工具、圆弧工具、椭圆工具和直线工具在字幕工作区内绘制的效果如图 8-8 所示。

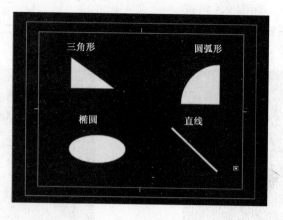

图 8-8 绘制图形

8.2.2 字幕动作

"字幕动作"面板主要用于设置所选对象或者所选多个对象在工作区内的排列、分布的位置。当在字幕工作区内选择一个对象时，水平居中和垂直居中选项被激活，可设置所选对象在工作区内的居中显示。如果选择多个对象，则"字幕动作"的排列、居中、分布都将被激活。"字幕动作"面板的工具如图 8-9 所示。

图 8-9 "字幕动作"面板工具

（1）水平左对齐、水平居中、水平右对齐工具是用于设置多个选择对象的水平方向的对齐方式。只有在选择两个或两个以上对象的时候，该工具才被激活。水平左对齐表示以所选对象的最左边的对象的左边界为基准来进行对齐排列。居中排列表示以所选对象的水平中间位置为基准进行对齐排列。水平右对齐表示以所选对象的最右边的对象的右边界为基准来进行对齐排列。所呈现的排列效果如图 8-10 所示。

（2）垂直左对齐、垂直居中、垂直右对齐工具是用于设置多个选择对象的垂直方向的对齐方式。与水平排列相类似，只是在垂直方向上进行排列。所呈现的排列效果如图 8-11 所示。

（3）水平居中、垂直居中工具，使所选择的对象相对于工作区处在水平居中或者垂直居中的位置。

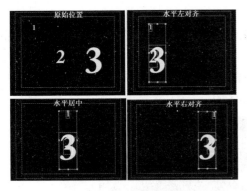

图 8-10　水平工具运用效果

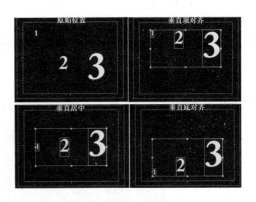

图 8-11　垂直工具运用效果

（4）分布选项中包括水平和垂直两个方面的分布设置，具体为水平左对齐、水平居中、水平右对齐、水平平均、垂直顶对齐、垂直居中、垂直底对齐、垂直平均。当选择三个以上对象时，该工具才被激活，可以平均分布各个对象之间的水平间距和垂直间距，不同的是所参照的分布标准不同。

8.2.3　选项设置区

选项设置区是字幕设计器中很重要的一个区域，在这个区域中可以对字幕文字进行最基本的设置。如文字的字体、样式、大小、行距、字距等都可以在此区域内进行设置。选项设置区的主要功能如图 8-12 所示。

（1）新建字幕工具。单击此按钮为基于当前字幕新建一个字幕，所新建的字幕不是一个空白的字幕，而是建立一个当前字幕的一个副本。

（2）字幕类型。单击此按钮弹出一个"滚动/游动选项"对话框，如图 8-13 所示。在"滚动/游动选项"对话框中，可以重新选择字幕类型：静态字幕、滚动字幕、向左游动和向右游动。

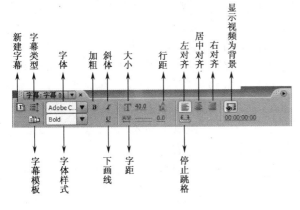

图 8-12　选项设置区的主要功能

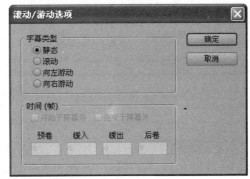

图 8-13　"滚动/游动选项"对话框

（3）字体类型。在该下拉菜单中可以选择字体类型，如果需要使用中文字体，需要注意的是列表中不会显示中文字体的中文名，而是显示类似拼音的名称。

（4）常用样式按钮。这三个按钮用于设置经常使用的文本样式，从左到右依次为加粗、倾斜、下画线。

（5）样式类型。该下拉菜单中选择字体的样式，包括常规、特粗、加粗、倾斜、加粗并倾斜。默认为常规。

（6）模板。单击该按钮打开"模板"对话框，如图 8-14 所示。在列表框中，选中需要的模板，单击"确定"按钮就能立刻应用到工作区中。

图 8-14　"模板"对话框

（7）字符大小、间距，行距设置。这三个选项分别设置文字的字号，字符间的距离和行与行之间的距离。

（8）对齐按钮。左侧三个按钮分别用于设置文本的左对齐、居中对齐和右对齐。最右侧为"停止跳格"按钮，用于设置制表符的位置，能够快速实现段落的对齐和排版，单击该按钮，弹出"跳格停止"窗口，显示三种对齐制表符，从左到右依次是左对齐、居中对齐和右对齐。单击选择某种制表符，拖动鼠标到标尺的具体刻度处，在其上方单击就能创建一个对齐制表符。创建后可以鼠标按住并拖动该符号，可以编辑它所处的位置，此时工作区中的黄线跟随移动，到达目标位置释放鼠标，单击"确定"按钮，如图 8-15 所示，返回编辑窗口，在字幕中某段落前单击鼠标，然后按键盘上的 Tab 键，就能够根据设置的制表符对齐段落了。

图 8-15　"跳格停止"窗口

（9）显示视频为背景。单击该按钮显示背景视频，从而为字幕的排版提供参考。通过更改背景视频时间码，可以浏览时间线上每个时刻的背景。

8.2.4　工作区

工作区是 Premiere Pro CS3 字幕编辑窗口的中心部分，也是编辑字幕的主要区域。如图 8-16 所示。

图 8-16　工作区

1. 工作区设置

（1）背景视频。该区域的背景即为背景视频，它在该区域不能被编辑，起到辅助定位的作用。

（2）动作安全框。工作区域默认显示两个矩形框，最外层的即为动作安全框，超出该区域外的画面运动、超过该框有可能不会被完整地显示出来。

（3）字幕安全框。在动作安全框内的小方框称为字幕安全框，表示位于该区域的字幕才可以正常地显示在输出的视频屏幕上。

（4）文本基线。在该区域输入文本或创建文本输入区域后，在文字下方显示的辅助线。

（5）跳格标记。如果在字幕编辑窗口设置了"停止跳格"功能，在跳格位置显示黄色的跳格标记。

2. 插入标志

在编辑影视字幕的过程中，经常需要在影片中插入标志 Logo，Premiere Pro CS3 提供了该功能。

插入标志的操作可以分为两种情形：

（1）单独插入标志到字幕中。

执行"字幕"｜"标志"｜"插入标志"命令，或在工作区单击鼠标右键，在弹出的菜单中选择"标志"｜"插入标志"命令。

（2）插入标志到文本中。

在工作区中已经输入了一部分文本，执行"字幕"｜"标志"｜"插入标志到正文"命令，或在编辑点处单击鼠标右键，在弹出的菜单中选择"标志"｜"插入标志到正文"命令。

在工作区中使用右键菜单导入标志，如图 8-17 所示。

两种方式均能打开"导入图像为标志"对话框，如图 8-18 左图所示，在资源管理器中找到标志图片所在位置，选择文件后单击"打开"按钮即可导入。导入标志后，可以对标志进行各种编辑操作，例如对标志进行大小的缩放，需要恢复到初始状态，可以在标志上单击鼠标右键，在弹出的菜单中选择"标志"｜"恢复标志大小"命令，如图 8-18 右图所示。

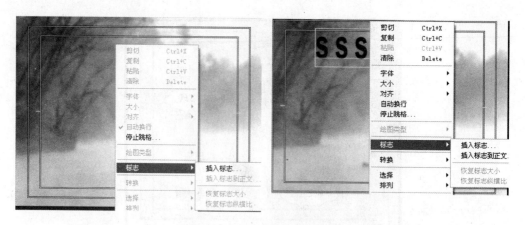

图 8-17　工作区中导入标志

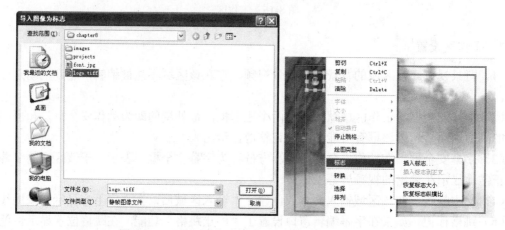

图 8-18　　"导入图像为标志"对话框与恢复标志大小

可以作为标志的图片格式非常丰富，Premiere Pro CS3 支持绝大多数的图片格式，并支持透明效果，这样可以达到较好的视觉效果。

8.2.5　字幕样式

字幕样式是 Premiere Pro CS3 预置的字幕的风格，每种风格都包括字幕的字体、字号、阴影、颜色等参数的设置。该列表如图 8-19 左图所示，每种样式由中文的"字"和英文的"Z"组合而成，方便用户预览效果。

应用样式的方法非常简单：在工作区选中需要应用样式的字幕，在样式列表中单击需要的样式即可自动应用到选中的字幕。

应用样式后，用户还可以对各种参数进行重新设置。设置完成后，如果用户需要以后再次使用该样式，可以将此时设置完成的格式保存为样式，以便随时从样式列表中调用。

保存样式的操作如下：

单击样式列表右上角的按钮，打开应用菜单，如图 8-19 右图所示，选择"新建样式"命令，根据提示输入名称信息即可。

通过该菜单，用户还可以对样式进行各种编辑操作，请用户自己尝试，这里不做具体说明。

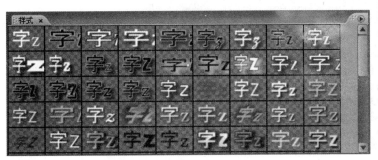

图 8-19　字幕样式

8.2.6　字幕属性

使用"字幕编辑器"窗口的属性设置能够对文本或图形对象进行多种样式或风格的设置。根据选择的字幕对象的不同，属性面板的设置选项也会随之发生改变。当选择文本字幕时，显示 5 种属性设置，分别介绍如下：

1．变换

变换属性设置如图 8-20 所示。

（1）透明度。设置字幕的不透明值，默认为 100%，不透明。

（2）X 位置。设置字幕在工作区中 X 轴上的位置。

（3）Y 位置。设置字幕在工作区中 Y 轴上的位置。

（4）宽度。设置字幕所占的宽度。

（5）高度。设置字幕所占的高度。

（6）旋转。设置字幕的旋转角度。

变换	
透明度	100.0 %
X 位置	393.9
Y 位置	570.0
宽度	542.0
高度	760.0
▷ 旋转	0.0 º

图 8-20　变换属性

除此之外，可以使用选择工具在工作区中拖动字幕从而改变字幕的坐标位置；在工作区中单击选中字幕后，字幕框的四周出现 8 个控制点，鼠标左键按住并拖动控制点可以调整字幕的宽度、高度和旋转角度。

在工作区中，用鼠标右键单击字幕对象，在弹出的快捷菜单中选择"转换"菜单，在下一级菜单中有调整变换属性的 4 个命令，同样可以设置变换属性的各个参数。

2．属性

属性设置字幕的格式，根据选中的字幕对象的不同，属性参数有所不同。属性设置如图 8-21 所示，当选择文本字幕时，属性如图 8-21 左图所示；若选中图形字幕对象，属性如图 8-21 右图所示。

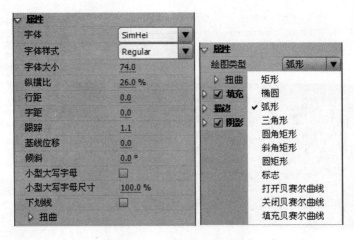

图 8-21　文本属性和图形属性

文本字幕的属性参数设置如下：

（1）字体。选中字幕文本，在字体下拉列表中选中系统安装的某种字体，即可改变字幕文本的字体。改变字体还有其他方式，可以在"选项设置区"中的字体类型下拉列表中选择字体，或者在"工作区"中用鼠标右键单击字幕，在弹出的菜单中选择"字体"，从二级菜单中选择某种字体即可。

（2）字体样式。从下拉列表中选择字体的样式，包括常规、特粗、加粗、倾斜、加粗并倾斜。默认为常规。该处设置与"选项设置区"中的字体样式设置完全相同。

（3）字体大小。该参数设置字体大小。

（4）纵横比。设置字幕的纵向和横向的比例。

（5）行距。设置文本行与行之间的距离。

（6）字距。设置文本字与字之间的距离。

（7）跟踪。该参数设置文字之间的距离，类似于字距设置。

（8）基线位移。设置文本基线的位置。

（9）倾斜。该参数设置文本的倾斜角度，不影响文本框的角度。

（10）小型大写字母。激活该复选项，控制输入的字母均为大写。

（11）小型大写字母尺寸。只有当"小型大写字母"复选项被激活才有效，用于控制被转换为大写的字母的尺寸大小。在外观上，小写转换为大写的字母尺寸不能超过直接输入的大写字母。

（12）下画线。激活该复选项，控制输入的字母文本添加下画线。

（13）扭曲。该参数设置字幕在 X 轴和 Y 轴上的扭曲程度，从而产生富有变换的文本形态。

图形字幕的属性参数只有两个，一个是"扭曲"参数，与文本字幕的扭曲设置相同，这里不再赘述。

另外就是"绘图类型"参数，单击打开下拉列表，一共包括 11 种绘图类型。绘图类型请参考"字幕工具"部分。在工作区中选中一个图形对象后，通过选择"绘图类型"可以改变图形对象的类型。例如，选中一个矩形对象，更改它的类型为其他 10 种类型，其效果对比如图 8-22 所示。

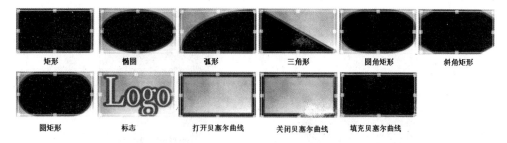

矩形　　　　椭圆　　　　弧形　　　　三角形　　　　圆角矩形　　　　斜角矩形

圆矩形　　　　标志　　　　打开贝塞尔曲线　　　　关闭贝塞尔曲线　　　　填充贝塞尔曲线

图 8-22　绘图类型对比

3. 填充

填充设置为复选属性，只有激活复选框才能进行参数设置。用于设置文本或图形的颜色或纹理填充格式。属性设置如图 8-23 所示。

（1）填充类型。在下拉列表中选择使用某种模式进行填充。一共有 7 种模式：

- 实色。该模式是以单色填充，单击"色彩"后面的颜色拾取框，选择某种色彩即可。
- 线性渐变。该模式以从一端到另一端的线性渐变色填充。此时，显示渐变色彩编辑栏，如图 8-24 所示，有两个颜色滑块，分别用于控制渐变色的开始和结束颜色。单击选中某个颜色滑块，在"色彩到色彩"后面的颜色拾取器中选择某种颜色。颜色设置完成后，左右拖动滑块，能够改变该滑块颜色所占的比例大小。"透明度"参数设置颜色的透明程度，默认为 100%，不透明。
- 放射渐变。该模式与"线性渐变"类似，不同的是以从中心向外发散的放射形式填充。

图 8-23　填充属性　　　　图 8-24　线性填充属性

- 4 色渐变。该模式与前面两种渐变填充方式相似，使用 4 种不同颜色进行填充。如图 8-25 所示，双击 4 个角上的颜色块可以对颜色进行编辑。
- 斜角边。该模式可以使文本产生类似斜角的立体效果。设置如图 8-26 所示。在"高亮颜色"处设置发光面的颜色，在"阴影颜色"处设置立体阴影处的色彩。"平衡"参数设置高亮和阴影的明暗对比，默认为 0，数值越高对比越强。

图 8-26 斜角边属性

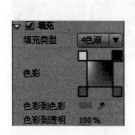

图 8-25 4 色填充属性

"大小"参数设置斜角的尺寸大小。激活"变亮"复选项,可以设置"亮度角度"从而产生光线照射角度效果。"亮度级别"参数设置亮度的强度大小。激活"管状"复选项,可以设置斜角上出现明暗交接的管状效果。

- 消除。该模式消除字幕的显示。如果设置了字幕的阴影效果,使用此模式,则将字幕从阴影中"挖出",文本"消失",而显示字幕的阴影,从而产生镂空效果。
- 残像。该模式与"消除"模式类似,不同的是字幕只是隐藏了,而没有从背景中挖出,故显示完整阴影,而不是镂空效果。

(2)光泽。该设置为复选属性,激活后为字幕添加辉光。"色彩"用于指定辉光的色彩;"透明度"设置辉光的透明度;"大小"设置光泽的尺寸;"角度"设置辉光作用于字幕的角度;"偏移"参数设置光泽在位置上产生的效果偏移量。

(3)纹理。该设置为复选属性,激活后设置字幕的纹理填充效果。双击"纹理"后的预览方框,弹出"选择一个纹理图像"对话框,从资源管理器中找到一个图像作为纹理使用。

"反转物体"参数被激活后,字幕对象反转时,纹理也同时反转。

"旋转物体"参数被激活后,字幕对象旋转时,纹理也同时旋转。

"缩放比例"参数对纹理进行缩放,并可以按照 X 轴和 Y 轴分别进行控制。

图 8-27 描边属性

"校准"参数用于对齐或微调纹理的位置,也可以按照 X 轴和 Y 轴分别进行控制。

"融合"参数主要用于设置纹理和原始字幕的混合程度。还可以设置 Alpha 混合比例和组合画线等参数。

4.描边

描边参数设置字幕的描边效果,从而使字幕更加清晰,或者产生特别的效果,如图 8-27 所示。

描边分为两类:内侧边和外侧边。两种可以单独使用也可以一起使用,设置参数完全相同。这里以内侧边设置为例进行介绍。

如果要添加描边效果,单击"内/外侧边"后侧的"添加"按钮添加描边,软件自动打开详细参数设置。如果不再需要描边效果了,可以单击"内/外侧边"后面的"删除"按钮即可删除描边效果。

（1）类型。单击该下拉列表从中选择描边类型，包括三种：

- 凸出。凸出类型是产生凸出的类似于斜角的描边效果，通过"大小"和"角度"改变凸出的效果。
- 边缘。这是默认类型。可以调节"大小"参数设置描边的尺寸。
- 凹进。凹进类型为字幕产生凹陷的类似于透视的描边效果，同样，可以通过调节"大小"和"角度"改变效果外观。

这三种类型的效果对比，如图 8-28 所示。

边缘效果　　　　凸出效果　　　　凹进效果

图 8-28　三种描边类型效果对比

（2）填充类型。这与填充设置中的"填充类型"完全相同，这里不再赘述。

（3）透明度。该参数设置描边效果的透明度。

（4）光泽/纹理。这两项参数设置与填充设置完全一致，这里不再赘述。

5．阴影

阴影设置为复选属性，只有激活复选框才能进行参数设置。该设置为字幕对象创建阴影效果。参数设置和对应效果如图 8-29 所示。

图 8-29　阴影属性

（1）色彩。该参数设置阴影的色彩。

（2）透明度。该参数设置阴影的透明度。

（3）角度。该参数设置阴影相对于字幕对象的投射角度。

（4）大小。该参数设置阴影的尺寸大小。

（5）扩散。该参数设置柔化程度，默认为 0，表示无柔化，数值越高表示阴影越柔和。

8.3　创建运动字幕

Premiere Pro CS3 中创建的字幕根据是否活动分为：静态字幕和运动字幕。8.1 节中创建的字幕默认都是静态字幕，字幕在屏幕上固定不动的。运动字幕在屏幕上是运动的，具体分为滚动字幕和游动字幕两种。下面分别进行介绍。

8.3.1 制作滚动字幕

滚动字幕是经常使用的一种运动字幕，字幕上下滚动。比如：影视作品的结尾常常以滚动字幕的形式给出作品的参与人员信息。

操作步骤如下：

步骤1 创建滚动字幕。

方法一：在 Premiere Pro CS3 中，执行"字幕"｜"新建字幕"｜"默认滚动字幕"命令，弹出"新建字幕"对话框，在名称文本框中输入字幕名称，单击"确定"按钮即可创建一个滚动字幕。

方法二：首先使用 8.1 节的方法创建静态字幕，在弹出的字幕编辑窗口中单击"滚动/游动选项"按钮图标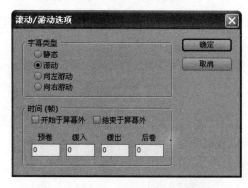，弹出"滚动/游动选项"对话框，如图 8-30 所示。在该对话框中，选择字幕类型为滚动字幕，单击"确定"按钮返回编辑窗口。

图 8-30 "滚动/游动选项"对话框

"滚动/游动选项"对话框中还可以设置"时间（帧）"参数。只有字幕类型设置为"滚动"、"向左游动"、"向右游动"类型时，"时间（帧）"参数才被激活。各参数说明如下：

- 开始于屏幕外。选中该复选项时，"预卷"参数不可用，设置字幕的开始端从屏幕外进入屏幕。
- 结束于屏幕外。选中该复选项时，"后卷"参数不可用，设置字幕的末端从屏幕中一直运动到屏幕之外为止。
- 预卷/后卷。预卷参数设置载入动态字幕之前，软件呈现静止状态的帧数；后卷参数设置字幕结束之后，字幕呈现静止状态的帧数。
- 缓入/缓出。缓入设置字幕从开始缓慢加速到正常速度的时间内，需要跳跃或逐渐加速的帧数；缓出设置字幕从减速到完全停止的时间内，需要播放的帧数。

步骤2 编辑字幕。

在字幕编辑窗口中，使用文字工具和图形工具，分别添加文字和文字的背景矩形区域，并使用属性面板调整它们的属性，使字幕和背景对齐，效果如图 8-31 所示。编辑完成后，单击右上角的"关闭"按钮关闭字幕编辑窗口，然后保存工程。

步骤3 应用字幕。

字幕制作完成后就可以应用到影视合成中，从而为影视作品增光添彩。

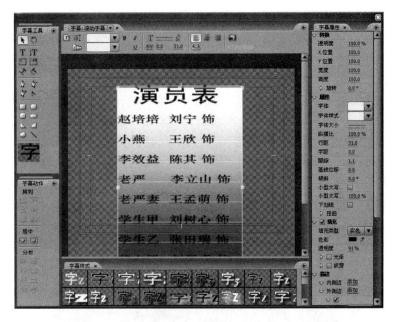

图 8-31　字幕编辑

首先在视频轨道上放置视频素材，然后在该轨道上方拖入制作好的滚动字幕，调整两者的入、出点，如图 8-32 所示。

图 8-32　编辑时间线

然后，将时间指示器定位到开始位置处。最后，在节目"监视器"窗口中监看合成效果，如图 8-33 所示。

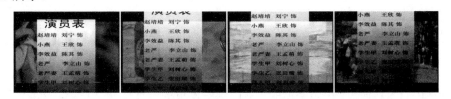

图 8-33　字幕合成效果图

8.3.2　制作游动字幕

游动字幕是另一种经常使用的运动字幕，字幕可以从右向左游动，也可以从左向右游动。

制作游动字幕与制作滚动字幕类似，这里简要介绍其制作步骤。

步骤1 创建游动字幕。

创建方法同样有两种：

方法一：在 Premiere Pro CS3 中，执行"字幕"｜"新建字幕"｜"默认游动字幕"命令，弹出"新建字幕"对话框，在名称文本框中输入字幕名称，单击"确定"按钮即可。

方法二：首先创建静态字幕，在字幕编辑窗口中单击"滚动/游动选项"按钮图标，更改字幕类型为"向左游动"或"向右游动"，单击"确定"按钮返回编辑窗口。

步骤2 编辑字幕。

在字幕编辑窗口中，使用文字工具添加文本字幕，并使用属性面板调整它们的属性，效果如图 8-34 所示。编辑完成后，单击右上角的"关闭"按钮关闭字幕编辑窗口，然后保存工程。

图 8-34　字幕编辑效果图

步骤3 应用字幕。

在视频轨道上放置视频素材，然后在该轨道上方拖入制作好的滚动字幕，调整两者的入、出点，将时间指示器定位到开始位置。最后，在节目"监视器"窗口中监看合成效果，如图 8-35 所示。

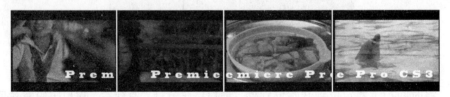

图 8-35　字幕合成效果图

8.4　应用模板

Premiere Pro CS3 预置了很多类型的模板，这些模板的设计都非常精美，一般情况下，使用这些模板，进行简单的设置修改就可以满足个人日常编辑的需求。

应用模板的操作步骤如下：

步骤1 首先在 Premiere Pro CS3 中创建字幕素材，并打开字幕的编辑窗口，然后执行"字幕"｜"模板"命令，弹出"模板"对话框，如图 8-36 所示。

步骤2 在对话框左侧的列表框中，单击展开各层次目录，选择某个模板后，在对话框右侧的预览窗口中显示了该模板的样式。如此，找到需要的模板，单击"确定"按钮，该模板立即应用到字幕工作区中，如图 8-37 所示。

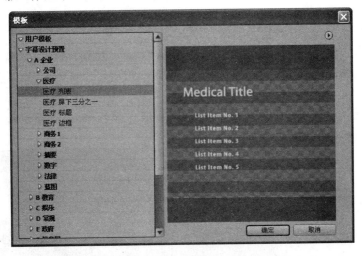

图 8-36 "模板"对话框

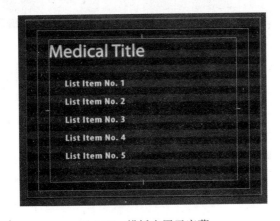

图 8-37 模板应用于字幕

步骤 3 在工作区中，对模板的各个部分更换新内容，调整排版，就可以应用字幕了。如果当前编辑好的字幕需要在以后继续使用，不妨将其保存为模板。

在字幕编辑窗口单击 ▣▣ 按钮，打开"模板"对话框，单击该对话框右上角的 ▶ 按钮，打开应用菜单，如图 8-38 所示，选择"导入当前字幕为模板"命令，根据提示输入名称即可保存当前字幕为用户自定义的模板。此后，就可以通过"模板"对话框应用该模板。

图 8-38 模板管理菜单

8.5 字幕应用实例——运动字幕片头

本实例使用 Premiere Pro CS3 的运动字幕功能，制作一个简单的节目片头。在制作过程中将会使用滚动字幕和游动字幕的设置、标志的使用，以及视频切换特效的应用。

操作步骤如下：

步骤 1 在 Premiere Pro CS3 中新建一个项目工程，命名为"8-1"，项目设置这里不做说明。

步骤 2 执行"字幕"|"新建字幕"|"默认滚动字幕"命令，弹出"新建字幕"对话框，在名称文本框中输入名称为"滚动字幕"，单击"确定"按钮。软件自动启动"滚动字幕"的编辑窗口，然后执行"字幕"|"模板"命令，弹出"模板"对话框，从中选择"字幕设计预置"|"C 娱乐"|"吉他"|"吉他_HD_侧边"模板，单击"确定"按钮，如图 8-39 左图所示。应用模板后的字幕工作区，如图 8-39 右图所示。

图 8-39 应用模板 1

注意： 在应用模板后，用户有时会发现字幕类型自动变为"静态字幕"，这时需要更改类型。执行"字幕"|"滚动/游动选项"命令，或在字幕编辑窗口单击"滚动/游动选项"按钮图标，弹出"滚动/游动选项"对话框，更改为"滚动字幕"即可。

步骤 3 删除模板中不需要的部分，并编辑字幕标题为"吉他曲目"，然后编辑其他 5 个条目为 5 个歌曲名称，如图 8-40 所示。在属性面板中设置"吉他曲目"的字体为"方正黄草体简"，字体大小为 70，并为其添加灰色的凸出描边。设置 5 个歌曲名称的格式，字体为"黑体"，字体大小为 40；然后在每一行的开始处单击鼠标右键，选择"标志"|"插入标志到正文"命令，在行开始处插入一个吉他标志，如图 8-40 所示。

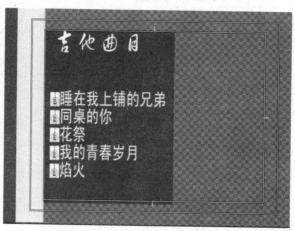

图 8-40 应用模板 2

然后，保存项目，将字幕的编辑结果进行保存，防止丢失。

步骤4 单击窗口选项设置区中的新建字幕按钮 [T]，弹出新建字幕对话框，输入字幕名称为"游动字幕"，单击"确定"按钮即可基于当前的字幕创建新的字幕。

Premiere Pro CS3 自动打开"游动字幕"编辑窗口，单击"滚动/游动选项"按钮图标 [≡]，弹出"滚动/游动选项"对话框，更改类型为"向左游动"类型，单击"确定"按钮。

在工作区，将左侧的白色矩形删除，将 5 个曲目删除，仅留下标题"吉他曲目"，并缩小矩形背景，使其大体能够容纳标题，如图 8-41 所示。

再次单击"滚动/游动选项"按钮，在选项设置窗口中，选中"开始于屏幕外"复选项，设置"缓出"为 25 帧，后卷为 75 帧，单击"确定"按钮，如图 8-42 所示，关闭字幕编辑窗口。至此，游动字幕制作完毕。

图 8-41　游动字幕编辑效果图

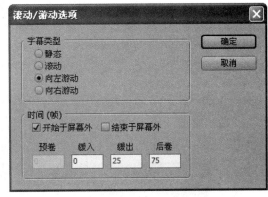
图 8-42　游动字幕设置

步骤5 在"项目"窗口中双击"滚动字幕"，打开滚动字幕的编辑窗口。在该窗口中删除标题文本，并缩小矩形背景，使其能够容纳 5 个曲目，如图 8-43 所示。

单击"滚动/游动选项"按钮，在选项设置窗口中，选中"开始于屏幕外"复选项，并设置"缓入"为 20 帧，"缓出"为 25 帧，后卷为 50 帧，单击"确定"按钮，如图 8-44 所示，关闭字幕编辑窗口。至此，滚动字幕制作完毕。

图 8-43　滚动字幕编辑效果

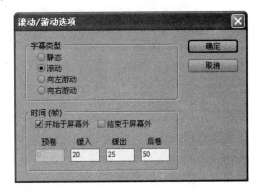
图 8-44　滚动字幕设置

步骤6 在 Premiere 窗口中，执行"文件"｜"导入"命令，导入一段需要与字幕配合使用的视频素材 20.wmv。至此，本实例需要的素材全部完成，项目窗口如图 8-45 所示。

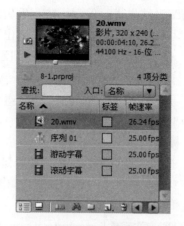

图 8-45   项目窗口

步骤 7   应用字幕。

首先，在素材源监视器中浏览视频，设置入、出点，然后将视频素材拖曳到时间线的"视频 1"轨道上。

此后，将"游动字幕"拖到"视频 2"轨道上，入点与视频对齐，然后调整该字幕的出点也与视频的出点一致。再拖动"滚动字幕"到"视频 3"轨道上，入点在视频素材之后，并调整它的出点与视频出点一致。三者的位置如图 8-46 所示。

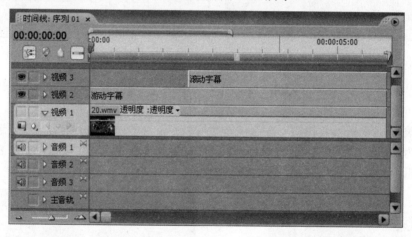

图 8-46   "时间线"窗口的编辑结果

至此，运动字幕片头基本制作完毕，在节目监视器中可以预览效果。

步骤 8   到现在为止，字幕片头的镜头效果比较生硬，下面为字幕添加过渡效果。切换到"效果"窗口，选择"视频切换效果"|"叠化"|"叠化"特效，将它拖曳到"滚动字幕"和"游动字幕"的入点处，调整"叠化"效果的出点，如图 8-47 所示。

步骤 9   最后，保存项目。在节目监视器中可以预览最终效果，如图 8-48 所示。

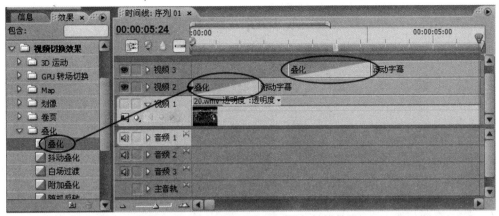

图 8-47 在"时间线"窗口添加转换效果

图 8-48 最终效果

8.6 综合练习 1——手写汉字

本练习实现影视作品中的手写字效果，虽然在实际的工作中应用不多，但是可以帮助读者学习字幕与特效的结合，可以产生特殊效果。

练习中使用 Premiere Pro CS3 制作静态字幕素材，使用"四点蒙版扫除"（Four-Point Garbage Matte）、"八点蒙版扫除"（Eight-Point Garbage Matte）键控特效，以及关键帧动画实现手写字效果。

操作步骤如下：

步骤 1 在 Premiere Pro CS3 中新建一个项目工程，命名为"8-2"，这里省略了项目设置的说明。

步骤 2 执行"字幕"｜"新建字幕"｜"默认静态字幕"命令，弹出"新建字幕"对话框，在名称文本框中输入名称为"大"，单击"确定"按钮。在弹出的字幕编辑窗口中，使用文本工具输入汉字"大"，并设置字体为"方正黄草体简"，字体大小为 500，并为其添加白色填充，如图 8-49 右图所示。

步骤 3 关闭字幕编辑窗口，将字幕"大"拖曳到"视频 1"轨道上。切换到"效果"窗口，选择"视频特效"｜"键"｜"四点蒙版扫除"特效，将它赋予"视频 1"轨道上的字幕"大"上。打开"效果控制"窗口，设置 4 点的坐标，坐标设置和效果如图 8-50 所示。

步骤 4 将字幕"大"拖曳到"视频 2"轨道上，设置它的入点比"轨道 1"退后 1 秒，出点与"轨道 1"对齐。切换到"效果"窗口，选择"视频特效"｜"键"｜"八点蒙版扫除"特效，将它赋予"视频 2"轨道上的字幕"大"上。打开"效果控制"窗口，设置 8 点的坐标，坐标设置和效果如图 8-51 所示。

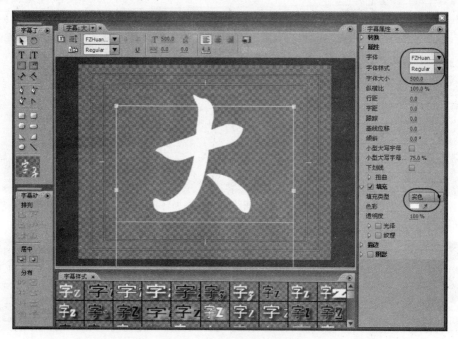

图 8-49　字幕设计效果图

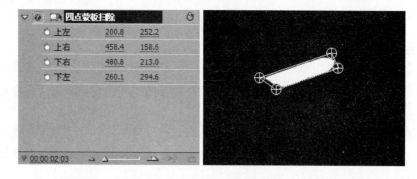

图 8-50　四点蒙版扫除各点的坐标设置与效果图

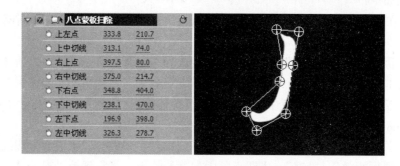

图 8-51　八点蒙版扫除各点的坐标设置与效果图

步骤 5　将字幕"大"拖曳到"视频 3"轨道上，设置它的入点比"轨道 2"退后 1 秒，出点与"轨道 1"对齐。切换到"效果"窗口，选择"视频特效"|"键"|"四点蒙版扫除"特效，将它赋予"视频 3"轨道上的字幕"大"上。打开"效果控制"窗口，设置 4 点的坐

标，坐标设置和效果如图 8-52 所示。

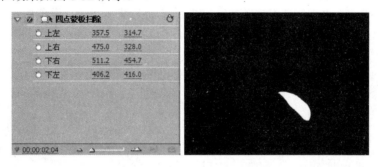

图 8-52　四点蒙版扫除各点的坐标设置与效果图

至此，汉字"大"的三个笔画分别使用三个字幕素材制作完毕。"时间线"窗口中的字幕排列方式如图 8-53 所示。

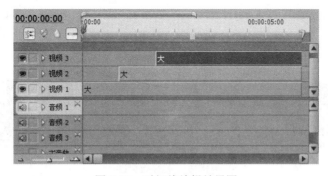

图 8-53　时间线编辑效果图

此时，预览节目效果还没有产生手写字的动画效果，下面使用关键帧动画模拟手写字的动作。

步骤 6　在"时间线"窗口中，单击"视频 1"轨道中的字幕素材，将时间指示器定位到"视频 2"轨道中的字幕素材的入点位置，切换到"效果控制"窗口，在当前位置处插入"上右"和"下右"参数的关键帧。

拖动时间指示器到"视频 1"轨道素材的入点处，分别调整它们的坐标值，如图 8-54 所示，并在此处分别插入关键帧，从而创建关键帧动画。

图 8-54　"视频 1"轨道素材动画设置

步骤 7　类似的操作，选中"视频 2"轨道字幕素材，定位时间指示器到"视频 3"轨道字幕素材入点之前，为除了"上中切线"和"右上点"之外的 6 个参数插入关键帧，然后定位时间指示器到"视频 2"轨道字幕素材的入点处，调整 6 个参数的值，如图 8-55 所示，并创建关键帧。至此,创建了"视频2"轨道素材的关键帧动画。

步骤8 同理,为"视频3"轨道的字幕素材设置关键帧动画,设置如图8-56所示。

 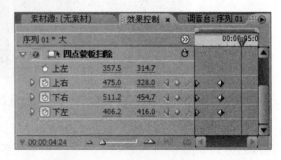

图 8-55 "视频2"轨道素材动画设置 　　　　　图 8-56 "视频3"轨道素材动画设置

步骤9 手写汉字效果制作完毕,保存项目。在节目监视器中可以预览最终效果,如图8-57所示。

图 8-57 最终效果图

8.7 综合练习2——波动字幕

本练习实现文字在背景的映衬下,呈现随风"波动"的效果,等波动停止后,显示出真正的字幕文本。

练习中介绍使用Premiere Pro CS3制作静态字幕素材、使用关键帧创建动画、"紊乱置换"(Turbulent Displace)等视频特效的应用,以及关键帧编辑过程中的技巧。

操作步骤如下:

步骤1 在Premiere Pro CS3中新建一个项目工程,命名为"8-3",默认创建一个序列:序列01,这里省略了项目设置的说明。

步骤2 执行"字幕"|"新建字幕"|"默认静态字幕"命令,弹出"新建字幕"对话框,在名称文本框中输入名称为"字幕01",单击"确定"按钮。在弹出的字幕编辑窗口中,使用文本工具输入文本"Premiere Pro CS3",通过设置属性参数,调整字幕的字体、大小、位置和填充效果,注意保证字幕处于字幕安全框以内。最终设置字体为"Bell Gothic std",字体大小为84,纵横比为90%,并为其添加放射状填充,色彩使用明黄色与白色,如图8-58右图所示。

关闭字幕编辑窗口,并保存项目。

步骤3 将"项目"窗口中的"字幕01"素材拖曳到"时间线"窗口的"视频1"和"视频2"轨道上,使两者的入、出点对齐,如图8-59所示。

图 8-58　字幕设计效果

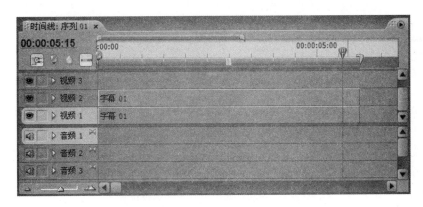

图 8-59　字幕应用于"时间线"窗口

步骤 4　选择"效果"面板|"视频特效"|"色彩校正"|"亮度&对比度"（Brightness & Contrast）特效，并将其应用于"视频 2"轨道的素材上。展开"效果控制"窗口，为"亮度"和"对比度"设置比较合理的参数，如图 8-60 左图所示，字幕效果如图 8-60 右图所示。

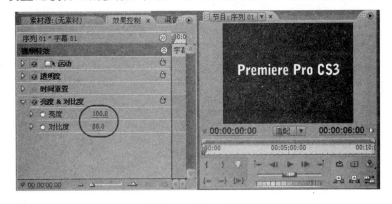

图 8-60　"亮度&对比度"参数设置与效果图

步骤 5 选择"效果"面板|"视频特效"|"变换"|"裁剪"（Crop）特效，并将其应用于"视频 2"轨道的素材上，设置各参数，然后将定位时间指示器定位到素材的入点处，为参数"左"和"右"设置关键帧，如图 8-61 左图所示。此时字幕效果如图 8-61 右图所示。

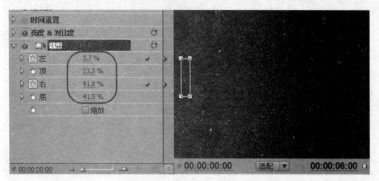

图 8-61 "裁剪"效果参数与关键帧设置 1

步骤 6 将时间指示器定位到 2 秒处，更改"裁剪"效果的参数，软件自动为参数"左"和"右"设置关键帧。参数设置如图 8-62 左图所示，此时字幕效果如图 8-62 右图所示。至此，为"视频 2"轨道创建了关键帧动画。

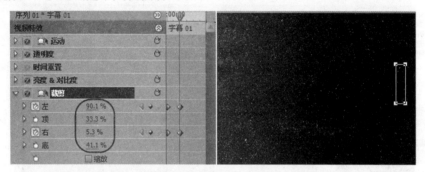

图 8-62 "裁剪"效果参数与关键帧设置 2

步骤 7 选择"效果"面板|"视频特效"|"扭曲"|"紊乱置换"（Turbulent Displace）特效，并将其应用于"视频 1"轨道的素材上。展开"效果控制"窗口，设置"数量"、"大小"、"偏移"、"复杂度"和"演进"参数，将定位时间指示器定位到素材入点处，并为它们设置关键帧，参数设置如图 8-63 左图所示，此时字幕效果如图 8-63 右图所示。

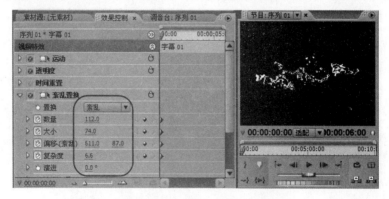

图 8-63 "紊乱置换"效果参数与关键帧设置 1

步骤8 将时间指示器定位到2秒10帧处，更改"紊乱置换"效果的"数量"、"大小"、"偏移"、"复杂度"和"演进"参数，软件自动为其添加了关键帧。参数设置如图8-64左图所示，此时字幕效果如图8-64右图所示。至此，为"视频1"轨道创建了关键帧动画。

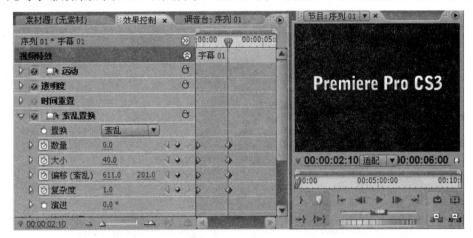

图8-64 "紊乱置换"效果参数与关键帧设置2

步骤9 使用鼠标在"视频1"轨道素材的出点处拖动，延迟素材的持续时间，从而使最后呈现的文字能够静止显示较长时间。

步骤10 打开"视频1"素材的"效果控制"窗口，在"紊乱置换"效果上单击鼠标右键，选择"复制"命令，将该特效的所有设置进行复制。然后，单击"视频2"轨道上的素材选中它，在它的"效果控制"窗口中单击鼠标右键，选择"粘贴"命令，将"视频1"轨道上相同效果的"紊乱置换"效果应用到"视频2"轨道上，如图8-65所示。

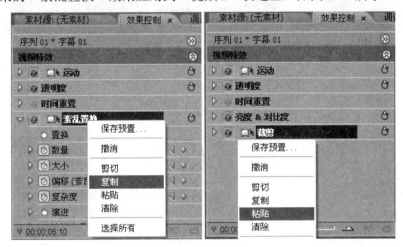

图8-65 "紊乱置换"效果的复制与粘贴

步骤11 执行"文件"|"新建"|"序列"命令，在弹出的"新建序列"对话框中，输入序列名称"序列02"，单击"确定"按钮。

步骤12 下面将视频作为背景，序列01作为动态字幕进行编辑，由于字幕为浅色，故需要注意背景视频需要深色的视频。如果导入的是浅色视频素材，可以对素材进行修饰以符合要求，比如调整素材的亮度和对比度，这些内容在其他章节有详细介绍，这里不再赘述。

执行"文件"|"导入"命令，选择一个视频素材导入"项目"窗口。打开"序列 02"的"时间线"窗口，将视频素材拖到"视频 1"轨道上。然后，将"序列 01"拖曳到"序列 02"的"视频 2"轨道上，调整两者的出点，使它们保持一致，如图 8-66 所示。

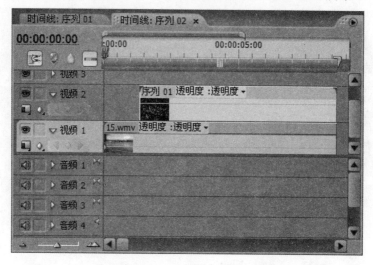

图 8-66　"序列 02"时间线编辑

步骤 13　至此，本练习的操作步骤结束，保存项目。在节目监视器中可以预览最终效果，如图 8-67 所示。

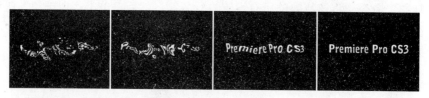

图 8-67　最终效果

本 章 小 结

本章主要介绍了字幕的创建、字幕的编辑属性以及各种运动字幕效果的制作，比如滚动字幕、游动字幕以及字幕模板的应用。其实关于字幕的制作，用户也可借助于第三方软件（如Photoshop、Illustrator）等配合制作理想的字幕效果，希望用户多加领会与应用。

思考与练习

1. 选择题

（1）如果让上飞字幕在飞滚完毕后，最后一幕停留在屏幕中，应该设置下列哪个参数？（　　）

　　　A．缓入　　　　B．缓出　　　　C．预卷　　　　D．后卷

（2）在 Adobe Premiere Pro 中，以下关于操作"字幕设计器"（Adobe Title Designer），描述不正确的是：（　　）

    A．可以在字幕设计器中操作路径文字

    B．字幕设计器提供了现成的字幕模板

    C．在字幕设计器中，可以选择显示或隐藏安全区

    D．在字幕设计器中，可以通过导入命令，将纯文本导入，作为字幕内容

（3）下列哪些格式存储的文件，可以作为字幕中的 LOGO 插入：（　　）

    A．AI 文件　　　　　　B．MOV　　　　　　C．ICO　　　　　　D．AVI

（4）创建上飞字幕，字幕类型应该使用下列哪种模式？（　　）

    A．静止（stilll）　　　　　　　　　　B．滚动（roll）

    C．游动（crawl）　　　　　　　　　D．垂直滚动（vertical roll）

（5）请选择下面可以辅助 Premiere 制作出更加完美的字幕效果的第三方软件。（　　）

    A．Microsoft Word　　　　　　　　B．Adobe Photoshop

    C．Adobe Illustrator　　　　　　　　D．Microsoft PowerPoint

（6）在 Premiere Pro 的字幕窗口中创建一个标准的正方形或圆形图案，选中相应图标工具后结合哪个键使用可以实现？（　　）

    A．Space　　　　　　B．Ctrl　　　　　　C．Shift　　　　　　D．Alt

2．思考题

在 Premiere Pro 中，利用第三方软件（比如 Photoshop）帮助制作字幕时，怎样让制作的字幕在导入 Premiere Pro 时自动透明？

第9章 影视作品的画面艺术处理

本章学习目标

- 画面构成的要素及组成
- 镜头的组成
- 蒙太奇
- 镜头连接

在影视编辑过程中，用户不但要掌握各种影视相关硬件设备的使用，也要掌握常用软件的使用，比如 Premiere、After Effects、Photoshop 等。掌握了硬件设备和软件的使用还不能保证制作出优秀的影视作品，在制作过程中需要用户使用艺术的灵感对作品进行加工，只有如此，才能制作出好的作品。

本书的前 8 章主要介绍了 Premiere Pro CS3 软件的技术性使用，实际上，在所有实例和练习的制作过程中都涉及作品的艺术性。本章将对影视作品的画面艺术问题进行介绍，通过本章的学习，用户能够具备基本的艺术素养，从而为影视作品的制作提供艺术方面的指导。

9.1 画面构图概述

摄像人员在拍摄画面时，要根据剧本的要求，努力寻找到较为完美的画面形象结构和最佳的画面效果。影视画面的构图贯穿摄像人员拍摄所有镜头的全过程。影视创作的目的是要创作出优秀的影视作品，作品要表现一定的主题思想，创作出优美的画面。

画面构图是在影视作品拍摄中把被摄对象及各种造型元素有机地组织、选择和安排，以塑造视觉形象，构成画面样式的一种创作活动。从本质上说，构图是指画面的形式结构，它必须要为主题和内容服务，主要任务是突出主体形象。

对于后期剪辑人员，应对画面构图等方面有所了解。在使用 Premiere 编辑软件对视频进行编辑时，在对影视作品主体思想整体把握的基础上，还需要掌握画面构图的要素有哪些，影视画面构图的一些特点，以及在影视画面构图布局上如何处理各个组成部分之间的关系等内容。

9.1.1 画面构图的特点

影视作品是将景物光像用一个个镜头记载下来，镜头内容所表达出的是影视作品的主体思想及对观众有目的、有意向、甚至是强制性的引导。而与照片相对比，影视作品构图最大的区别是摄像涉及的是运动的画面，镜头的内容可以是静态的也可以是动态的。静态的镜头内容和动态的镜头内容共同完成对影视节目内容的陈述。影视作品画面构图具有如下一些特点：

（1）画面具有运动性。

影视作品的镜头具有的运动性表现在其作品的制作过程中。首先在拍摄时，摄像机镜头根据剧本的需求和情节的发展不断地应用一些运动镜头，例如推拉镜头、移镜头、跟镜头等或通过改变镜头的焦距改变景别的内容，给观众造成运动的感觉。其次，被拍摄对象本身也是运动的。在拍摄过程中，导演将对演员进行调度，例如在画面上进行横向、纵向、斜向、环形调度，记录的画面是连贯、运动的。而在摄像完毕，后期对素材编辑加工时，将不同的镜头进行组接，可以产生新的含义，造成画面运动。

（2）多视点。

与绘画和照片不同，影视作品画面构图不是只在某一个视点上进行表现，而是可以在拍摄过程中不断变化视点、角度和景别。在拍摄过程中可以使用主观镜头和客观镜头，对同一被摄主体可以进行连续、多视点、多角度、多景别地拍摄。例如对于较为宏大的场面可以选择远景进行拍摄，而要显示某个对象比较高大、庄重，可以选择仰角进行拍摄。随着视点的不断变化，被摄主体的画面形象和画面范围也在不断变换，使得观众获得了更多的信息量和更丰富的视觉感受。

（3）主体、陪体的相呼应性。

主体是被拍摄的主要对象，而陪体为拍摄的非主体对象，二者在拍摄过程中是相呼应的关系。画面中被摄主体与陪体所处的位置、视线关系、情景动作等在上下镜头中应符合情景，符合视觉习惯，对应统一。而同时，也要通过陪体来突出主体，无论是直接突出还是间接突出主体，在画面的安排布局上都要以主体为主线，把观众的视线引向主体。

（4）画幅的固定性和构图处理的现场一次性。

影视画面的画幅是固定的，不能像图片那样在事后进行剪裁和修饰，对于普通的电视屏幕的宽高比为4:3，高清晰电视的宽高比为16:9，而电影屏幕中常见的宽高比为1.38:1，和2.35:1，所有的影像信息都呈现在规定的屏幕大小内。在拍摄过程中，对画面的构图只能在拍摄前进行设计安排，而拍摄完成后的画面的构图关系及画面结构不能像图片那样进行后期加工。这并不代表不能对拍摄的镜头进行后期剪辑编排，只是不能随意对画面的构图关系及画面结构进行后期加工。摄像机拍摄的画面仅仅是素材，在后期加工的过程中，需要根据作品的主体思想、情节的需要来进行剪辑，而拍摄时为了编辑的需要，要注意前后画面构图的流畅、连贯。

（5）起幅和落幅。

影视作品使用多个镜头来记录故事情节的发展，镜头中出现的第一幅画面与结尾的最后一幅画面为我们所说的起幅和落幅。起幅、落幅都是静态构图，要讲究视觉效果。从起幅过渡到"运动"，要符合视觉习惯，不可太突然，而"落幅"要尽可能给人以"悬念"或"遐想"，为下一个镜头的衔接做好准备。

（6）构图结构的整体性。

影视节目的完整内容通常都是由几个乃至几十、上百个画面来共同完成的，某一影视画面所传达的内容往往从上一个画面延续而来，或向下一个画面发展下去，因此，单个影视画面的构图可能并不完整，但在一系列画面组接之后会形成构图结构的整体性和传情达意的规律性。而对于影视作品的主体思想的表达不能仅仅局限于单一的一个画面或一个镜头，可以用一连串镜头的变化，如远景——中景——近景——特写等的过渡来表现主题思想。同时，被拍对象本身的运动和摄像机的运动可造成画面的运动，通过运动，打破静态的平衡，形成视觉的冲突，从而突出主题。

（7）时限性。

影视画面的播放时间长度不同，所传达的信息量也不同，观众只能在有限的时间内来收看和接受画面信息。因此，画面构图和表现的时限性要求画面的构图必须简洁、集中而明确。将观众的视线引导到拍摄主体上，通过对主体、陪体的安排，人物姿态、言语、现场的气氛等来烘托主体，在有限的时间内传递需要的信息。

9.1.2　画面构成要素

影视画面构成主要包括有6大要素：形状、线条、明暗、色彩、质感和立体感。

（1）形状。

形状是画面构成中最基本的要素。不同形状的物体或同一形状的物体在画面中的不同位置，都会呈现出不同的视觉效果。形状也是我们把握物体的基本特征之一，它作用于人的视觉是整体的，富有概括力的。往往人们在没有看清楚物体的细部时，却已感受到它的形状。

单个物体形状对构图的影响，以不同的形式呈现在画面上，使观众得到不同的感受。物体在固定画面内处于不同位置，处在不同的背景下，光照方向不同或者改变拍摄方向，都会呈现出不同的视觉效果。当拍摄角度发生变化时，拍摄的效果也不同。例如全俯视产生的形状是平面效果，带有装饰趣味，仰视则使房屋显得高大，为了表现人物的高大，也往往采用仰角拍摄。而拍摄位置不同，形状会发生不同的变化。例如拍摄一位较胖的少女，采用正面和四分之三侧面往往容易显露出她的胖，选择正侧面则有助于表现少女的纤秀。因此在拍摄前，最好对所要拍摄的对象从不同的角度进行观察，选择最能表现对象特征的角度和位置。

画面中有两个或两个以上形状的物体，它们还可以组成新的复合形状。它们之间相互关系的变化会使画面表现出不同的构图形式，并给人以不同的感受。例如正方形构图给人以平等的关心和率直的感受；三角形构图表示安全感，关心和极端；圆形构图表示团结，兴趣的连续和不间断的封闭运动；而S形构图表示体贴关心，优雅，活泼，如图9-1所示。

（a）正方形构图

（b）三角形构图

（c）圆形构图

（d）S形构图

图9-1　多个物体复合构图

（2）线条。

线条是画面构成最基本和最主要的因素，任何一幅画面都离不开线条，它是画面构成的骨架。人和物外形的轮廓、物体的体和面以及光照射在物体上形成的投影都是通过线条来表现出来的。不同线条结构能使人产生不同的联想。

线条在画面中的表现方式可以是人和物的外形基本轮廓形成的线条，可以是物体面与面相交形成的线条，或者光照射在物体上形成明暗、色彩的明显差异形成的线条。这些都可以更加充实物体的体积和空间的位置。

线条结构反映出景物的表面形态或形状，自然界中景物都可用不同线条组合表现出来，它有直、横、斜、曲线、锯齿等形状。线条及其组合不仅能帮助人们全面、准确地认识事物，理解事物的具体形态、空间位置、朝向、运动轨迹，而且人们在对不同线条结构的积累感受经验中形成了一种传统的观念，对不同的线条结构产生不同的心理联想。

① 横线结构：能引导视线横向移动，产生开阔、舒展的效果，并能延伸人的视线，给人以广阔寂静和安定的感觉，如大地、平静的大海都是明显的横线条，在表现湖面安静幽雅的气氛时，往往采用水平线为主线条的画面构图，如图9-2（a）所示。

② 垂线结构：可导致视线向画面的深处移动，使画面结构丰富，立体感强。代表生命永恒和权力，给人以庄严、宏伟、尊严和刚强的感觉，如人民英雄纪念碑、旗杆、森林，如图9-2（b）所示。

③ 斜线结构：给人以运动、活跃、上进的感觉，但有时也使人感到不稳定和倾倒。如运动员在起跑瞬间的姿态，山坡向上的斜线，倾斜的建筑物，如比萨斜塔，它们都给人以强烈的动感或不稳定感，如图9-2（c）所示。

④ 曲线结构：给人以优美、柔和、流畅的感觉。自然界中的河流、花草，天体中的星球往往都呈现出优美的曲线。曲线可谓是一种变化多端的线条，当它的弧度接近半圆的时候会使人感到丰满、充实，如植物的果实。在画面中常常是直线和曲线的相互配合，使画面有刚有柔，刚柔兼顾，如图9-2（d）所示。

（a）横线结构

（b）垂线结构

（c）斜线结构

（d）曲线结构

图9-2　线条结构

拍摄时，应根据所摄画面的主要线条，加以提炼安排，要运用线条给人以心理联想，以及产生视觉心理和视觉节奏的这些特点，为主题内容服务。

（3）光线。

光线是画面构图的重要因素，没有光线谈不上成像，没有合理的布光，很难拍摄出理想的画面。

光线的构图作用表现在 3 个方面：光的质量、方向、亮度。

① 光的质量：可以分为柔光和硬光。

柔光的光源比较分散，方向性较弱，画面的布光效果比较均匀和谐，光效比较柔和自然，画面区域分布比较模糊，适宜表现欢快、自然、明亮的气氛和情绪，如图 9-3（a）所示。

硬光光源比较集中，有明显的方向性，画面的布光不均匀，画面区域分割明显，光效比较强烈，有一定的视觉冲击力，适宜表现紧张、恐惧、焦虑等气氛，如图 9-3（b）所示。

（a）柔光　　　　　　　　　　　　　　　　（b）硬光

图 9-3　柔、硬光

② 光的方向：可以分为顺光、侧光、逆光、底光、顶光等。

光的方向性可以突出被拍摄物的局部，用特殊的构图产生比较强烈的感情效果；不同方向照射的光能使画面产生多维纵深、扑朔迷离的效果。

a. 顺光。顺光的优势不但影调柔和，可防止多余或干扰性的阴影，减少物体表面不必要的造型。但是不利于在画面中表现大气透视效果，表现空间立体效果也较差，如图 9-4（a）所示。

b. 侧光。受侧光照射的物体，有明显的阴暗面和投影，对景物的立体形状和质感有较强的表现力。使被拍摄物层次分明、对比突出，反差比较明显，具有一种严峻感，如图 9-4（b）所示。

c. 逆光。亦称"背面光"。由于从被摄体背面照射，只能照亮被摄体的轮廓，所以又称轮廓光。逆光有正逆光、侧逆光、顶逆光 3 种形式。在逆光照射条件下，景物大部分处在阴影之中，只有被照射的景物轮廓，这使得景物间有所区别，层次分明，在拍摄全景和远景过程中，往往采用这种光线，使画面获得丰富的层次感，如图 9-4（c）所示。

d. 底光。光线来自物体的下方，使被拍摄物有被扭曲变形感，常用来表达恐惧或狰狞的效果，如图 9-4（d）所示。

e. 顶光。光线来自被摄体的上方。景物的水平照度小于垂直面照度，亮度间距大，缺乏中间层次，往往使场面具有一种呆滞、单调的效果，多用于丑化人物、制造恐怖，如图 9-4（e）所示。

（a）顺光

（b）侧光

（c）逆光

（d）底光

（e）顶光

图 9-4　光的方向

③ 光的亮度。可以分为强光和弱光。

强光使被拍摄物体明亮清晰，轮廓和细节比较分明；弱光使被拍摄物阴暗模糊，轮廓和细节不明显，可用来表现压抑或悲剧性的气氛。

（a）强光

（b）弱光

图 9-5　强、弱光

（4）色彩。

色彩是构图的主要因素，色彩运用得恰当与否，将会给画面的真实感、感染力造成很大影响。

色彩是客观存在的，本身不带有感情色彩，但因为不同的色别作用到人的心理会产生不同的影响。有的色彩刺激醒目，有的颜色柔和、悦目。根据人们对不同色彩的心理反映，可把颜色分为冷色和暖色两大类。暖色如太阳和火能给人温暖的感觉，一般包括红、黄或与红黄相近的颜色。冷色如树荫、月光和黑夜能给人以凉爽的感觉，一般包括青、蓝或与青蓝相近的颜色。色彩对人的心理产生的联想反映，对于某种色别人们赋予了它一定的象征意义：

蓝色：使人想到天空和大海，象征着崇高和深远，优雅和冷漠。

绿色：使人联想到田野和生机勃勃的春天，象征着生命与和平。

红色：使人联想到血与火，象征着革命、暴力、危险。

黄色：使人联想到丰收的金秋，象征着富有、高贵与欢快。

白色：使人联想到白云、白雪，象征着纯洁、圣洁。

（5）质感。

质感体现了物体表面质地的外观差异，是不同物体的不同属性所表现出来的视觉感、触觉感。真实地表现物体的质感，直接影响画面的感染力。表现质感有两种含义：一是指表现各种不同的物质的特殊属性，如金属、玻璃、木头，它们之间不仅形体不同，而且它们的属性轻重也不同，在表现质感时就应很好地把它们的特点表现出来。二是指如何表现被摄体表面的特殊视觉感，如粗糙，细腻，光滑，柔软，干枯，坚硬等。

物体表面结构分成 3 大类，一是无光泽的粗糙表面，如房屋、树木、皮毛等。这类物体表面的反光特性是将投射来的光线呈漫反射状况，其表面光度比较均匀。二是有光泽的平滑表面，如丝绸、金属、陶瓷、油漆制品，这类物体表面将投射来的光线混合反射，按一定角度形成柔和的闪光。三是镜面的有硬性闪光的表面，如电镀制品、抛光金属品，它们的反光特性是对投射光线呈单向反射状况，在反射角度上，直接看到光源，构成很亮的光斑。

（6）立体感。

立体感是把存在于空间的物体，用一定的形状和厚度表现出来。在影视画面这个二维空间上表现三维立体的效果，可以利用人眼对物体轮廓近大远小、影调近淡远浓、线条近疏远密的感知特性，来体现立体感；也可以利用画面中本身物体的运动或者利用摄像机的运动，景别的不断变化表现立体空间。主要是利用人们的视觉经验，在平面上创造出具有纵深感的立体空间。

9.1.3 画面中的景物关系

摄像构图就是指镜头画面的布局、组织和结构。具体来说摄像镜头画面由主体、陪体、前景和背景组成。在一个影视节目的制作中，为了揭示主题思想内容，把所有的构图要素结合成一个和谐的整体，并根据构图原理对各要素做适当的安排，使它们搭配得当、布局合理、主次分明，其目的都是为了突出主体。

（1）主体。

主体是镜头画面表现的主要对象，是镜头画面被表现的中心，也称被摄主体。画面中的主体是根据剧情和前后镜头的逻辑关系来决定的。主体在被摄画面中可能是主要角色，也可能是次要角色，或者是某件物品。

从表现主题的角度看，主体起到点题和引领情节发展的作用，而从构图角度而言，主体位于画面结构的中心位置，是观众观看的视觉中心。

构图的主要目的是突出主体所传达给观众的影像信息，所以构图的主要目的是突出主体。在摄像中常用的对比手法有大小对比、明暗对比、色彩对比、虚实对比、动静对比等方法来突出主体。具体表现如下：

① 把主体放置在画面结构的中心位置或者画面线条透视的中心，吸引观众视线。

② 运用景深变化来扬弃一些不必要的细节，突出前景或清晰后景，干净鲜明地突出主体。

③ 运用空气透视法，模糊后景或背景来突出主体。

④ 透过前景角色的视线或者装饰性物体，引导观众对主体的关注。

⑤ 运用光照，利用主体和陪体之间的对比度的差别来突出主体。例如利用光线集中照

射，使主体处于高光区，凸显出来，引人注目，而陪体处于相应暗下来的阴影中。

（2）陪体。

陪体是辅助说明主体的被摄对象，它与主体共同表现镜头画面主题，增加了镜头画面的信息量，使镜头画面造型更丰富。陪体可以是被摄对象中陪衬主体的道具、人物、前景、背景等非主体对象。陪体和主体也不是一成不变的，也许前一个镜头中的陪体，在下一个镜头中为主体。

陪体是主体的陪体。选择与主体关系最为密切的物体做陪体，使它能够真正对主体起到陪衬与说明作用。陪体应简洁。选择陪体时，要能够通过典型的陪体更为方便地找到主体形象，在处理陪体时不要喧宾夺主，主次颠倒。

（3）前景。

前景是指在被拍摄主体的前方，最靠近镜头的景物。前景的运用可以增强镜头画面的空间感，使镜头画面呈现近、中、远的层次感。

可以选择具有季节特征、地方特征的景物做前景，有意识地运用前景来渲染某种气氛或特征。例如利用红叶、垂柳等作为前景还可以表现季节、时间、地点等信息。在拍摄过程中，可以选择框架式前景让前景把主体影像包围起来，把观众视线引向框架内的景物，使主体得以突出并能表达画面纵深的空间感。所以恰当地选取前景能明显增强画面的表现力和感染力，因此应该针对画面内容和根据表现意图去选择前景。

（4）背景。

背景是指处在主体后面用来衬托主体的景物，它是画面的有机组成部分。主要起到交待环境，增强镜头画面空间感、纵深感和突出主体形状特征的作用。对背景的处理有强化表现和弱化表现两种方法，如果背景对主体表现非常有用，就应该把背景拍清晰；如果背景与主体无关或者干扰主体的表现，就应该采用减小景深的方法虚化背景。

突出主体的背景处理可以通过简洁背景或者加强背景与主体的影调对比效果的方法来实现。背景简洁，必然使主体突出，相反则分散观众对主体的注意力。背景与主体的影调相近或相同时，背景和主体就会混为一体，从而减弱主体。所以，一般暗的主体宜衬托在亮的背景上或与之相反。

9.2 镜头的连接

9.2.1 镜头的组成

电影摄影机在一次开机到停机之间所拍摄的连续画面片段，是电影构成的基本单位，简称镜头。镜头由以下几个因素构成。

1．画面

画面包括一个或数个不同的画面。（具体可以参见 9.1 节画面构图概述）

2．景别

景别包括远景、全景、中景、近景和特写。

景别是指镜头画面中主体的范围和视觉距离的变化。根据视觉距离的远近和镜头画面中景物范围的大小，习惯上将景别分为远景、全景、中景、近景和特写，如表9-1所示。

表9-1　景别

景　别	角　　色
远景	角色或角色群在画面中所占比例小于1/4，突出背景空间
全景	角色的全身在画面中
中景	角色膝盖以上的部位在画面中
近景	角色胸部以上的部位在画面中
特写	角色肩部以上的头、被摄主体的局部细节在画面中

（1）远景。视距最远的景别，是摄像机摄取远距离景物的一种镜头画面，远景以环境为主，可以没有人物。若有人物，人物占的面积很小，甚至成为一个点。远景镜头画面视野开阔深远，用于表现宽广的场面，展示雄伟的气势。展示巨大空间，交代地点环境。描写景物使之富有意境诗意，抒发感情，如图9-6（a）所示。

（2）全景。全景表现范围比远景小，包括被摄对象或镜头画面主体的全貌和周围的环境。与远景镜头画面相比，全景镜头画面有明显的内容中心和结构中心。若全景镜头画面的主体是人，人物的头脚应完整。全景兼顾了环境和拍摄主体两个方面。即能交代故事发生的环境，表现一定的气氛，展示大幅度的动作，交代事件发生的环境及主体和环境的关系，如图9-6（b）所示。

（3）中景。中景包括镜头画面主要拍摄对象或主体的主要部分。若主体是人，一般取膝盖以上部分；若主体是几个人的活动，则取能反映主要情节的部分；若主体是物，则取表征该物体特征的部分，如图9-6（c）所示。

（4）近景。近景包括主要被摄对象或主体的更为主要的部分。若主体是人，则取胸部以上部分。主要用于突出人物的神情，表现物体的细部特征，如图9-6（d）所示。

（5）特写。特写是主要拍摄对象或主体的某一局部充满镜头画面。主体是人，取景范围肩部以上。特写一般构图单一，主要用于揭示对象内在的动感和本质；刻画人的心理活动和情绪；交代不为人注意的事物；空间感不强，用于转场时的过渡画面。若镜头画面中只表现人脸或身体的一个小小的局部或是某一物件的细节部分，习惯上称为大特写。特写镜头画面主要用于强调，起放大形象、强化内容、突出细节和揭示被摄对象内在动感和本质的作用，如图9-6（e）所示。

（a）远景

（b）全景

图9-6　景别

  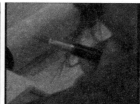

（c）中景　　　　　　　　（d）近景　　　　　　　　（e）特写

图 9-6　景别（续）

3. 拍摄角度

拍摄角度从垂直平面角度（摄像高度）可以分为平摄、仰摄、俯摄；从水平平面角度（摄像方向）可以分为正面拍摄、反面拍摄和侧面拍摄。不同的拍摄角度呈现不同的拍摄效果。

（1）正面拍摄。

正面拍摄就是用摄像机拍摄被拍摄对象的正面，主要表现被拍摄对象的正面特征。

正面拍摄有利于表现正面特征，显示出庄严、稳定、静穆的气氛。例如北京天安门、人民大会堂等左右对称式建筑，正面拍摄表现稳定、庄重、肃穆、庄严、神圣。而正拍人物，表现完整的脸部特征和表情动作。正拍平角度近景，有利于画面人物与观众面对面的交流。但是正面拍摄镜头画面透视感差，缺乏立体感和空间感，若画面布局不合理，呆板无生气，无主次之分，如图 9-7（a）所示。

（2）侧面拍摄。

侧面拍摄就是摄像机对着被拍摄对象的侧面拍摄，主要表现被拍摄体的侧面特征。可分为正侧面拍摄和斜侧面拍摄。

正侧面拍摄有利于表现运动姿态和富有变化的外沿轮廓线条。而拍摄双方对话交流时，多方兼顾，平等对待，但不利于展示立体空间。

斜侧面拍摄在镜头画面中就可以表现两个面。斜侧面拍摄又分为前侧面拍摄（在正面和侧面之间拍摄）和后侧面拍摄（在正侧面和背面之间拍摄）。与正拍和侧拍相比，斜侧面拍摄的镜头画面立体感和纵深感大大增强了，如图 9-7（b）所示。

（3）背面拍摄。

摄像机对着被拍摄对象的背面拍摄，主要表现被拍摄体的背面形象特征。画面表现的视向与被拍摄主体的视向一致，给人强烈的主观参与感。画面具有不确定性，有悬念，引起想象，如图 9-7（c）所示。

（4）平摄。

所谓平摄就是摄像机拍摄点与被拍摄对象在同一水平线上拍摄。平摄的镜头画面透视正常，符合人的视觉习惯，被摄对象不易变形，平等、客观、公正、冷静、亲切。平摄画面结构稳固、安定，形象主体平凡、和谐，新闻摄像常用。平摄与移动摄像结合，使人产生身临其境之感，多用于新闻纪实性节目，如图 9-8（a）所示。

（5）仰摄。

仰视角度拍摄出来的镜头通常是在低于被拍摄对象的机位完成的，所以也称低角度镜头。常出现以天空或其他特定物体为背景的画面，背景净化，突出主体，强调在垂直方向伸展的被摄体的高度和气势。仰视拍摄，主体向上延伸，显得高大而挺拔，强调其高度和气势。

仰视拍摄可以表现崇敬、景仰、自豪、骄傲等感情色彩，如仰摄人物，使形象崇高伟大，表达我们内心的敬仰之情，如图9-8（b）所示。

（a）正面拍摄

（b）侧面拍摄

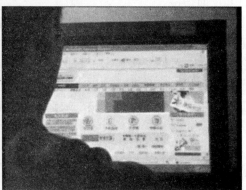

（c）背面拍摄

图9-7　水平拍摄角度

（6）俯摄。

俯视角度拍摄出来的镜头通常是在高于被摄对象的机位完成的，所以也称高角度镜头。常被用来反映整体气氛和宏大场面。被拍摄物体一般显得比较委琐或渺小，俯视拍摄往往带有贬低、轻蔑、藐视等情绪意味，有可能表现出阴沉、忧郁、凄凉乃至悲怆的感情色彩。表现人物的活动时，宜于展示人物的方位和阵势，如图9-8（c）所示。

（a）平摄

图9-8　垂直拍摄角度

（b）仰摄

（c）俯摄

图 9-8 垂直拍摄角度（续）

4. 镜头的运动

镜头的运动即摄影机的运动，主要包括推、拉、摇、移、跟、甩几种运动方式，有时几种方式可结合使用。

（1）推镜头。镜头的运动方式为逐渐接近被拍摄的物体。随着视野的集中，被摄主题在画幅中逐渐变大，细节越来越突出鲜明。同时，环境和陪衬物越来越少，其作用为突出主题，描写细节。

（2）拉镜头。镜头运动的方式为逐渐远离被摄主体。随着视野扩大，被摄主体在画面中越来越小，同时周围环境越来越多，使观众在视觉上产生一种从局部逐渐扩展到整体，同时关照到相互之间的联系。

（3）摇镜头。摄像机的位置不动，机身向上下或左右摇动的摄影方法。可以改变拍摄角度、拍摄对象，既可跟踪一个拍摄物体，又可以表现全景。摇的速度可快可慢，不同的速度可以获得不同的艺术效果。

（4）移镜头。摄像机在拍摄时所进行的上下左右的移动，在移动过程中拍摄连接而变换的镜头。移动可扩展画面的空间容量，造成画面构图的变换，即可环视、浏览、跟踪镜头。介绍景物的特征及环境情况时，称为巡视移摄；作为跟踪某一对象时，或正或倒，都称为伴随移摄。

（5）跟镜头。摄像机在与运动着的被摄主体保持基本相同的距离的同方向运动。跟镜头可连续而详尽地表现被摄主体在运动状态下的行为和变换，既可以突出运动中的主体，又能交代被摄主体运动的方向、速度、状态及其和环境的关系和变化。

（6）甩镜头。也称闪摇镜头，是摇镜头的一种。拍摄方法是从镜头的起幅疾快地摇到落幅，摇摄中间的画面短时间变得非常模糊。甩镜头的作用是表现事物时间、空间的急剧变化，造成人的心理的紧迫感。

9.2.2　镜头连接常用的方法

1. 蒙太奇

提到镜头的组接，就会涉及蒙太奇这个名词，蒙太奇是法文 Montage 的译音，原本是建筑学上的用语，意为装配、安装。而影视理论家将其引申到影视艺术领域，指影视作品创作过程中的剪辑组合。

影视信息连接起来产生含义的逻辑关联手段就是蒙太奇。蒙太奇是电影画面、声音实现其叙事功能的一种"语法修辞规则"，是构成影视艺术魅力的基本手段。具体来说，蒙太奇就是将摄影机拍摄下来的镜头，按照生活逻辑，推理顺序、作者的观点倾向及其美学原则连接起来的手段。

"蒙太奇"的含义有广狭之分。狭义的蒙太奇专指对镜头画面、声音、色彩诸元素编排组合的手段，即在后期制作中，将摄录的素材根据文学剧本和导演的总体构思精心排列，构成一部完整的影视作品。其中最基本的意义是画面的组合。广义的蒙太奇不仅指镜头画面的组接，也指从影视剧作开始直到作品完成整个过程中艺术家的一种独特的艺术思维方式。

在影视中，构成影视的原材料是画面，最基本的元素是镜头，镜头是由画面构成的，一系列的镜头按照一定的规则组合起来便形成了蒙太奇。而不同的镜头组接顺序不同，可能所表达的意思也随之发生变化。例如下面的这组镜头，有三个镜头：

（1）一个躺在床上的病人，脸色苍白。

（2）一医生在给病人注射治疗。

（3）病人在院中散步。

这三个镜头如果按照（1）、（2）、（3）的顺序进行剪辑，则表示一个病人康复的过程，而如果按照（3）、（1）、（2）顺序进行剪辑，则表示一个病人病情加重的过程。

按照景别的变化来分类的蒙太奇构成形式一般有以下几种：

（1）前进式。前进式是将景别按由远到近变化的镜头进行组接的方法，如远→全→中→近→特，视距由远而近，把观众的视线逐渐地从对象的整体引向局部。前进式蒙太奇具有一定的视觉冲击力。

（2）后退式。后退式与前进式相反，它将有景别变化的镜头按由近到远的规律进行组接，如特→近→中→全→远，把观众的注意力从对象的局部引向整体，它的作用在于或抒情，或情绪也随之由高昂走向低沉等。

（3）环形。是前进式和后退式两者的结合。如远→全→中→近→特→特→近→中→全→远，可以造成景别及观众的情绪呈波浪、循环往复的发展情形。

（4）穿插式。穿插式的景别发展不是循序渐进的，而是时大时小，远近交替，从而形成波浪起伏的节奏。除了两极镜头（远景→特写）以外，一个句子当中，根据内容的需要，景别可随意变换，如全→中→近→中→近→特等。

（5）跳跃式。跳跃式镜头也称两极镜头，适用于情绪大起大落，事件的跌宕起伏等场合，如远→特→远→特。

（6）等同式。所谓等同式就是在一个蒙太奇中，内容在变化，但是表达这些内容的景别基本保持不变，如特→特→特→全→全→全等。

2. 镜头转换常用的光学技巧

在电影镜头的转换中常用不同的光学技巧和手法，以达到剪辑影片的目的。下面是常用的几种方法：

（1）切。前后两个镜头直接相连的剪辑方式，适用于场景之间和镜头之间的剪辑，是电影中最常用的一种镜头转换方法，使用率达到90%以上。即不加技巧地从上一镜头结束直接转到下一个镜头开始，中间毫无间隙。前一个镜头称为切出，后一个镜头称为切入。表示前一个场景的画面刚结束，后两个场景的画面迅速出现，以此收到对比强烈、节奏紧凑的效果。

（2）淡入淡出。淡是一种舒缓渐变的转换手法，分淡入和淡出两种，也称电影画面的渐隐、渐显。淡入是指画面从完全黑暗到逐渐显露，一直到完全清晰的过程，所以也称渐显，表示剧情发展的一个段落的开始。淡出是指一个画面从完全清晰到逐渐转暗，以至完全隐没的过程，表示剧情一个段落的结束，能使观众产生完整的段落感。

（3）划入划出。又称划变，也是电影中镜头转换的一种技巧。是指前一幅画面逐渐揭开，后一幅画面同时出现，给人的感觉就像翻画册一样，前一个镜头称为划出，后一个镜头称为划入。由于从一个场景缓慢地过渡到另一个场景，造成前后相互联系的感觉。

（4）化出化入。又称溶出溶入，也是电影中镜头转换的一种手法。在一个画面逐渐隐去（化出）的同时，另一个画面逐渐显露（化入）。这常常用在前后两个相互联系的内容和场景，造成慢慢过渡的感觉。

（5）叠印。指两个画面甚至三个画面叠合印成一个画面。常表现剧中人物的回忆、梦境、虚幻想象、神奇世界等。

3．画面的组接的一般规律

无论多长的影视作品，都是由一个一个的镜头组接而成的。镜头的组接也称为"转换"，而这种组接或转换又要遵循一定的规律和原则，具体有以下几点。

（1）画面组接的依据。

镜头的组接必须符合观众的思维方式和影视表现规律。包括现实事物本身发展变化的客观规律和观众的视觉逻辑，即人们在观看影片时，能够看明白镜头所表示的内容。

（2）轴线原则。

电影导演在镜头调度工作中，考虑到日后剪辑时连接镜头的需要，在处理两个以上角色的"动作方向"和"相互交流"时，角色之间有一条假想的直线，即轴线，也称假象轴线，表演轴线。轴线是摄像师用以建立画面空间、形成画面空间方向和被摄体位置关系的基本条件，以保证在镜头连接时，画面中人物（物件）位置或方向上的连续性。

轴线原则也称"180°原则"。无论是两个角色谈话，还是一个人在独自行走，这一条假想的轴线可以建立在两个角色之间，也可以建立在角色或物体的运动方向上，从而明确剪辑时的"屏幕方向"。只要摄影机摆放在同一侧180°内的任何一个位置上，就可以达到剪辑时接戏的艺术要求。

在表现被摄物体的运动或被摄物体相互位置关系以及进行摄像机镜头调度时，为了保证被拍摄对象在画面空间中相对稳定的位置关系和同样的运动方向，应该在轴线的一侧区域内设置机位，安排运动，这就是轴线原则。

（3）色彩影调的匹配。

一部影视作品的色彩和影调应该在总体上保持一致，使全片视觉风格统一。如果在一个节目中，前后镜头的影调反差过大，那么镜头衔接时会导致视觉跳动感。

（4）"静接静"、"动接动"原则。

一般情况下，镜头连接遵循的基本规律是：静接静、动接动。运动镜头连接大多采用"动接动"的方式，即在运动中剪，在运动中接，前一个镜头没有落幅，后一个镜头没有起幅。这样可以表现连续流畅的视觉效果，尤其适合一组连续的运动镜头组接。运动镜头如果要采用"静接静"的连接方式，则前一个镜头应在落幅切出，后一个镜头在起幅切入。

（5）镜头组接的时间长度。

在影视作品中，每个镜头的时间长度是由要表达的内容和观众的接受能力来决定的。如果传递的信息量大，内容比较复杂，则需要剪辑的镜头时间稍微长一些，保证观众有足够的时间来获取相应的信息，理解影片。对于远景、全景等大景别画面，包括的内容较多，所需要的时间相对要长，相反对于特写、近景等小景别，内容少，相对时间要短。

（6）镜头组接节奏。

影视节目的题材、样式、风格以及情节的环境气氛、人物的情绪、情节的起伏跌宕等是影视节目节奏的总依据。影片节奏可以通过镜头的转换和运动、音乐的配合、时间空间变化等因素来进行，还可以运用组接手段，整理调整镜头顺序，确定镜头时间来完成。处理影片节目的任何一个情节或一组画面，都要从影片表达的内容出发来处理节奏问题。

4. 镜头的组接方法

与镜头组接的基本原则不同，镜头组接的基本方法是指两个相邻镜头之间的具体转场切换的方式。一般而言，两个镜头之间的转场切换可分为有技巧转场切换和无技巧转场切换两种方式。有技巧转场切换是指在镜头组接时，用淡入与淡出、叠画等特技过渡手法，使镜头之间的过渡更加多样化。无技巧组接是指镜头与镜头之间直接切换，这是最基本的组接方法，也是使用最多的方法，这里我们主要介绍一些常用的无技巧组接方法。

（1）连贯镜头组接。在表现同一主体的连贯动作的两个或者两个以上的一系列镜头，可以组接起来表达一种情景。

（2）排列镜头组接。排列镜头组接也是一种连贯镜头的组接，由于主体的变化，下一个镜头主体的出现，观众会联想到两个主体之间的关系。这种组接能起到镜头之间呼应、对比、隐喻、烘托的作用。

（3）黑白格镜头组接。黑白格镜头组接能造成一种特殊的视觉效果，如闪电、爆炸、照相馆中的闪光灯效果等。

（4）两极镜头组接。两极镜头组接是指把特写镜头直接组接到全景镜头，或者从全景镜头直接切换到特写镜头的组接方式。这种发生在视觉节奏上的变化，会给观众造成极强的直感，从而产生特殊的视觉效果和心理感应。

（5）闪回镜头组接。例如在镜头中插入人物回想往事的另外一个镜头为闪回镜头。

（6）同镜头重复组接。是同一个镜头分别在几个地方使用。这种组接方法一般是有意重复某一镜头，用来表现某一人物的情思和追忆，或者是为了强调某一方面所特有的象征性的含义以引发观众的思考等。

（7）插入镜头组接。在一个镜头中插入另一个表现不同主体的镜头，即为插入镜头组接。

（8）动作镜头组接。动作镜头组接是指借助人物、动物、交通工具等可衔接性的动作，及其动作的连贯性和相似性，作为镜头组接的一种转换方法。

（9）特写镜头组接。特写镜头组接是指上一个镜头以某一人物的某一局部（如头、眼睛）或某一个物件的特写画面结束，然后从这一特写画面开始，逐渐扩大视野，以展示另一情节的环境。

（10）景物镜头组接。景物镜头组接是指在两个镜头之间借助景物镜头作为过渡的一种组接方法。其中有以景为主、物为陪衬的镜头。这种镜头可以展示不同的地理环境和景物风貌，也可以表示时间和季节的变换。另一种是以物为主、景为陪衬的镜头。这种镜头往往借物抒情或借物表达而成为镜头转换的另一种手段。

9.3 应用实例

本实例是校园风光的宣传片，该宣传片大体上可以分为5个主要段落：前两个段落表现校园的自然风光，第3个和第4个段落分别表现校园人物的学习活动和课外活动，第5个段落是宣传片的结尾部分。由于使用了大量镜头，在本节中我们着重分析该片使用的镜头和手法，对操作步骤进行简单介绍。

该片的制作步骤如下：

步骤1 在Premiere Pro CS3中新建一个项目工程，命名为"宣传片"，软件自动建立一个序列，重命名为"序列1"，用于编辑第1个段落。本实例使用不同的序列编辑各个段落，最后合成输出作品。其他项目设置省略。

步骤2 导入01.avi～25.avi共25段视频素材到"项目"窗口中。

第1个段落通过5个镜头的顺序组接，镜头间使用视频切换效果，给出了校园的剪影。

步骤3 在"序列1"的"时间线"窗口中，将素材01.avi～05.avi依次拖曳到"视频1"轨道上，前后素材的入、出点紧密相连。这些素材的首帧如图9-9所示。这5个镜头使用了远景景别，大体上是水平和垂直的构图方式，没有镜头的移动。这样的镜头能够呈现事物的总体概况，给观众持续的视觉感受。

图9-9 第1个段落素材首帧

步骤4 在5段素材的结合处，应用"带状滑动"视频转换效果，应用完成后，第1段素材和第2段素材间的切换效果如图9-10所示。

图9-10 第1段落切换效果图

步骤5 在第1段落的后半段添加文本字幕，并为字幕设置缩放的动画效果。字幕素材使用静态字幕，命名为"字幕01"，它的设计如图9-11所示。

步骤6 将字幕添加到"视频2"轨道上，并与第1个段落的尾部对齐，如图9-12左图所示。然后在字幕素材的入点处设置"比例"参数关键帧，"比例"设为4%；然后将时间指示器定位到字幕素材持续时间的中间位置，"比例"设为100%，从而创建了字幕从小到大的缩放效果。

图 9-11　第 1 个段落字幕设计

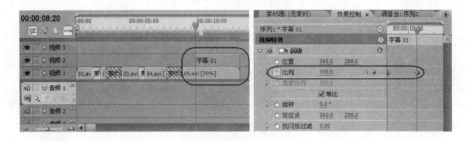

图 9-12　字幕关键帧设置

步骤 7　第 2 个段落通过 8 个镜头组成的画面，呈现了校园的美丽风光。

新建"序列 2"用于编辑第 2 个段落。在"序列 2"的"时间线"窗口中，将素材 06.avi～13.avi 依次拖曳到"视频 1"轨道上，前后素材的入、出点紧密相连。这些素材的首帧如图 9-13 所示。

图 9-13　第 2 个段落素材首帧

前 4 个镜头使用了左右"摇"的镜头，其中后 3 个镜头使用了俯视角度拍摄。摇镜头能够表现校园较大的场景。第 5 个镜头使用正面角度的静止机位拍摄花坛与喷泉，表现安静的氛围。第 6 个镜头是特写镜头，表现花坛中的花与花上的昆虫，表现祥和的氛围。第 7 个和第 8 个镜头，使用推镜头的运动方式，突出表现画面的主体。

步骤 8　在第 4 段和第 5 段素材的结合处应用"圆形划像"视频转换效果；在第 5 段和第 6 段素材的结合处不应用任何转换效果，那么画面的组接使用"切"的方式实现；在第 6 段和第 7 段素材的结合处应用"叠化"视频转换效果。应用完成后，"叠化"和"圆形划像"的切换效果如图 9-14 所示。

图 9-14　"叠化"和"圆形划像"效果图

步骤 9　第 3 个段落通过 6 个镜头组成的画面，表现学生在校园内的学习活动。

新建"序列 3"用于编辑第 3 个段落。在"序列 3"的"时间线"窗口中，将素材 14.avi～19.avi 依次拖曳到"视频 1"轨道上，前后素材的入、出点紧密相连。这些素材的首帧如图9-15 所示。

图 9-15　第 3 个段落素材首帧

第 1 个、第 3 个和第 5 个镜头使用侧面拍摄，表现了人物和背景的一定关系。第 2 个镜头使用了移镜头运动效果。第 4 个镜头使用了拉镜头运动效果。最后一个镜头使用了背面拍摄的方式，适合于拍摄操作电脑的人物和屏幕的情形。

步骤 10　在最后两个镜头间应用"纸风车"视频转换效果；在其他镜头间应用"页面滚动"视频转换效果。

应用完成后，"纸风车"和"页面滚动"的切换效果如图 9-16 所示。

图 9-16   "纸风车"和"页面滚动"效果图

步骤 11   第 4 个段落通过 4 个镜头组成的画面，表现学生在校园内的课外活动。

新建"序列 4"用于编辑第 4 个段落。在"序列 4"的"时间线"窗口中，将素材 20.avi～23.avi 依次拖曳到"视频 1"轨道上，前后素材的入、出点紧密相连。这些素材的首帧如图 9-17 所示。

图 9-17   第 4 个段落素材首帧

这 4 个镜头拍摄了运动场面，基本使用了全景拍摄，呈现整体场景。

步骤 12   在所有素材的结合处应用"交替"视频转换效果。应用完成后，"交替"的切换效果如图 9-18 所示。

图 9-18   "交替"效果图

步骤 13   第 5 个段落通过两个镜头组成的画面，对宣传片进行总结并加结尾字幕。

新建"序列 5"用于编辑第 5 个段落。在"序列 5"的"时间线"窗口中，将素材 24.avi 和 25.avi 依次拖曳到"视频 1"轨道上，前后素材的入、出点紧密相连。素材的首帧如图 9-19 所示，这两个镜头使用了远景拍摄。

步骤 14   在最后一个镜头中添加滚动字幕，命名为"字幕 02"，并设置字幕的滚动"开始于屏幕外"，它的设计如图 9-20 所示。

图 9-19　第 5 个段落素材首帧

图 9-20　第 5 个段落字幕设计

步骤 15　将字幕添加到"视频 2"轨道上，并与最后一个镜头的尾部对齐，如图 9-21 左图所示。再为"视频 1"轨道的最后一段素材添加"高斯模糊"特效，并在离出点 2 秒处插入"模糊程度"关键帧，设置参数为 0，在出点处设置模糊参数为 16，如图 9-21 右图所示。

图 9-21　字幕位置与"高斯模糊"特效关键帧设置

由于没有加入视频切换特效，两段素材之间默认使用"切"的方式切换。滚动字幕效果如图 9-22 所示。

图 9-22　滚动字幕效果图

至此，5 个段落制作完毕。

步骤 16　下面的工作是对制作完成的 5 个序列进行整合，成为完整的宣传片。新建"序列 6"，在它的"时间线"窗口中，将"序列 1"～"序列 5"依次拖曳到"视频 1"轨道上，它们的入、出点紧密相连。然后，将它们的视音频链接解除，如图 9-23 所示。

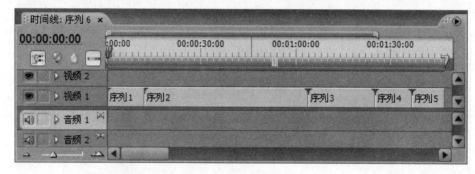

图 9-23　时间线安排

步骤 17　最后，为节目添加音频，宣传片一般包括背景音乐和解说词，使它们分别位于不同的轨道上。

由于本章只讨论画面的问题，故不讨论音频的操作。请读者自行参考前面的章节。

本 章 小 结

本章主要介绍了画面的构图及其应用，各种镜头的效果及应用是学习中需要重点掌握的内容，它直接影响我们对作品的创作及制作能力。

思考与练习

1. 填空题

（1）影视画面构成主要包括有 6 大要素：＿＿＿＿、线条、明暗、色彩、质感和＿＿＿＿＿。

（2）光线的构图作用表现在 3 个方面：＿＿＿＿＿＿、方向、亮度。

（3）＿＿＿＿＿＿是指镜头画面中主体的范围和视觉距离的变化。

2．选择题

（1）请选择下面错误的描述（　　　）

    A．我们收集视频素材必须通过 DV 摄像机采集

    B．电影中的镜头概念并不是一种具体含义，而是一种画面的表达方式

    C．推镜头相当于沿着与物体之间的直线距离向物体不断走近观看

    D．拉镜头就是让摄像机逐渐地远离所拍摄的物体

（2）请选出下面对移镜头的错误描述（　　　）

    A．它的作用是表现场景中人与物、人与人、物与物之间的空间关系，或者将一些物体连贯起来加以表现

    B．这种拍摄技巧是摄影机的位置不变，只是变动镜头的拍摄方向

    C．这种镜头是将摄影机固定在移动物体上来拍摄不动的物体，使之产生运动的效果

    D．在摄影机不动的情况下，通过改变焦距或者移动后景中的物体也能获得移镜头的效果

（3）选择下面不属于蒙太奇技巧的作用选项（　　　）

    A．引导观众注意力，激发联想

    B．蒙太奇技巧可以使影片中的画面形成不同的节奏

    C．使画面产生特殊效果并让相邻场景画面过渡自然

    D．可以表达寓意，创造意境

3．思考题

（1）什么是电影蒙太奇？

（2）电影蒙太奇的基本作用是什么？

第 10 章 输出数字视频

本章学习目标

● 了解输出影片的格式
● 理解影片输出格式的各种用法
● 掌握视频的输出方法及输出设置的更改

10.1 输出影片的格式

完成了对音频、视频素材片段的加工处理，对标题、字幕的添加及特效的应用后，将所有的素材连接成一个整体，再经过预览修改，再预览再修改多次后，当我们对这个作品非常满意时，就要按照指定的格式进行输出成品。在实现影片输出之前，让我们先了解一下影片可以输出的格式。

Premiere 不仅提供如 DV、CD、VCD、DVD、SVCD 等高质量的输出格式，也支持 Web、AAF 等多平台上使用的文件类型。还可以输出到光盘、记录在录像机磁带中。Premiere 可输出的电影格式有：avi 电影、mov 电影、gif 动画、Flc/Fli 动画、tif 图形文件序列、tga 图形文件序列、gif 图形文件序列、bmp 图形文件序列等。

10.1.1 执行输出命令

选择"文件"菜单中的"导出"子菜单中的"影片"命令，可以进行影片的输出，如图 10-1 所示。

在选择了"影片"命令后将打开"导出影片"对话框，在对话框中，我们可以选择保存影片的位置，以及对影片名称的更改，如图 10-2 所示。

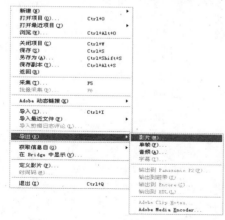

图 10-1 "导出影片"选择类型

图 10-2 "导出影片"对话框

如果想对影片输出格式进行设置，则需要在"导出影片"对话框中单击"设置"按钮，如图 10-3 所示。

图 10-3 单击"设置"

打开"导出影片设置"对话框，在对话框中对输出进行设置，如图 10-4 所示。

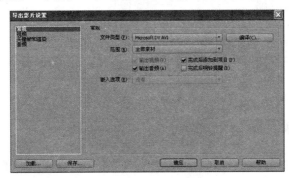

图 10-4 "导出影片设置"对话框

10.1.2 更改输出设置

在"导出影片设置"对话框中，选择左上角的"常规"选项，将对输出的基本选项进行设置，如图 10-5 所示。

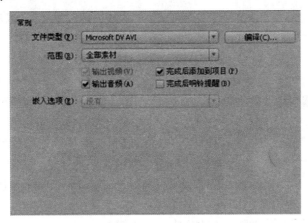

图 10-5 "常规"选项

各参数的功能如下：

（1）"文件类型"。用于设置影片的输出类型，用户可在下拉列表中选择输出使用的媒体格式。

输出 DV 格式的数字视频，选择"Microsoft DV AVI"；输出基于 Windows 操作平台的数字电影，选择"Microsoft AVI"；输出基于 Mac OS 操作平台的数字电影，选择"Quick Time"；输出胶片带，选择"Flimstrip"；输出动画文件，选择"动画 Gif"或"Gif"；输出用于因特网的影片，选择"Save for Web"；输出静帧序列文件，可选择 Tga、Tiff 或 Gif 等。

图 10-6　"范围"选项

（2）"范围"。用于设置影片的输出范围，到底显示多大的影片，全部显示还是只显示工作区范围内，如图 10-6 所示。

（3）"输出视频"。合成影片时，输出视频文件，取消选择，不能输出影像。

（4）"输出音频"。合成影片时，输出声音文件，取消选择，不能输出声音。

（5）选中"完成后添加到项目中"。影片在合成后，自动将结果添加到当前项目中。

（6）选中"完成后响铃提醒"。影片在合成后，系统发出响铃通知。

（7）"嵌入选项"。用户可以选择嵌入方式。

10.1.3　更改视频设置

若要对输出的影片进行视频设置，则要选中"导出影片设置"对话框中"视频"选项，在其右边对视频的一些选项进行设置，如图 10-7 所示。

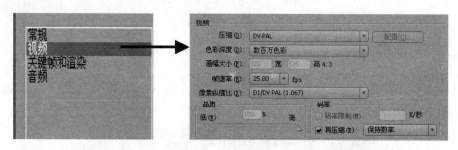

图 10-7　"视频"选项

各参数的功能如下：

（1）"压缩"。选择用于影片压缩的编码解码器。相对于选用的输出格式不同，对应不同的编码解码器。

（2）"色彩深度"。设置颜色深度，确定输出影片所能使用的颜色数。可以输出颜色深度为数百万色彩的影片，该影片包含一个 Alpha 通道。

（3）"画幅大小"。指定输出影片的图像尺寸，选定"4:3"可锁定图像长宽比。

（4）"帧速率"。指定输出影片的帧速率。

（5）"像素纵横比"。设置输出节目的像素宽高比。

（6）"品质"。决定输出节目的质量。

（7）"码率"。设置数据处理速度。一些压缩格式可以设置码率数据处理速度，它控制着在播放期间计算机每秒钟必须处理的视频信息的数量。在 Premiere 中设置的码率，实际上是最大的数据处理速度，因为实际的码率是随每帧画面中视频内容的多少而变化的。根据不同的输出目的，要对码率进行不同的设置。

实际上在制作影片时，这些选项的设置是符合影片制作的最佳方式及位置，所以一般情况下，这些选项不再更改。

10.1.4 更改音频设置

若要对输出的影片进行音频设置，则要选中"导出影片设置"对话框中"音频"选项，根据要求对其音频进行设置，如图 10-8 所示。

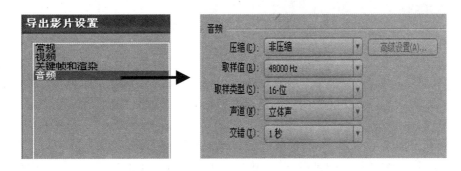

图 10-8　"音频"选项

各参数的功能如下：

（1）"压缩"。选择用于影片压缩的编码解码器。相对于选用的输出格式不同，对应不同的编码解码器。

（2）"取样值"。决定输出节目时所使用的采样速率。采样速率越高，播放质量越好，但需要较大的磁盘空间，并占用较多的处理时间。

（3）"取样类型"。决定输出节目时所使用的声音量化位数。要获得较好的音频质量就要使用较高的量化位数。

（4）"声道"。可以选择采用立体声或者单声道。

（5）"交错"。指定音频数据如何插入视频帧中间。增加该值会使程序存储更长的声音片段，需要更大的内存容量。

10.1.5 输出 MPEG 文件

在 Premiere 中，可以直接将数字视频输出为 MPEG 格式，家里常看的 VCD、SVCD、DVD 就是这种格式。如果需要输出该类型的文件，则需要使用 Adobe Media Encoder（Adobe 的媒体编码器），而不再使用 Premiere 的"输出影片"命令。Adobe Media Encoder 的使用方法很简单，选择"文件"|"导出"|"Adobe Media Encoder"命令，打开"输出设置"对话框，如图 10-9 所示。在对话框的右侧，可以从 Format 下拉列表中选择下列选项：

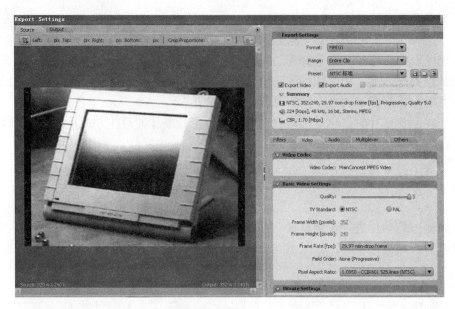

图 10-9 "输出设置"对话框

（1）MPEG1。用于创建普通的 MPEG1 文件，默认的位速率为 1.7Mbps，如果需要更改参数值，可在选项区域进行设置。

（2）MPEG1-VCD。这种格式使用 MPEG1 编码方式并提供 352×240 像素的帧尺寸，可以在标准光驱中播放 VCD 文件。

（3）MPEG2。MPEG2 文件的默认位速率为 4.2 Mbps，它是 MPEG1 文件位速率的 2 倍。如果需要更改参数值，可在选项区域进行设置。

（4）MPEG2-SVCD。这种格式可以提供字幕、手册和链接。这是一些电子公司支持的格式。

10.2 输出到 Web

随着网络时代的到来，越来越多的用户登录到互联网上，视频制造商则将影片以流式媒体的形式传到网络中，本节将以输出为 Windows Media 格式为例介绍使用 Premiere 将视频传到网络上的方法。

在对影片编辑完毕以后，如果要输出为 Windows Media 格式，首先在"项目"窗口中选择要输出的序列或是剪辑。

依次执行"文件"｜"导出"｜"Adobe Media Encoder..."命令，打开"输出设置"对话框，在对话框中的"格式"下拉菜单中选择"Windows Media"选项，在"预置"下拉菜单中选择"NTSC 来源编码至下载 256kbps"选项（因为是宽带连接输出视频），如图 10-10所示。

设置完毕后，单击"确定"按钮，在弹出的"保存设置"对话框中对文件的名称、保存位置进行设置，单击"保存"按钮即可。

图 10-10   "输出设置"对话框

10.3   输出到其他

在了解了影片的输出格式及输出设置以后,下面再向大家介绍几种输出方式。

10.3.1   输出到光盘

选择"文件"|"导出"|"影片"命令,然后单击"设置"按钮,选择 AVI 或 QuickTime 格式;如果要输出 MPEG 格式,则需要选择"文件"|"导出"|"Adobe Media Encoder..."命令。然后根据具体情况更改视频压缩设置,单击"OK"按钮完成设置,单击"保存"按钮,输出视频。

10.3.2   使用 Macromedia Director 制作 Premiere 电影

Director 是美国 Macromedia 公司开发的工业标准级多媒体制作软件,具有专业级二维动画制作能力及高效的多媒体数据集成环境,有"创造一次,随处播放。"之美誉,和 Premiere 不同的是,Director 具有强大的编程语言,称为 Lingo。

这里先来熟悉一下 Director 的工作界面,如图 10-11 所示。

图 10-11   Director 的工作界面

- 舞台：所有动画和活动发生的容器，类似于 Premiere 中的监视窗口。
- 角色窗口：用于显示当前项目中所包含的所有元素。
- "时间线"窗口：主要用于控制视频的播放等因素，类似于 Premiere 中的时间轴。

下面我们就介绍一下如何将 Premiere 文件导入到 Macromedia Director 中。

（1）依次选择"File"|"Import"命令，打开"Import Files into'Internal'"对话框，如图 10-12 所示。

图 10-12　"Import Files into'Internal'"对话框

如果要导入一个文件，直接用鼠标单击文件名导入即可，但如果要导入多个文件，则需要在对话框中单击"Add"按钮将文件添加到"File List"列表中，如图 10-13 所示。

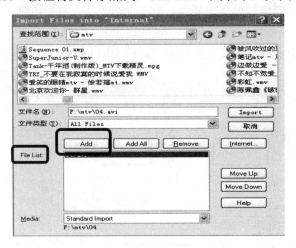

图 10-13　添加文件

添加完毕，单击"Import"按钮，打开一个对话框，如果当前所使用的系统是 PC，则需要选 AVI 格式的文件，选择好后，单击"OK"按钮即可，如图 10-14 所示。

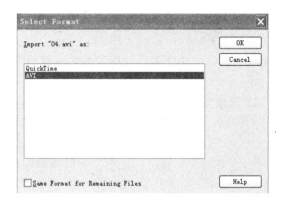

图 10-14 选择格式

（2）更改电影属性。用户在角色窗口中选择一个角色，单击其工具栏上的  按钮，打开
"Property Inspector"对话框，如图 10-15 所示。在该对话框中，用户可以设置视频剪辑的常
用属性，根据选项的设置对播放进行控制，如图 10-16 所示。

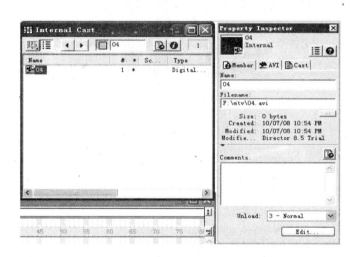

图 10-15 "Property Inspector"对话框   图 10-16 设置视频剪辑属性

（3）放置电影。为了能够在 Director 中观看数字电影，必须将其放置在 Director 的舞台
窗口中，选择一个影片，直接拖其到舞台窗口中即可。

至此，Premiere 文件已经输出到 Macromedia Director 工作界面中。

10.4 应用实例——输出 Filmstrip 幻灯片

有时我们想将自己外出拍摄的照片做成像电影一样自动播放，那么就要借助于我们的影
视处理软件 Premiere，在 Premiere 中有一种输出格式 Filmstrip 就可以帮助我们轻松实现。

Filmstrip 是 Adobe 公司的一种文件格式，即胶片格式，它是 Premiere 中一种将视频分帧
输出的图像文件格式，即 FLM 格式的胶片（Filmstrip）文件。这种格式是把一个视频序列文
件转换成若干静态图像序列，它是一幅包括了全部视像帧的无压缩静止图像，因此需要大量
的磁盘空间。这种格式可以由 Adobe Photoshop 图像处理软件读取；可以由 Premiere 生成，

然后用 Adobe Photoshop 图像处理软件对其进行逐帧画面的再加工，最后再由 Premiere 转换成一个视频序列文件。

下面我们以 2008 年奥运会的各个场馆为影片内容教大家做一个"奥运风光"的 FiImstrip 幻灯片：

步骤 1 单击"文件"|"新建"|"新建项目"命令，新建一个项目名称为"奥运风光"。

步骤 2 单击"文件"|"导入"命令，打开"导入"对话框，将奥运风光的照片全部导入，如图 10-17 所示。

步骤 3 将导入的图片，全部选中拖到时间线上，并按照顺序排好，如图 10-18 所示。

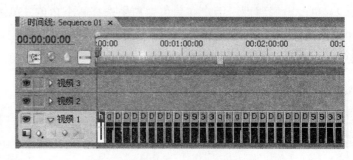

图 10-17　导入素材　　　　　　　　　　　图 10-18　片段摆放

步骤 4 根据前几章的内容，可以为图片的转换及图片添加效果及音乐，这里可以发挥自己的想象力进行设置。

步骤 5 输出影片，单击"文件"|"导出"|"影片"命令，然后，单击"设置"按钮，打开"导出影片设置"对话框，如图 10-19 所示。在"导出影片设置"对话框中，选择"文件类型"为"Flimstrip"，并进行其他设置（或使用默认），如图 10-20 所示。

图 10-19　"导出影片设置"对话框

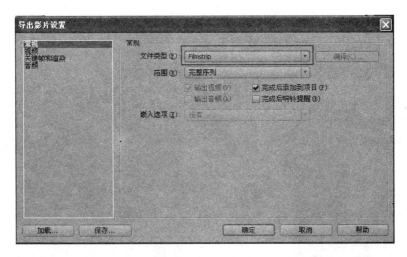

图 10-20　类型设置

步骤 6　设置完毕，单击"确定"按钮，返回"导出影片"对话框，单击"保存"按钮，即可以完成，开始渲染，如图 10-21 所示。

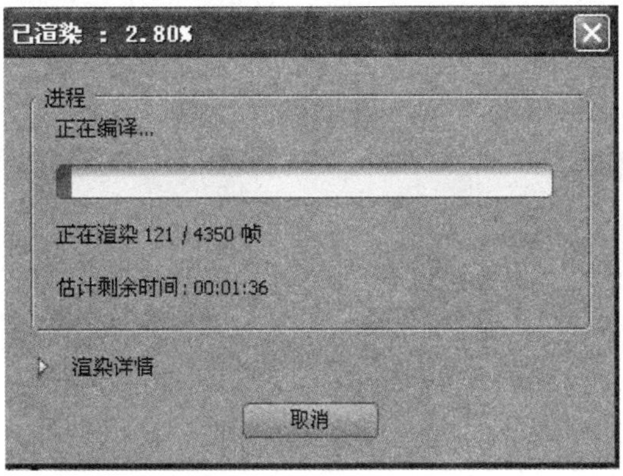

图 10-21　"渲染"对话框

导出完毕，会在保存的位置生成一个名为"奥运风光.flm"的文件，这时又会有疑问产生，这样扩展名的文件用什么软件来读出呢？这个很简单，我们可以使用 Adobe 公司的 Photoshop 文件进行读出，并进行处理，处理完毕后我们需要再次导入到 Premiere 中，对其进行导出成影片操作，这样一个 Flimstrip 幻灯片就实现了。

10.5　综合练习——输出双声道的 VCD 文件

我们在欣赏 VCD 电影的时候经常可以切换左右声道，并且左右声道的声音是不同的，比如香港电影就有国语和粤语两种声道，再比如卡拉 OK 的 MTV 里面也是有原唱和伴唱两种模式可以选择。那么，我们能通过 Premiere 制作出这种双声道的视频影片吗？

下面我们来了解一下在 Premiere 中如何制作带有左右声道的影片：

步骤 1　打开 Premiere，选择"文件"|"新建"|"新建项目"命令，新建一个项目。

步骤 2　导入相关素材到 Premiere 里，这里我们导入了带有音频的视频音乐文件"千年泪.mpg"和韩国版音频文件"韩文.WMA",如图 10-22 所示。

步骤 3 把"项目"窗口中的视频素材文件拖到"视频 1"轨道中,把音频文件拖到"音频 2"轨道中,如图 10-23 所示。

图 10-22　导入素材

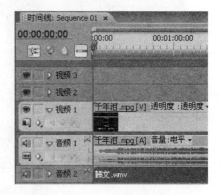

图 10-23　素材摆放

步骤 4 选中视频文件自带的音频文件,即"音频 1"轨道,选择"clip"|"Audio Options"|"Mute Left"命令,屏蔽掉一个声道,这里屏蔽了左声道,如图 10-24 所示。再选中另一个音频文件,即"音频 2"轨道,选择"clip"|"Audio Options"命令屏蔽掉与上一次操作相反的声道,这里就应该屏蔽掉右声道,如图 10-25 所示。

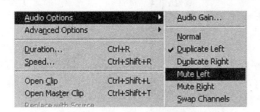

图 10-24　屏蔽左声道

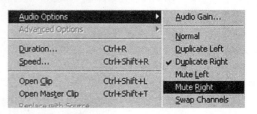

图 10-25　屏蔽右声道

步骤 5 选择"文件"|"导出"|"Adobe Media Encoder"命令,打开 Premiere 输出设置对话框,在"输出设置"对话框中的"格式"选项中选择"VCD"一项,并单击"确定"按钮,起好文件名与选择好文件存放的路径,如图 10-26 所示。单击"保存"按钮,输出文件为 VCD。

图 10-26　"输出设置"对话框

导出完毕,从计算机存放影片的位置找到影片,用超级解霸打开。

默认状态下超级解霸是以立体声播放文件的,这时会听见有两个声音,一个是视频文件自带的声音,一个是自己加进去的声音,以上面的例子来说就是这首歌的音乐了。

如果你选的是左声道来播放，那就只有"韩文"版这首歌的音乐了，相反，如果选的是右声道则只有视频文件的原配音乐。

这样通过选择左右声道就可以选择自己需要的配音，给自己喜欢的影片、片段加上自己喜欢的音乐，并且可以在原配音乐和自己的音乐之间进行交换了。

本 章 小 结

本章主要介绍了输出影片的基本格式及过程设置，导出的格式主要包括影片格式、导出到 Web、导出到光盘以及一些特殊软件，如 Macromedia Director 和 Macromedia Flash 等。重点掌握导出为 AVI、MPEG 等影片的方法。

思考与练习

1. 填空题

（1）"导出影片设置"对话框中可单独设置"常规"、"视频"、_____、"音频" 4 个选项。

（2）在"视频设置"中，通过_____设置数据处理速度。

（3）输出影片的命令为：_____。

2. 选择题

（1）在 Adobe Premiere Pro 中，通过菜单命令"文件"|"导出"|"Adobe Media Encoder"，可以将影片输出什么格式？（　　）

    A．针对不同视频光盘格式的 MPEG 影音文件

    B．针对网络流媒体的 Windows Media

    C．针对网络流媒体的 QuickTime

    D．针对网络流媒体的 RealMedia 影片

（2）目前 DVD 的记录层面种类有哪些？（　　）

    A．单面单层　　　　B．单面双层　　　C．双面单层　　　D．双面双层

（3）在输出设置中，下面哪些设置不影响视频的输出质量？（　　）

    A．范围　　　　　　B．压缩器　　　　C．嵌入选项　　　D．帧大小

3. 思考题

如何将编辑项目中的音频单独输出？

第11章 综合实例——字幕类

字幕是一部影片不可缺少的部分，用来介绍片名、关键人物、重要地点、赞助单位等重要信息，其形式又可分为多种，如飘动文字、环行文字、字幕的虚实变化等。本章以具体的实例介绍常用的字幕效果的设计思想。

11.1 飘动文字效果

在日常生活中，经常看到一些字体飘动的效果，即字体随着水波纹舞动的效果。本实例主要应用"波形弯曲"特效，通过参数关键帧的使用，实现文字的舞动效果。

操作步骤如下：

步骤1 进入 Premiere Pro Cs3 工作界面，新建一个项目，名字为"飘动文字"，格式为 DV-PAL 的标准 48kHz。

图 11-1 填充效果图

步骤2 选择"新建"|"字幕"命令，新建一个字幕，在工具面板中单击▣按钮，绘制一个矩形，并调整其大小和位置。

步骤3 在字幕属性面板中，展开"填充"列表，将填充类型设置为"线性渐变"，"色彩"分别设置为 RGB（251、102、127）和 RGB（184、3、20），将"角度"值设置为 60，效果如图 11-1 所示。

步骤4 在工具栏中单击**T**工具，在窗口中输入"飘动文字"，选中文字，其效果应用文字样式中的"方正金质大黑"，效果如图 11-2 所示。关闭"字幕"对话框，保存字幕设置。

步骤5 将"字幕01"拖到"时间线"窗口的"视频1"轨道上，将"效果"面板|"视频特效"|"扭曲"|"波纹弯曲"特效施加给"字幕 01"，打开"特效控制"面板，设置其参数，如图 11-3 所示。

图 11-2 为文字应用样式

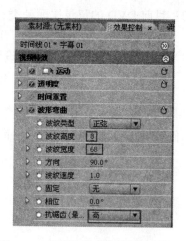

图 11-3 "波纹弯曲"特效参数设置

步骤6 按键盘上的空格键预演效果，满意后，保存文件。

11.2 虚实变化的字幕

虚实变化是制作字幕常用的效果。字幕由实到虚、由虚到实交替在画面中出现，有效地烘托气氛。本例制作了一则电视散文，主要应用了"偏移"特效、"高斯模糊"及"边角固定"等特效，目的是使读者对特效的设置有一个较全面地了解。

操作步骤如下：

使静止的背景图片产生镜头摇动效果

步骤1 进入 Premiere Pro CS3 工作界面，新建一个项目，名字为"虚实变化字幕"，格式为自定义 320×240 像素、25 帧/秒，48kHz。

步骤2 在"项目"窗口中双击，导入"背景.jpg"文件。用鼠标左键将"背景.jpg"片段拖到"时间线"窗口的"视频1"轨道上，调整其出点在 28 秒处。

步骤3 选中"背景.jpg"片段，将"效果"面板|"视频特效"|"扭曲"|"偏移"特效施加给该片段，播放头在开始和结束位置的参数设置如图 11-4 所示。

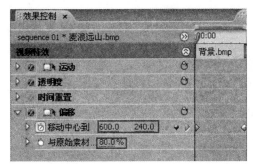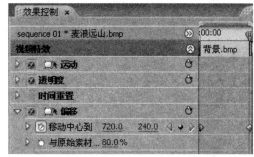

图 11-4 "偏移"特效参数设置

制作字幕效果

步骤4 执行"文件"|"新建"|"字幕"命令，文件名为"收获"，打开"字幕"属性设置对话框，输入"收获的季节"字样，设置其属性，如图 11-5 所示。设置完毕，关闭字幕设置对话框。

步骤5 利用相同的设置方法，分别建立文件名为"失意"，文字内容为"是失落的开始"以及文件名为"寂寞"，文字内容为"寂寞锁秋"两个字幕文件。

步骤6 用鼠标左键将"收获"字模片段拖到"时间线"窗口的"视频2"轨道上，调整其入点在 2 秒处，出点在 8 秒处。

步骤7 选中"收获"片段，将"效果"面板|"视频特效"|"扭曲"|"边角固定"特效施加给该片段，播放头在不同位置的参数设置如图 11-6 所示。

步骤8 选中"收获"片段，将"效果"面板|"视频特效"|"模糊&锐化"|"高斯模糊"特效施加给该片段，播放头在不同位置的参数设置如图 11-7 所示。

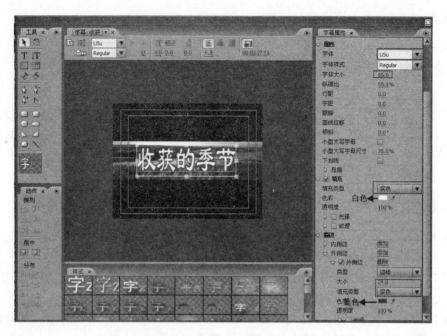

图 11-5 "字幕"属性设置对话框

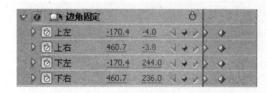

图 11-6 "边角固定"特性参数设置

图 11-7 "高斯模糊"特效参数设置

步骤 9 选中"收获"片段,将"效果"面板 | "视频特效" | "图像控制" | "色彩平衡(RGB)"特效施加给该片段,参数设置如图 11-8 所示,使字幕颜色和画面的色彩统一。

色彩平衡 (RGB)	
红	163
绿	132
蓝	109

图 11-8 "色彩平衡(RGB)"特效参数设置

步骤 10 用鼠标左键将"失落"字幕片段拖到"时间线"窗口的"视频 2"轨道上,调整其入点在 11 秒处,出点在 17 秒处。用鼠标左键将"寂寞"字幕片段拖到"时间线"窗口的"视频 2"轨道上,调整其入点在 20 秒处,出点在 26 秒处。

步骤 11 选中"收获"片段,执行"编辑" | "复制"命令;选中"失落"片段,执行"编辑" | "粘贴属性"命令;选中"寂寞"片段,执行"编辑" | "粘贴属性"命令。使 3 片段具有相同的属性设置。

步骤 12 为所有的片段设置淡化效果，如图 11-9 所示。关于淡化效果，我们在前面的章节中已做详细阐述，在此不再赘述。

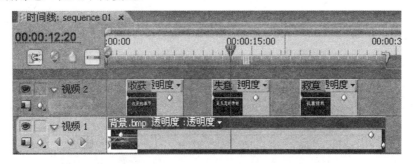

图 11-9　为片段设置淡化效果

步骤 13 预演效果，保存文件。

11.3　MTV 的制作

MTV 是广为流行的一种视频音乐，深受青年人的喜爱。本实例制作一个《虫儿飞》的 MTV，制作思路首先是创建歌词文字，然后运用 Premiere 自带的 Linear Wipe 特效来制作歌词随歌声一起同步进行的效果。当然，纸上谈兵也是不符合实际的，关键还在于设置 Linear Wipe 参数的关键帧，使歌词完全跟歌声同步。

1．字幕制作

步骤 1 新建一个"项目"，在"装载预置"选项卡中，选择 DV-PAL 下的 Standard 48kHz，将项目命名为"虫儿飞——MTV"，然后单击"确定"按钮保存项目设置。

步骤 2 选择"文件"下拉菜单中的"新建"|"字幕"命令，打开字幕设计窗口，将其命名为"title01"，在工具栏中单击"文本"按钮，在窗口中输入文本文字"黑黑的天空低垂"，在"字幕属性"面板中，设置其参数，如图 11-10 所示。

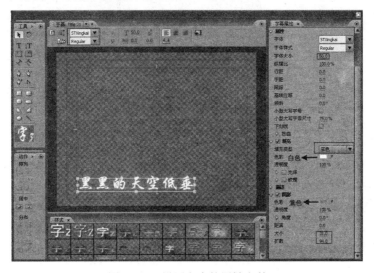

图 11-10　设置文本的属性参数

步骤3 关闭字幕设计窗口，保存字幕设置，再次选择"文件"下拉菜单中的"新建"|"字幕"命令，打开字幕设计窗口，将其命名为"title01-1"，单击工具栏中的"文本工具"按钮，输入文本"黑黑的天空低垂"，在"字幕属性"面板中，设置其参数，其属性基本与"title01"的属性一样，不同的是设置其填充色彩以及描边，如图11-11所示。

图11-11 文字效果图

步骤4 新建"字幕"，将其命名为"title02"，单击工具栏中的"文本工具"按钮，输入文本文字"亮亮的繁星相随"，在字幕属性面板中，设置其参数，如图11-12所示。

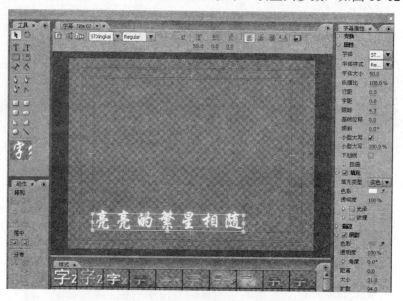

图11-12 输入并设置文本文字

步骤5 依据同样的方法制作出其他字幕文字。

步骤6 创建标题文字。打开字幕设置窗口，单击工具栏中的"文本工具"按钮，输入歌曲名为"虫儿飞"，设置其属性，如图11-13所示。

步骤7 再单击"文本工具"按钮，输入文本"——童声合唱"，并设置其参数，如图11-14所示。

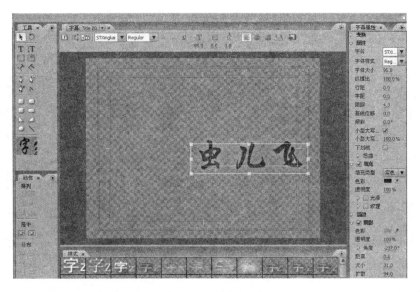

图 11-13　设置标题

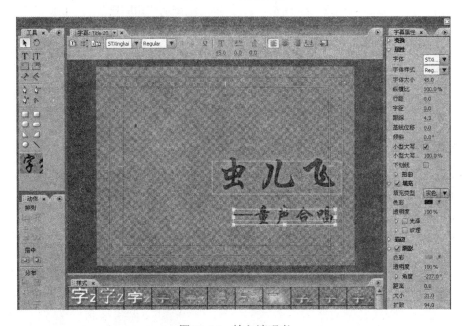

图 11-14　输入演唱者

2. 导入素材

步骤 8　关闭字幕设计窗口，保存字幕设置，在"项目"窗口中右击，在右键菜单中选择
"新文件夹"命令，新建两个文件夹，并将其命名为"图片"，"歌词"，分别将图片和字幕文
件都放置在相应的文件夹中。

步骤 9　选择"图片"文件夹，右击，在右键菜单中选择"导入"命令，将图片导入到"项
目"窗口中。

步骤 10　将图片拖到"视频 1"轨道中，并将第一张图片的入点设置在 9 秒 05 帧的位置。

步骤 11　将背景片头的图片"星空-3.jpg"从"项目"窗口中拖到"视频 1"轨道中，并将其入点设置为 0 秒，将其出点设置为 9 秒 05 帧，如图 11-15 所示。

步骤 12 将标题字幕"虫儿飞"放置到"视频 2"轨道中，如图 11-16 所示，将入点设置为 0 秒，将其出点设置为 9 秒 05 帧。

图 11-15　放置片头的背景图

图 11-16　放置标题字幕

步骤 13 执行"文件" | "新建" | "序列"命令，建立一个"sequence 02"序列，单独处理字幕文件。在"sequence 02"序列中，将字幕文件按从"title01"到"title14"的顺序放置到"视频 2"轨道中。将"title01-1"～"title14-14"放置到"视频 3"轨道中。

步骤 14 在"项目"窗口中右击，在右键菜单中选择"导入"命令，将背景音乐"虫儿飞"文件导入到"项目"窗口中。

步骤 15 将"虫儿飞"音频文件从"项目"窗口中导入到"音频 1"轨道中，将其入点设置为 0 秒，将出点设置为 1 分 35 秒 12 帧。

3. 设置字幕的关键帧

步骤 16 将"视频特效" | "过渡" | "渐变擦除"特效添加到"title01-1"字幕上，在"特效控制"面板中，展开其参数设置选项，如图 11-17 所示。读者可一边听着音乐，一边设置"完成过渡"参数的关键帧数值，从而实现字幕与歌曲的同步。

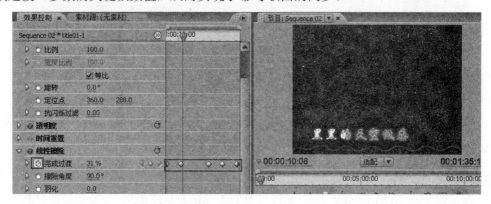

图 11-17　设置字幕"title01-1"的关键帧

步骤 17 依次设置其他字幕的关键帧，效果如图 11-18 所示。

步骤 18 预演效果，保存文件。

图 11-18　最终效果图

第 12 章　综合实例——创意类

12.1　制作宣传片

宣传片是一种新型的广告类型，属于多媒体范畴，在生活中经常看到，如在超市、公共汽车上等，这一类的宣传片分为产品宣传片、企业宣传片等，今天我们来一起制作一个城市宣传片。

具体操作步骤如下：

素材的制作与编辑

步骤 1　进入 Premiere Pro CS3 工作界面，新建一个项目，命名为"城市宣传片"，格式设置为 DV-PAL 下的 Standard 48kHz。

步骤 2　在"项目"窗口右击，在右键菜单中选择"新文件夹"命令，新建一个文件夹并将其命名为"图片"，选择"图片"文件夹，右击，在快捷菜单中选择"导入"命令，将所需的素材图片导入到该文件夹中。将"sequence01"序列改名为"城市素材"。

步骤 3　将"图片"文件夹中的素材按顺序依次拖入"时间线"窗口中的"视频 1"轨道中。

步骤 4　选中"图片 a"，将"效果"面板|"视频特效"|"透视"|"基本 3D"特效赋予该片段，打开"效果控制"面板，设置其参数，如图 12-1 所示。当播放头在 1 秒 06 帧时，旋转值为 0°，当播放头在 5 秒 04 帧时，旋转值为 180°。

步骤 5　在"视频切换效果"效果中，将"3D 运动"|"摆入"切换拖到"图片 a"与"图片 c"的结合处，为它们添加一个转场效果，如图 12-2 所示。

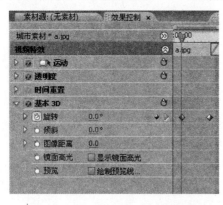

图 12-1　"基本 3D"特效参数设置　　　　图 12-2　添加"摆入"切换效果

步骤 6　选中"图片 c"，将"效果"面板|"视频特效"|"透视"|"斜角边"赋予"图片 c"，并在"特效控制"面板中设置其参数。当播放头在 7 秒 02 帧的时候，"边缘厚度"设置为 0.5，当播放头在 9 秒 18 帧的时候，"边缘厚度"设置为 0，如图 12-3 所示。

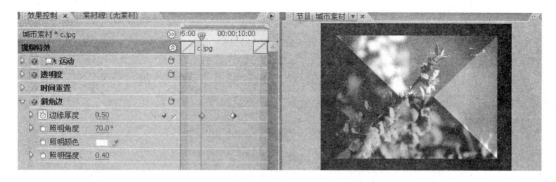

图 12-3　"斜角边"特效参数设置

步骤 7　在"视频切换效果"效果中,将"叠化"|"抖动叠化"切换拖到"图片 c"与"图片 f"的结合处,为他们添加一个转场效果,如图 12-4 所示。

步骤 8　选中"图片 f",将"效果"面板|"视频特效"|"过渡"|"块溶解"赋予"图片 f",并在"特效控制"面板中设置其参数。当播放头在 12 秒 22 帧的时候,"过渡完成度"设置为 100,当播放头在 15 秒 19 帧的时候,"过渡完成度"设置为 0,如图 12-5 所示。

图 12-4　添加"抖动叠化"切换效果

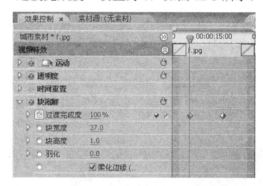

图 12-5　"块溶解"特效的设置

步骤 9　在"视频切换效果"效果中,将"叠化"|"随机翻转"切换拖到"图片 f"与"图片 g"的结合处,为他们添加一个转场效果,如图 12-6 所示。

步骤 10　选中"图片 g",在"效果控制"面板中展开其"运动"选项,设置其参数,当播放头在 19 秒 04 帧的时候,"比例"设置为 100,当播放头在 23 秒 01 帧的时候,"比例"设置为 174,制作一个镜头推进效果,如图 12-7 所示。

图 12-6　"随机翻转"切换效果

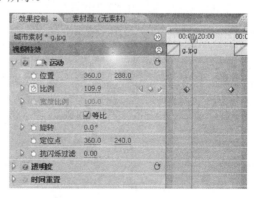

图 12-7　"运动"参数设置

步骤 11 在"视频切换效果"效果中,将"拉伸"|"伸展入"切换拖到"图片 g"与"图片 b"的结合处,为它们添加一个转场效果,如图 12-8 所示。

步骤 12 选中"图片 b",在"效果控制"面板中展开其"运动"选项,设置其参数,当播放头在 24 秒 16 帧的时候,"位置"设置为(360,288),"比例"设置为 100,当播放头在 29 秒的时候,"位置"设置为(507,394),"比例"设置为 188,如图 12-9 所示。

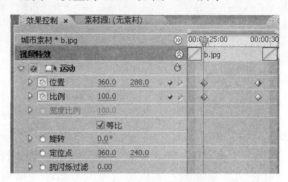

图 12-8 添加"伸展入"切换效果   图 12-9 "运动"选项设置 1

步骤 13 在"视频切换效果"效果中,将"擦除"|"锲形擦除"切换拖到"图片 b"与"图片 d"的结合处,为它们添加一个转场效果,如图 12-10 所示。

步骤 14 选中"图片 d",在"效果控制"面板中展开其"运动"选项,设置其参数,当播放头在 31 秒 05 帧的时候,"比例"设置为 100;当播放头在 33 秒 09 帧的时候,"比例"设置为 288;当播放头在 35 秒 10 帧的时候,"比例"设置为 100,如图 12-11 所示。

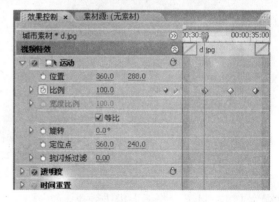

图 12-10 添加"锲形擦除"切换效果   图 12-11 "运动"选项设置 2

步骤 15 在"视频切换效果"效果中,将"擦除"|"擦除"切换拖到"图片 d"与"图片 e"的结合处,为它们添加一个转场效果,如图 12-12 所示。

步骤 16 选中"图片 e",将"效果"面板|"视频特效"|"变换"|"边缘羽化"赋予"图片 e",并在"特效控制"面板中设置其参数。当播放头在 37 秒 06 帧的时候,"数值"设置为 100,当播放头在 41 秒 11 帧的时候,"数值"设置为 0,如图 12-13 所示。

步骤 17 在"视频切换效果"效果中,将"擦除"|"Z 形划片"切换拖到"图片 e"与"图片 h"的结合处,为它们添加一个转场效果,如图 12-14 所示。

步骤 18 选中"图片 h",将"效果"面板|"视频特效"|"风格化"|"闪光灯"赋予"图片 h",并在"特效控制"面板中设置其参数。当播放头在 43 秒 04 帧的时候,"与原始素材混合"设置为 0,当播放头在 46 秒 09 帧的时候,"与原始素材混合"设置为 100,

如图 12-15 所示。

图 12-12　添加"擦除"切换效果

图 12-13　"边缘羽化"参数设置

图 12-14　添加"Z 形划片"切换效果

图 12-15　"闪光灯"特效的参数设置

步骤 19　在"视频切换效果"效果中，将"擦除"|"仓门"切换拖到"图片 h"与"图片 i"的结合处，为它们添加一个转场效果，如图 12-16 所示。

步骤 20　选中"图片 i"，将"效果"面板|"视频特效"|"噪波&颗粒"|"中值"赋予"图片 i"，并在"特效控制"面板中设置其参数。当播放头在 49 秒 01 帧的时候，"半径"设置为 24，当播放头在 51 秒 20 帧的时候，"半径"设置为 0，如图 12-17 所示。

图 12-16　添加"仓门"切换效果

图 12-17　"中值"特效的参数设置

步骤 21　在"视频切换效果"效果中，将"擦除"|"带状擦除"切换拖到"图片 i"与"图片 k"的结合处，为他们添加一个转场效果，如图 12-18 所示。

步骤 22 在"视频切换效果"效果中,将"3D 运动"|"旋转离开"切换拖到"图片 k"与"图片 1"的结合处,为他们添加一个转场效果,如图 12-19 所示。

图 12-18 添加"带状擦除"切换效果　　　　图 12-19 添加"旋转离开"切换效果

步骤 23 选中"图片 1",在"特效控制"面板中展开"透明度"选项,设置其参数。当播放头在 1 分 03 秒 05 帧的时候,"透明度"设置为 100,当播放头在 1 分 05 秒 19 帧的时候,"透明度"设置为 0,如图 12-20 所示。

图 12-20 "透明度"选项参数设置

片头的制作

步骤 24 执行"文件"|"新建"|"序列"命令,建立"sequence 02"序列,将其改名为"片头"。

步骤 25 将刚刚制作好的"城市素材"序列拖到"视频 1"轨道中,导入"胶片 1"和"胶片 2"素材,并将其分别拖到"视频 2"和"视频 3"轨道中。

步骤 26 选中"城市素材"片段,展开"运动"选项,将其"缩放"值设置为 50,这样给胶片留有一定的位置。

步骤 27 选中"胶片 1"片段,设置其入点为 5 秒 24 帧,出点为 1 分 06 秒。在"特效控制"面板中展开其"运动"选项,其参数设置如图 12-21 所示。两关键帧的位置分别是(−400,111)和(1128,111),使其从左上方运动到右上方,最后不在窗口中显示。

步骤 28 选中"胶片 2"片段,设置其入点为 5 秒 24 帧,出点为 1 分 06 秒。在"特效控制"面板中展开其"运动"选项,其参数设置如图 12-21 所示。两关键帧的位置分别是(980,460)和(−404,460),使其从左下方运动到右下方,最后不在窗口中显示。效果如图 12-22 所示。

步骤 29 执行"文件"|"新建"|"字幕"命令,打开字幕设置窗口,利用"垂直文本工具"输入"绿色城市",设置其参数,如图 12-23 所示。

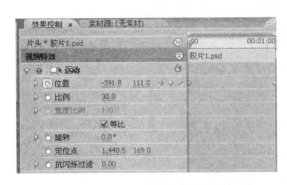

图 12-21　"运动"选项参数设置

图 12-22　两个胶片的运动效果图

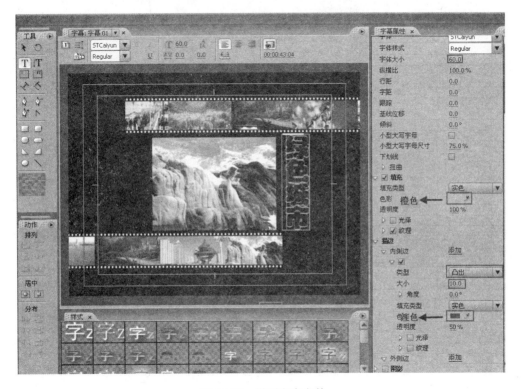

图 12-23　设置文字参数

步骤 30　关闭字幕设置窗口，保存字幕设置。执行"序列"｜"添加轨道"命令，添加两个视频轨道。

步骤 31　将"字幕 01"从"项目"窗口中拖到"视频 4"轨道中，将其入点设置为 12秒 20 帧，将其出点设置为 1 分 05 秒 22 帧。在"特效控制"面板中，展开其"透明度"选项，设置其参数，如图 12-24 所示，制作字幕的淡入效果。

步骤 32　执行"文件"｜"新建"｜"字幕"命令，再次打开字幕设置窗口，利用"垂直文本工具"输入"我们的家园"，设置其参数，如图 12-25 所示。

步骤 33　将"字幕 02"从"项目"窗口中拖到"视频 5"轨道中，将其入点设置为 23秒 20 帧，将其出点设置为 1 分 05 秒 22 帧。在"特效控制"面板中，展开其"透明度"选项，设置其参数，如图 12-26 所示，制作字幕的淡入效果。

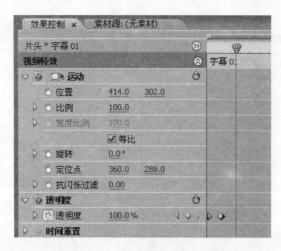

图 12-24 "透明度"选项参数设置 1

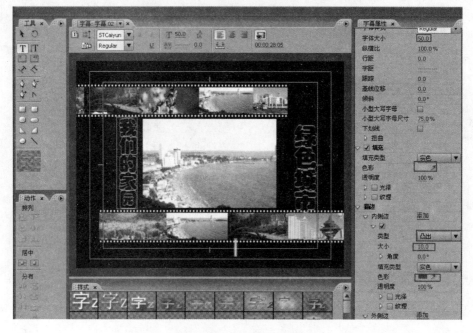

图 12-25 文字属性设置

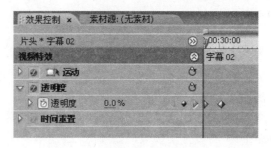

图 12-26 "透明度"选项参数设置 2

步骤 34 预演效果，保存文件。

本宣传片头的制作比较简单，在此只是起到抛砖引玉的作用，希望读者可根据实际情况，对其进行精加工，比如添加背景音乐、一些特殊的切换效果等，相信只要你有耐心，一定能做出高水平的作品。

12.2 飘落的花朵

本例制作的是一则抒情的片头，在漂亮的背景上，移动的箭头和飘落的花朵织成了一幅浪漫温馨的画面。本实例主要应用"投影"特效、"运动"设置等命令中的关键帧。

具体操作步骤如下：

步骤 1 进入 Premiere Pro CS3 工作界面，新建一个项目，命名为"飘落的花朵"。

步骤 2 双击"项目"窗口，导入"背景.BMP"文件，将该文件拖到"时间线"窗口的"视频 2"轨道中，调整它的长度为 12 秒。

步骤 3 选择"文件"|"新建"|"彩色蒙版"，新建一个白色遮片，命名为"彩色蒙版"，将该文件拖到"时间线"窗口的"视频 1"轨道中，调整它的长度为 2 秒。

步骤 4 选中"背景.BMP"片段，打开"效果控制"面板，为其设置"运动"属性。在运动属性中的"位置"、"比例"和"旋转"三参数前分别单击 按钮施加关键帧，如图 12-27 所示。当播放头在 0 秒的位置时，设置参数如图 12-27 左图所示；当播放头在 2 秒的位置时，设置参数如图 12-27 右图所示。

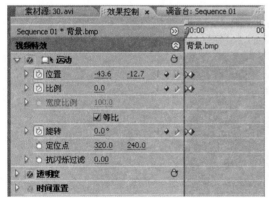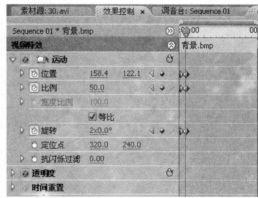

图 12-27 "运动"属性设置

步骤 5 选择"文件"|"新建"|"字幕"命令，打开"字幕"编辑对话框，利用工具箱中的 工具绘制一个封闭的箭头图形，参数设置如图 12-28 所示。

步骤 6 将箭头片段拖到"时间线"窗口的"视频 3"轨道中，它的入点在 2 秒处，出点在 5 秒处。选中"箭头"片段，打开"效果控制"面板，设置其运动属性，如图 12-29 所示，实现由上向下的运动。

步骤 7 将"效果"面板|"视频特效"|"透视"|"斜角 Alpha"赋予"箭头"片段，打开"效果控制"面板，设置参数采用默认值。

步骤 8 将"效果"面板|"视频特效"|"透视"|"阴影"赋予"箭头"片段，打开"效果控制"面板，设置其参数，如图 12-30 所示。

步骤 9 执行"序列"|"添加轨道"命令，为"时间线"窗口添加两个视频轨道。

步骤 10 在"时间线"窗口中，选中"箭头"片段，执行"编辑"|"复制"命令，在"视

频 4"轨道中，粘贴该片段，调整所复制片段的入点在 3 秒处，出点在 6 秒处。

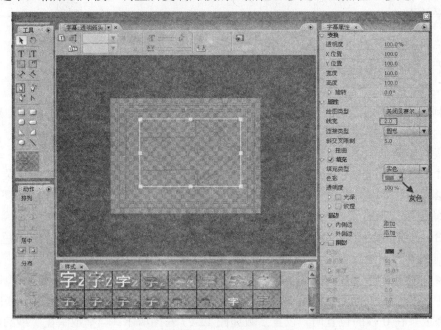

图 12-28   "字幕"编辑对话框

图 12-29   为片段设置运动属性

图 12-30   "阴影"特效参数设置

步骤 11   在"视频 4"轨道中，选中粘贴的片段，打开"效果控制"面板，设置其运动属性，如图 12-31 所示，实现由左向右的运动。

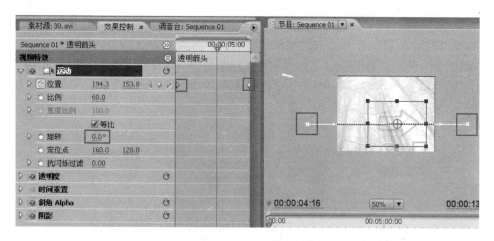

图 12-31　设置片段的运动属性

步骤 12　双击"项目"窗口，将"黄花.PSD"、"红花.PSD"、"粉花.PSD"及"宽屏幕.PSD"文件导入。

步骤 13　将"黄花.PSD"拖到"时间线"窗口的"视频 3"轨道上，放置在"箭头"片段的后面，其出点设置在 11 秒 11 帧的位置；将"红花.PSD"拖到"时间线"窗口的"视频 4"轨道上，放置在"箭头"片段的后面，其出点设置在 8 秒的位置；将"粉花.PSD"拖到"时间线"窗口的"视频 4"轨道上，放置在"红花.PSD"片段的后方，其出点设置在 11 秒的位置，"时间线"窗口的效果如图 12-32 所示。

步骤 14　在"时间线"窗口中，选中"黄花"片段，打开"效果控制"面板，设置其运动属性，如图 12-33 所示。实现由 0°到 180°的旋转运动。

步骤 15　选中"黄花"片段，将"效果"面板I"视频特效"I"色彩校正"I"色彩平衡（HLS）"赋予"黄花"片段，打开"效果控制"面板，设置其参数，如图 12-34 所示。在不同的位置调整"色相"、"亮度"、"饱和度"参数实现一种颜色由黄到红再到绿最后回到黄的颜色变化效果，用户也可根据自己的喜好，设置不同的颜色变化。

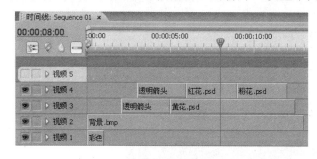

图 12-32　"时间线"窗口片段的摆放位置

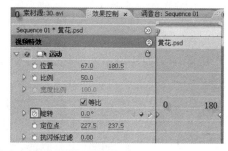

图 12-33　设置片段的"运动"属性

图 12-34　"色彩平衡（HLS）"特效参数设置

步骤 16　在"时间线"窗口中，选中"红花"片段，打开"效果控制"面板，设置其运动属性，如图 12-35 所示。第 1 个关键帧的参数为："位置"是（198，−58），"旋转"数值为 71°；第 2 个关键帧的参数为："位置"是（184，108），"旋转"数值为−2°；第 3 个关键帧的参数为："位置"是（184，108），"旋转"数值为−240°；第 4 个关键帧的参数为："位置"是（260，360），"旋转"数值为−327°。

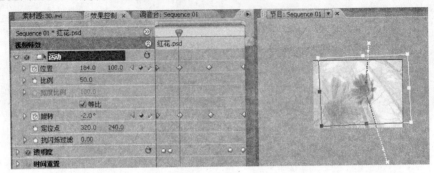

图 12-35　设置红花"运动"属性

步骤 17　在"时间线"窗口中，选中"粉花"片段，打开"效果控制"面板，设置其运动属性，如图 12-36 所示。第 1 个关键帧的参数为："位置"是（172.3，192.6），"旋转"数值为 33°；第 2 个关键帧的参数为："位置"是（174，66），"旋转"数值为−21°；第 3 个关键帧的参数为："位置"是（188，−56），"旋转"数值为−103°。

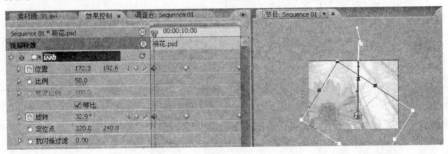

图 12-36　设置粉花"运动"属性

步骤 18　为片段添加淡化效果，效果如图 12-37 所示。关于淡化效果的设置，我们在前面已经讲过，在此不再赘述。

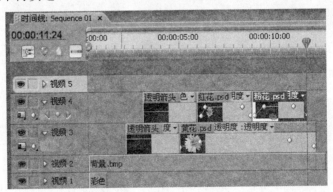

图 12-37　设置淡化效果

图 12-42　"照明效果"特效参数设置

步骤 12　执行"文件"|"新建"|"字幕"命令，打开新建字幕对话框，输入名称为"beautiful"。建立路径字幕"beautiful"，选择"字幕样式"为 字z ，效果如图 12-43 所示。

步骤 13　编辑字幕。将字幕"beautiful"拖到视频 2 轨道上，并调整字幕的持续时间，"beautiful"持续全部视频长度。在"效果控制"面板上对字幕"beautiful"的"透明度"、"旋转"和"比例"透明度特效进行调整：在 0 秒处和 6 秒 04 帧的位置建立关键帧，进行设置，具体参数如图 12-44 所示。效果如图 12-45 所示。

图 12-43　路径文字

图 12-44　文字运动设置

步骤 14　预演效果，保存文件。

图 12-45　最终效果图

第13章 综合实例——片头类

13.1 广告片头

广告在我们的日常生活中是随处可见的，它的影响力也是令人振奋的，好的广告能带来意想不到的效果，在此制作一个广告片头，制作一个比较常见的片头效果，让读者了解电影片头的制作方法及制作片头的基本步骤。在本实例中需要的素材图片是通过 Photoshop 制作的。

操作步骤如下：

步骤 1　新建一个"项目"，在"装载预置"选项卡中，选择 DV-PAL 下的 Standard 48kHz，将项目命名为"广告片头"，然后单击"确定"按钮保存项目设置。

步骤 2　在"项目"窗口中右击，在右键菜单中选择"新文件夹"命令，新建一个文件夹，并将其命名为"图片"，再新建一个文件夹将其命名为"视频"，如图 13-1 所示。

步骤 3　在"图片"文件夹右击，在右键菜单中选择"输入"命令，将素材"图片"导入到"项目"窗口的"图片"文件夹中，同样的方法，将"视频"文件也导入"视频"文件夹中。

步骤 4　将视频素材"04.avi"文件拖到"视频 1"轨道中，在"时间线"窗口中，选中"04.avi"片段，单击右键，选择"画面大小与当前画幅比例匹配"命令；将素材图片"素材 2"拖到"视频 2"轨道中，"素材 1"拖到"视频 3"轨道中，如图 13-2 所示。

图 13-1　新建文件夹

步骤 5　选择"素材 1"，在"特效控制"面板中，展开其"运动"选项，将其"位置"的值设置为（–15，288），如图 13-3 所示。

图 13-2　放置素材到视频轨道

图 13-3　调整"素材 1"的位置

步骤 6　将时间滑块拖到 9 帧的位置，选择"素材 2"，在"特效控制"面板中，单击"位置"前面的"固定动画"按钮，设置一个关键帧，并将其"位置"的值设置为（1056，288）；

将时间滑块拖到 12 帧的位置，在"特效控制"面板中，将其"位置"的值设置为（360，288），使其从右边运动到左边，参数设置如图 13-4 所示。

步骤 7　选择"素材 1"，将时间滑块拖到 12 帧的位置，在"特效控制"面板中，单击"位置"前面的"固定动画"按钮，设置一个关键帧，并将其设置为（-15，300）；将时间滑块拖到 15 帧的位置，在"特效控制"面板中，将其"位置"的值设置为（-15，288），这时就制作了一个"素材 1"从上到下的移动效果，如图 13-5 所示。

图 13-4　设置运动关键帧

图 13-5　设置素材从上到下的移动

步骤 8　选择"序列"|"添加轨道"命令，添加 7 个视频轨道。

步骤 9　从"项目"窗口中将"文字"拖到"视频 4"轨道中，并将其入点设置为 0 秒 20 帧。将播放头拖到 0 秒 20 帧的位置，在"特效控制"面板中，展开其"运动"选项，将"比例"的值设置为 50，单击"位置"前面的"固定动画"按钮，设置一个关键帧，将其"位置"的值设置为（228，990），使其完全在画面之外；将播放头拖到 1 秒 13 帧的位置，在"特效控制"面板中，将其"位置"的值设置为（228，-303），使其移动出上边界的画面，参数设置如图 13-6 所示。

步骤 10　在"项目"窗口中，将"素材标志"拖到"视频 5"轨道中，并将其入点设置为 1 秒 09 帧，在"特效控制"面板中，展开其"运动"选项，将其"位置"的值设置为（576，457），如图 13-7 所示。

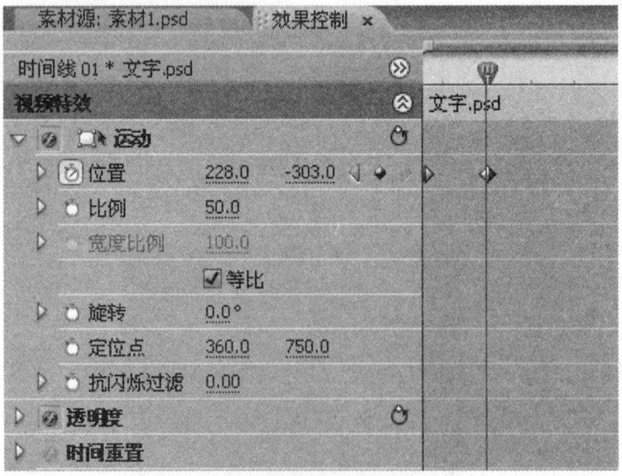

图 13-6　为文字设置运动效果

图 13-7　导入"素材标志"到视频轨道

步骤 11　将播放头拖到 1 秒 09 帧的位置，在"特效控制"面板中，将"锚点"的值设置为（356，253），单击"旋转"前面的"固定动画"按钮，设置一个关键帧，将时间滑块拖到 6 秒的位置，将"旋转"的值设置为 720，如图 13-8 所示。

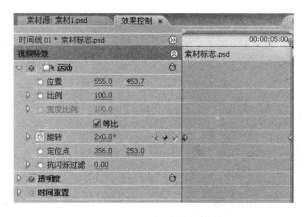

图 13-8　设置标志的关键帧

步骤 12　在"项目"窗口中，将"视频"文件夹中的"01.avi"拖到"视频 6"轨道中，在"时间线"窗口中，选中"01.avi"片段，单击右键，选择"画面大小与当前画幅比例匹配"命令；并将其入点设置在 1 秒 06 帧，在"特效控制"面板中，展开其"运动"选项，将其"位置"的值设置为（177，490），将"缩放"的值设置为 30，如图 13-9 所示。

步骤 13　将播放头拖到 1 秒 06 帧的位置，在"特效控制"面板中，展开其"透明度"选项，并单击前面的"固定动画"按钮，将其"透明度"的值设置为 0；将播放头拖到 1 秒 09 帧的位置，在"特效控制"面板中，将其"透明度"的值设置为 100，自动设置了一个关键帧，这时就制做出了一个淡入的效果，如图 13-10 所示。

图 13-9　导入"01.avi"到视频轨道

图 13-10　设置 1 秒 09 帧处透明度的值

步骤 14　将视频文件"02.avi"拖到"视频 7"轨道中，选中"02.avi"片段，单击右键，选择"画面大小与当前画幅比例匹配"命令；并将其入点设置为 1 秒 09 帧，在"特效控制"面板中，展开其"运动"选项，将其"位置"的值设置为（180，288），将"缩放"的值设置为 30，如图 13-11 所示。

步骤 15　将播放头拖到 1 秒 09 帧的位置，在"特效控制"面板中，展开其"透明度"选项，单击"透明度"前面的"固定动画"按钮，设置一个关键帧，并将其"透明度"的值设置为 0，将播放头拖到 1 秒 12 帧的位置，在"特效控制"面板中，将其"透明度"的值设置为 100，就制作了一个淡入的效果，如图 13-12 所示。

图 13-11　设置"02.avi"的位置和大小

图 13-12　设置 1 秒 12 帧处的透明度的值

步骤 16　从"项目"窗口中，将视频文件"06.avi"拖到"视频 8"轨道中，选中"06.avi"片段，单击右键，选择"画面大小与当前画幅比例匹配"命令，并将其入点设置为 1 秒 14 帧，在"特效控制"面板中，展开其"运动"选项，将其"位置"的值设置为（180，88），将"缩放"的值设置为 30，如图 13-13 所示。

步骤 17　将播放头拖到 1 秒 14 帧的位置，在"特效控制"面板中，展开其"透明度"选项，单击"透明度"前面的"固定动画"按钮，设置一个关键帧，并将其"透明度"的值设置为 0，将时间滑块拖到 1 秒 17 帧的位置，将"透明度"的值设置为 100，如图 13-14 所示。

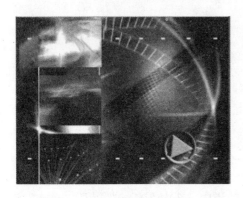

图 13-13　设置素材的位置和大小

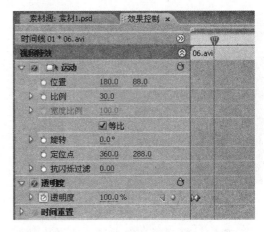

图 13-14　设置 1 秒 17 帧处的关键帧

步骤 18　选择"文件"下拉菜单中的"新建"|"字幕"命令，在弹出的对话框中，将其命名为"字幕 1"，单击"确定"按钮，打开字幕编辑对话框，单击工具栏中的"文本工具"按钮，在字幕设计窗口中单击，输入文本文字"视频编辑软件"，参数设置如图 13-15 所示。

步骤 19　在其属性面板中，展开"描边"选项，单击"内侧边"后面的"添加"按钮，展开其参数选项，将"类型"设置为"凸出"，将"色彩"的值设置为 RGB（186，102，34），如图 13-16 所示。

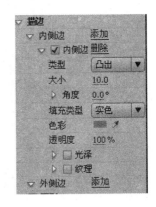

图 13-15　输入文本文字　　　　　　　　　　　　　图 13-16　设置字体的填充类型

步骤 20　关闭字幕设计窗口，保存字幕设置。再次新建一个命名为"字幕 2"的文件，单击工具栏中的"文本工具"按钮，在字幕设计窗口中输入文本文字"Adobe"，在字幕属性面板中，展开"描边"选项，单击"内侧边"后的"添加"按钮，展开其参数设置面板，将"类型"设置为"凸起"，将"色彩"的值设置为（0，161，255），如图 13-17 所示。

步骤 21　关闭字幕设计窗口，保存字幕设置，利用同样的方法，输入"Premiere"文字。

步骤 22　将"字幕 1"从"项目"窗口中拖到"视频 9"轨道中，将其入点设置为 3 秒 22 帧，在"特效控制"面板中，展开其"运动"选项，单击"缩放"前面的"固定动画"按钮，设置一个关键帧，并将其值设置为 0；将播放头拖到 4 秒 08 帧的位置，在"特效控制"面板中，将"缩放"的值设置为 100，这时就制作出了字体由小到大的动画效果，如图 13-18 所示。

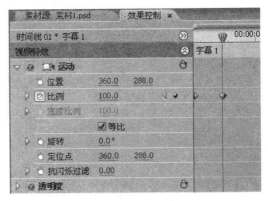

图 13-17　再次输入文本文字　　　　　　　　　　图 13-18　设置"字幕 1"的关键帧

步骤 23　将"字幕 2"拖到"视频 10"轨道中，将其入点设置为 4 秒 10 帧，在"特效控制"面板中，展开其"运动"选项，单击"位置"前面的"固定动画"按钮，设置一个关键帧，并将其"位置"值设置为（9，288），将播放头拖到 4 秒 13 帧的位置，在"特效控制"面板中，将"位置"值设置为（360，288），这时就制作好了字体从左到右的移动效果。

步骤 24　将"字幕 3"拖到"视频 11"轨道中，并将其入点设置为 4 秒 21 帧，将播放头拖到 4 秒 21 帧的位置，在"特效控制"面板中，单击"位置"前面的"固定动画"按钮，设置一个关键帧，并将值设置为（748，288），使其完全在屏幕之外，将播放头拖到 4 秒 24 帧的位置，将"位置"的值设置为（360，288），这时字幕从右到左的移动效果就制作好了。效果如图 13-19 所示。

图 13-19　最终素材摆放及效果图

步骤 25　单击工具栏中的"剃刀工具"按钮，在 6 秒的位置按住 Shift 键配合剃刀工具，将不需要的素材切割开并删除。

步骤 26　按 Enter 键预览效果，保存文件，或选择"文件"|"输出"|"影片"命令，将所制作的效果输出为影片文件。

13.2　新闻片头

片头是比较流行的一种视频剪辑，新闻片头也不例外。本实例制作一个"校园新闻"新闻片头，通过学习本实例的制作，能够掌握片头制作的要素，学会片头制作的具体流程。

操作步骤如下：

步骤 1　新建一个"项目"，在"装载预置"选项卡中，选择 DV-PAL 下的 Standard 48kHz，将项目命名为"新闻片头"，然后单击"确定"按钮，保存项目设置。

步骤 2　选择"文件"下拉菜单中的"新建"|"字幕"命令，将其命名为"字幕 1"，单击"确定"按钮，打开字幕设计窗口。

步骤 3　单击工具栏中的"文本工具"按钮，输入文本文字"校"，其参数设置如图 13-20 所示。

步骤 4　关闭字幕设计窗口，保存字幕设置，依据同样的方法制作出其他字幕，如图 13-21 所示。

步骤 5　在"项目"窗口中右击，在右键菜单中选择"新文件夹"命令，新建一个文件夹，将其命名为"图片"，再新建一个文件夹，将其命名为"视频"。

步骤 6　将制作好的字幕文件放置到"图片"文件夹中，选择"视频"文件夹，在文件夹上右击，在右键菜单中选择"输入"命令，将所需要的视频文件导入到视频文件夹中，如图 13-22 所示。

步骤 7　将视频素材"026.avi"从"项目"窗口中拖到"视频 1"轨道中，将视频素材"006.avi"拖到"视频 2"轨道中，并将其入点设置为 1 秒 16 帧，如图 13-23 所示。

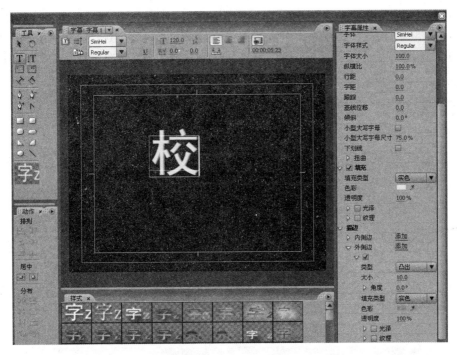

图 13-20　输入文本文字及文字属性设置

图 13-21　文字效果

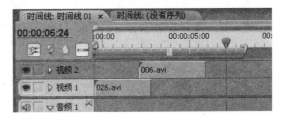

图 13-22　导入视频素材　　　　　　　　图 13-23　片段的摆放

图 13-24 设置 "006.avi" 淡入的效果

步骤 8 选择 "006.avi"，在 "特效控制" 面板中，展开其 "运动" 选项，将播放头拖到 1 秒 16 帧的位置，在 "特效控制" 面板中，展开其 "透明度" 选项，单击 "透明度" 前面的 "固定动画" 按钮设置一个关键帧，并将其 "透明度" 的值设置为 0，将播放头拖到 1 秒 20 帧的位置，在 "特效控制" 面板中，将其 "透明度" 的值设置为 100，这时就自动地设置了一个关键帧，使其产生淡入效果，如图 13-24 所示。

步骤 9 从 "项目" 窗口中将 "字幕 1" 文件拖到 "视频 3" 轨道中，将其入点设置为 2 秒 18 帧。在 "特效控制" 面板中，展开其 "运动" 选项，将时间滑块拖到 2 秒 18 帧的位置，单击 "位置" 和 "缩放" 前面的 "固定动画" 按钮，设置关键帧，并将其 "位置" 的值设置为（367，295），将 "缩放" 的值设置为 0，使其完全消失。将时间滑块拖到 3 秒 02 帧的位置，在 "特效控制" 面板中，将 "位置" 的值设置为（176，368），将 "缩放" 的值设置为 100，如图 13-25 所示，这时就制作了字体由小变大的效果。

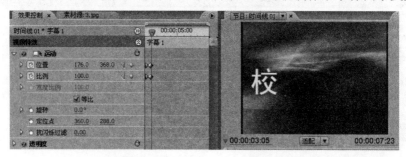

图 13-25 "运动" 选项参数设置

步骤 10 选择 "时间线" 下拉菜单的 "添加轨道" 命令，弹出 "添加轨道" 对话框，添加 10 个视频轨道。

步骤 11 将 "字幕 2" 文件拖到 "视频 4" 轨道中，将其入点设置为 3 秒。在 "特效控制" 面板中，展开其 "运动" 选项，将时间滑块拖到 3 秒的位置，单击 "位置" 和 "缩放" 前面的 "固定动画" 按钮，设置关键帧，并将其 "位置" 的值设置为（10，10），将 "缩放" 的值设置为 0，使其完全消失。将时间滑块拖到 3 秒 08 帧的位置，在 "特效控制" 面板中，将 "位置" 的值设置为（289，407），将 "缩放" 的值设置为 100，如图 13-26 所示。

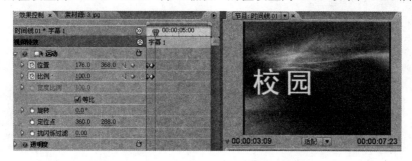

图 13-26 设置 "字幕 2" 由小变大的效果

步骤 12 将"字幕 3"文件拖到"视频 5"轨道中,将其入点设置为 3 秒 06 帧;在"特效控制"面板中,展开其"运动"选项,将时间滑块拖到 3 秒 06 帧的位置,单击"位置"和"缩放"前面的"固定动画"按钮,设置关键帧,并将其"位置"的值设置为(360,295),将"缩放"的值设置为 0,使其完全消失。将时间滑块拖到 3 秒 14 帧的位置,在"特效控制"面板中,将"位置"的值设置为(483,380),将"缩放"的值设置为 100,如图 13-27 所示。

图 13-27 设置"字幕 3"由小变大的效果

步骤 13 将"字幕 4"文件拖到"视频 6"轨道中,将其入点设置为 3 秒 15 帧。在"特效控制"面板中,展开其"运动"选项,将时间滑块拖到 3 秒 15 帧的位置,单击"位置"和"缩放"前面的"固定动画"按钮,设置关键帧,并将其"位置"的值设置为(360,295),将"缩放"的值设置为 0;将时间滑块拖到 3 秒 23 帧的位置,在"特效控制"面板中,将"位置"的值设置为(627,356),将"缩放"的值设置为 100,如图 13-28 所示。

步骤 14 将"174.avi"文件拖到"视频 7"轨道中,将其入点设置为 4 秒 16 帧,如图 13-29 所示。

图 13-28 文字效果图

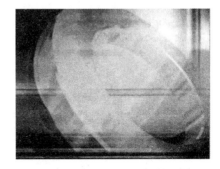

图 13-29 放置"174.avi"到视频轨道

步骤 15 在"特效控制"面板中,展开其"透明度"选项,将时间滑块拖到其入点位置,单击"透明度"前面的"固定动画"按钮,设置关键帧,将"透明度"的值设置为 0。将时间滑块拖到 5 秒的位置,在"特效控制"面板中,将"透明度"的值设置为 100,这时就自动地设置了一个关键帧,如图 13-30 所示。

步骤 16 在"项目"窗口中选择"文件夹",在"图片"文件夹上右击,在右键菜单中选择"输入"命令,将图片"1.jpg"、"2.jpg"、"3.jpg"导入到"图片"文件夹中。

步骤 17 将"1.jpg"文件拖到"视频 8"轨道中,将其入点设置为 5 秒 04 帧,在"特效控制"面板中,展开其"运动"选项,将其"位置"的值设置为(107,473),将"缩放"的值设置为 30,如图 13-31 所示。

步骤 18 在"特效控制"面板中,展开其"透明度"选项,将时间滑块拖到其入点位置，单击"透明度"前面的"固定动画"按钮，设置关键帧，将"透明度"的值设置为0，将时间滑块拖到5秒09帧的位置，将"透明度"的值设置为100，这时就制作了淡入的效果，如图13-32所示。

图 13-30　设置淡入的效果

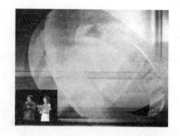

图 13-31　将"1.jpg"拖到视频轨道

步骤 19　将"2.jpg"文件拖到"视频9"轨道中，将其入点设置为5秒16帧，将时间滑块拖到5秒16帧的位置，在"特效控制"面板中，单击"位置"和"缩放"前面的"固定动画"按钮，设置关键帧，将"缩放"的值设置为0，将时间滑块拖到5秒22帧的位置，将其"位置"的值设置为（349，472），将"缩放"的值设置为30，效果如图13-33所示。

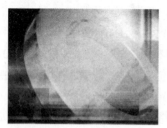

图 13-32　设置淡入效果

图 13-33　设置"2.jpg"的运动选项

步骤 20　将"3.jpg"文件拖到"视频10"轨道中，将其入点设置为6秒02帧。在"特效控制"面板中，展开其"运动"选项，将其"位置"的值设置为（603，469），将"缩放"的值设置为32，效果如图13-34所示。

步骤 21　将时间滑块拖到6秒02帧的位置，在"特效控制"面板中，展开其"透明度"选项，将时间滑块拖到其入点位置，单击"透明度"前面的"固定动画"按钮，设置关键帧，将"透明度"的值设置为0，将时间滑块拖到6秒08帧的位置，将"透明度"的值设置为100，这时就制作了淡入的效果，如图13-35所示。

图 13-34　设置位置和缩放的值

图 13-35　设置淡入的效果

步骤 22　选择"文件"|"新建"|"字幕"命令，将其命名为"字幕5"。打开"字幕"属性设置对话框，利用文本工具输入"校园新闻"，属性设置与前面的单字效果属性一致。

步骤 23 关闭字幕属性设置对话框并保存字幕设置。将"字幕5"拖到"视频11"轨道中，并将其入点设置为 5 秒 08 帧。在"效果控制"对话框中设置其"运动"属性，将播放头移到 5 秒 08 帧的位置，"比例"值为 0；将播放头移到 5 秒 12 帧的位置，"比例"值为 100，如图 13-36 所示。

图 13-36　"字幕5"的"运动"属性设置

步骤 24 将视频素材"005.avi"拖到"视频12"轨道中，并将其入点设置为 6 秒 23 帧，在"特效控制"面板中，设置其"透明度"属性，使其产生淡入与淡出效果，如图 13-37 所示。

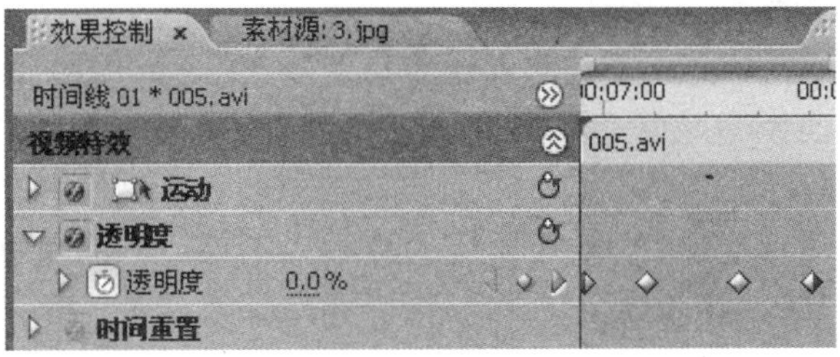

图 13-37　设置片段的淡入与淡出效果

步骤 25 在工具面板中，选择剃刀工具将多余的素材分割开，选择并删除，如图 13-38 所示。

步骤 26 预演效果，保存文件。

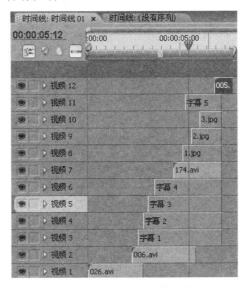

图 13-38　删除多余的素材

13.3 拓展知识问与答

1．问：有一段大约 30 分钟的素材，但是看起来比较暗，能不能用"亮度&对比度"特效增强一点亮度？还有其他办法吗？

答：可以使用 Premiere 的特效快速地改变影片的亮度和对比度，一般先将"亮度"调整到 10%左右再根据需要适当增加强度。不过，如果亮度太大，也需要增加一点"对比度"。不过如果片段比较长，相对渲染时间也较长。在很多情况下使用"电平"特效要比"亮度&对比度"特效效果好。由于需要处理的片段是十分复杂的，各种情况都有，有时也可以采用如下办法：①将原始片段复制放到"视频 2"轨道中，原始素材放到"视频 1"轨道中。②对复制的片段应用"高斯模糊"，选择合适的模糊值。③再应用"亮度&对比度"特效，增加一点亮度，并将对比度稍微减小一些。④最后，调节淡化线，将透明度调节为 50%。经过这样的处理，素材将变得比较明亮而且显得柔和细腻。

2．问：若对 Premiere 的字幕效果不太满意，有什么办法可以提高字幕质量？使用 Photoshop 的 PSD 文件字幕，效果为什么不太好？

答：在制作字幕的时候，对于字体的设置需要十分注意，一般不要选择太"瘦"的字体，这种字体在字幕运动的时候会显得"裂开"，即使设置了"浮雕"和"阴影"效果仍然会出现一些问题。总的来说，Premiere 的字幕功能确实比较薄弱。可以使用文字插件制作字幕。如果没有插件，也可以使用 Adobe Photoshop 制作字幕，一般简单地使用"投影"和"浮雕内斜面"就可以了。注意载入 Alpha 通道时可扩展一点选区像素（一般 3%）。这样可以使字幕本身柔和的边缘稍微缩小一些，避免出现某些奇怪的线条。

如果需要对字幕进行程度比较大地缩放，最好使用 EPS 格式。EPS 是一种矢量格式，在缩放时不会有质量的损失，可以使用 Adobe Illustrator 制作重要的字幕文件。不过 EPS 文件在 Premiere 中处理得比较慢，所以除非十分必要我们还是选择使用 PSD 文件。

3．问：如何制作电影《星球大战》序幕的字幕效果？

答：使用 Premiere 可以创建一个类似电影《星球大战》序幕的字幕效果，首先，在 Premiere 中使用滚动字幕工具建立标题字幕，然后使用"镜头失真"特效使字幕倾斜变形。调整该特效的各种参数，使字幕的形状类似该电影的效果。

4．如何才能实现含 Alpha 通道的 TGA 序列的输出？

答：输出带 Alpha 通道的 TGA 要将色彩深度设为 millions+，即 32 位颜色深度。

5．从 VCD 上截取一段音乐，MP3 格式，可为什么在导入 Premiere 的时候，提示不支持此格式而无法导入？而导入别的 MP3 格式时就可以呢？

答：用超级解霸压缩的 MP3 格式不能导入 Premiere 的。

6．怎样在人物脸上加马赛克？

答：在素材上方建立一层，施加马赛克特效，然后使用运动特效调整位置和大小即可。

思考与练习参考答案

第1章

一、填空题

1. 视频编辑   2. 时间重置   3. 效果控制

二、选择题

1. B   2. A   3. D   4. ABC   5. C

第2章

一、填空题

1. 时间线   2. 立体声

二、选择题

1. BD   2. BCD   3. AD

第3章

一、填空题

1. 关键帧   2. 对比度

二、选择题

1. A   2. ABCD   3. A   4. C   5. B   6. D   7. ABC

第4章

一、选择题

1. D   2. AB   3. BD   4. B   5. B   6. D

第5章

一、选择题

1. B   2. BD   3. B   4. A

第6章

一、选择题

1. CD　　2. BD　　3. A　　4. B　　5. AC　　6. A

第7章

一、填空题

1. 旋转　缩放　　2. 白色　黑色　　3. 非线性

二、选择题

1. B　　2. B

第8章

一、选择题

1. D　　2. D　　3. ABC　　4. B　　5. BC　　6. C

第9章

一、填空题

1. 形状　立体感　　2. 光的质量　　　3. 景别

二、选择题

1. A　　2. B　　3. C

第10章

一、填空题

1. 关键帧和渲染　　2. 码率　　3. 文件|导出|影片

二、选择题

1. ABCD　　2. ABCD　　3. A